음미하는 물리탐사 원리

GEOPHYSICAL

물리탐사의 원리 설명에 앞서, 물리학적인 개념을 먼저

음미하는 물리탐사 원리

송영수 지음

EXPLORATION

전북대학교출판문화원

들어가기

세월이 꽤 흘러 이제 정년을 맞이하였다. 1986년에 전임강사로 첫발을 내딛으면서 전북대학교 학생들과 정식으로 인사를 나누었다. 조금은 낯설었고 조금은 신선했다. 지금까지 한 번도 밟지 못했던 그런 곳이었다. 그런데 이제 무려 30년 하고도 5~6년은 지나 나의 정든 추억의 곳이 되었다. 참으로 오랜 세월을 여기서 지냈다. 무엇이 나를 여기에 머물게 했을까? 술을 사랑했던 나에게 다가와 주거니 받거니 하면서 주고받았던 제자와 스승의 수작(酬酌)이 있었기 때문은 아니었을까?

그동안 나는 여기 전북대학교 자원·에너지공학과에서 물리탐사와 지구물리를 가르쳐 왔다. 이 과목들 속에는 늘 물리라는 학생들이 가장 싫어하는 학문이 들어 있다. 그러니 어찌하랴. 학생들은 늘 듣기 싫고 들어봐야 알지도 못하는 그런 과목이 되어버렸다. 그래도 포기할 수 없어 어떤 학기에는 전혀 수식 없는 강의도 해보고, 그러다가 수학이나 물리를 모르는 물리탐사를 배워서는 안 된다고 생각해 어느 학기엔 이론 위주로 가르쳐 보기도 하였다. 어쨌든 이런저런 모든 수단을 다해 보았지만, 학생들이 물리탐사를 이해하기에는 가르치는 나도 배우는 학생들에게도 다 힘이 모자랐다. 그럼에도 오늘 나는 행복한 마음으로 사랑하는 제자들에게 내 마지막 강의를 한 권의 책으로 남기려고 한다. 그리고 너무 어렵다고 생각하던 물리탐사를 그리고 그 기본인 물리나 수학을 조금이나마 쉽게 이해할 수만 있다면 그리고 그렇게 되기를 간곡히 바라는 마음으로 이 책을 쓰려고 한다.

이 책 속에는 기존의 물리탐사 서적과는 달리 너무나 쓸데없는(?) 것들이 많이 들어 있다. 이 책의 내용은 전형적인 교과서가 아니라, 매 학기마다 강의실에서 학생들에게 이런저런 생각나는 대로 가르쳐왔던 것을 책으로 엮은 것이다. 그래서 전혀 물리나 물리탐사와는 관계없는 것들도 많이 포함되어 있다. 그러다 보니 이 책 속에는 음악도 미술도 철학도 다 들어가 있다. 4차산업혁명 시대에서 산업들 사이의 경계는 모두 사라지고 경계융화가 일어나는 '빅블러(Big Blur)' 현상이 나타나고 있다. 학문도 마찬가지. 그래서 나는 적어도 우리 과 학생들에게만은 물리가 아닌 또 다른 인문학적 소양을 넣어주고 싶었다. 그래서 강의 시간에 들려주었다. Beatles도 BTS도 Beethoven을. 그리고 보여주었다. Rembrandt도 Vincent van Gogh도 René Magritte도. 그리고 Descartes도 노자(老子)도 사유하게 했다.

그런데 학생과 나 사이에는 하나의 장벽이 있었다. 언어였다. 그들의 언어는 무엇인가? 내가 알지도 못하는 그런 언어가 아니라 그것은 다름 아닌 아름다운 한글이었다. 나는 한자든 영어든 독어든 외국어를 자주 빌려 설명한다. 특히 한자는 학생들이 받아들이기 가장 어려운 문자였고 학생과 나 사이의 장벽 아닌 장벽이었다. 하지만 어려운 한자가 아니라면 한자를 가르치려고 노력했다. 그 이유는 아직도 우리글에는 한자가 절대다수로 많이 사용되고 있음에도 불구하고 한자 자체를 도외시하는 경향이 있기 때문이다. 나는 학생들에게 이야기한다. 될수록 한자 대신에 한글을 사용하겠다고. 하지만 반드시 한자를 가르쳐 주겠다고. 예를 들면 이런 식이다. 물리탐사에서는 이미 과거의 용어처럼 사용되고 있지만 다른 분야에서 아직도 쓰고 있는 '와전류(eddy current)'를 맴돌이 전류라고 고쳐 쓸 때 설명하기를 와전류의 '와'는 한자로 '소용돌이 와(渦)'라고. 지질학 용어인 '사암'은 모래 '사(沙)'라고 말이다. 조금 더 어려운 한자로 된 '순상지'라는 용어가 있다. 순상지는 영어로 'shield', 한자로 '楯狀地'라고 쓴다. 한자를 모르니 그저 지질학 사전에 있는 대로 외울 수밖에 없다. 영어를 잘 아는 학생은 shield에서 방패 모양을 떠 올릴 수 있다. 그런데 우리말로도 방패 순(楯), 모양 상(狀)이라고 풀어주고 '방패 모양의 땅'이라고 설명하면 학생들이 훨씬 잘 알아듣는다. 이런 예는 한두 가지가 아니다. 한 번은 중간 강의 평가를 하였다. 그랬더니 의외로 교수님께서 어려운 한자 용어를 한글로 쉽게 풀어주셔서 정말로 좋았다는 학생들이 다수 등장했다. 지금도 나는 생각한다. 한자 용어든 일본식 용어든 영어식 용어든 되도록 지금 우리 학생들이 쓰고 있는 한글 용어로 고쳐 쓰는 게 가장 좋다고. 그렇지만 그렇게 되기까지에는 아직도 많은 세월이 흘러야 할 것 같다. 하여 지금은 다소 불편하더라도 꾹 참고 한자와 영어를 같이 사용해야 한다. 그리고 학생들이 한자 사용을 불편해하지 말고 우리가 영어를 배우듯 한자(중국어, 일어)를 하나 더 공부한다고 생각한다면 더 좋지 않을까? 내가 이 책에서 중요한 낱말 뒤에 반드시 한자나 영어를 함께 쓴 이유도 바로 여기에 있다.

그리고 이 책을 쓰게 된 결정적 계기가 된 일을 소개할까 한다. 사람이 살다 보면 그리고 나처럼 학생을 가르치는 것을 천직으로 사는 사람이고 보면 말이 많아진다. 왜냐하면 뭔가 자꾸 학생들에게 하나라도 더 가르쳐 주려고 하다 보니 자꾸자꾸만 말이 많아지고 결국은 쓸데없는 잔소리까지 늘어놓게 된다. 그때쯤 되면 '꼰대'라는 소릴 자연스럽게 듣게 된다.

그런데 어느 날 생각이 들었다, 아침 1교시에 허겁지겁 교실에 들어온 학생들에게 차가운 물리나 수학을 들이댈 것이 아니라 온다고 고생했으니 조금 쉬어라고 음악을 틀어주는 것이 어떨까 하고. 그랬는데 의외로 학생들의 반응은 폭발적(?)이었다. 우선 쉬어서 좋고, 또는 모자라는 잠을 음악 들으면서 보충해서 좋고 등등. 이렇다 보니 모든 수업의 시작 전과 쉬는 시간에 음악을 들려주게 되었다. 그런데 욕심이 났다. 그래서 음악뿐만 아니라 미술도 넣기로 하고 거기에 그리스 로마 신화도 넣기도 하고 또 거기에 내가 아는 잡다한 잡학 지식을 넣기로 한 것이 어느덧 강의 시간이 물리탐사가 아니라 음악 시간도 되고 미술 시간도 되고, 그리고 어떤 때는 우주로 날아갔다가 다시 중력에 이끌려 땅의 현실에 닿았다가는 다시 나도 모르게 미지의 세계로 들어가 버리고 말았다.

그러니 이 책에는 잡다한 내용이 많이 들어 있다. 물리탐사를 가르치는 것보다 온갖 사물의 이치를 가르치고 싶었던 것은 아닌지? 사실이 그렇다. 그러나 이런 잡학들이 학생들에게 쉽게 들어갔는지 알 수 없다. 이 책을 쓰면서도 가장 쓰기 어려운 것이 어떻게 하면 쉽게 풀어쓸까 하는 것이다. 그런데 강의를 할 때나 지금 이 글을 쓸 때나 매번 어려운 것은 마찬가지다. 그래도 최대한 쉽게 써보려고 했다. 좀 더 학생들과 가까워지기 위해.

나는 학생 시절부터 King Crimson의 〈Epitaph〉를 즐겨 들어왔다. 가사가 뭔지도 모르면서 그저 가슴을 울리는 음이 좋아서이다. 언젠가 학생들에게 이 노래 연주와 함께 가사를 들려준 적이 있었는데, 지금 그 선율이 나의 뇌 속을 흐른다. 나의 묘비명에는 어떻게 써지길 바라는 것일까?

문득 지나간 세월 속에 고맙기도 하고 그립기도 하고 주마등처럼 한 사람 한 사람 스쳐 지나간다. 그들 모두에게 고마움을 전하면서 그들 모두에게 이 책을 바치고 싶다. 그리고 이 책을 쓸 수 있도록 지원해 주신 전북대학교에 감사드리고, 아울러 출판을 도와주신 전북대학교 출판문화원 관계자분들께도 감사드린다. 특히 편집을 맡아주신 송 채린 씨께 진심으로 고마움을 전하면서, 아울러 그림을 그리는 데 도움을 준 대학원생 진 수현에게도 고마움을 전한다.

끝으로 수학 천재이자 노벨 경제학상 수상자인 존 내시(John Nash, 1928~2015)의 일생을 그린 영화 〈뷰티풀 마인드, A Beautiful Mind〉에서 존 내시가 노벨상 수상 소감을 밝히는 자리에서 아내에게 다음과 같은 명대사를 남긴다.

> “I'm only here tonight because of you. You are the reason I am. You are all my reasons.”

이를 살짝 가져와 이 말을 나의 제자들에게 해주고 떠나고 싶다.

“나의 제자들이여! 여러분들이 내 삶의 이유였으며, 내 존재의 모든 이유였다.”고.

2022. 2. 25.

송 영 수

목차

PART 1

물리탐사의 이해

1 물리와 물리탐사

2 물리의 근원

3 물리탐사의 기본은 무엇인가?

Chapter

1.1 물리와 물리탐사

미국의 천문학자 겸 과학저술가인 칼 세이건(Carl Edward Sagan, 1934~1996)은 그의 대표적 과학책 ≪코스모스, Cosmos(1980)≫에서 "인류는 영원 무한의 시공간에 파묻힌 하나의 점, 지구를 보금자리로 삼아 살아가고 있다."라고 하였다(칼 세이건 지음, 홍승수 옮김, 2020). 이와 비슷한 말이 중국 고대의 유명한 도가(道家) 사상가인 노자(老子)의 도덕경(道德經)에서도 나온다. 즉, "사람은 땅을 본받고(人法地), 땅은 하늘을 본받는다(地法天)."라고 하였다. 이는 곧 사람은 천지(天地)의 이치를 따라 살아간다는 말이니 앞의 세이건이 한 말과 그리 다를 바 없다.

이와 같이 사람이 지구와 더불어 살아가니 지구를 관측하고 지구의 모습을 알고자 하는 인류의 노력은 이미 오래전부터 행해졌으리라 짐작이 간다. 역사적으로 볼 때 기원전 3세기 이집트 알렉산드리아(Alexandria)의 에라토스테네스(Eratosthenes, BC 273?~BC 192?)가 하짓날 정오에 같은 자오선 경도 위에 있다고 생각되었던 시에네(Syene. 현재의 Aswan)와 알렉산드리아 사이의 거리와 사원의 기둥 그림자 길이를 재어 지구의 둘레를 측정하는 것을 시작으로 하였다고 볼 수 있다. 그리고 고대 제국들의 영토 정복을 통해 다른 나라와 인적·물적 교류도 이루어짐으로써 또 다른 문화를 서로 경험할 수 있었고 더군다나 항해술의 발달은 지리적으로 훨씬 넓은 세상을 접하는 계기가 되었다. 서양 역사적으로 그 시작을 알리는 인물은 1492년, 스페인의 이사벨 여왕(Isabel I, 1451~1504)의 재정적인 지원을 얻어 신대륙을 발견한 이탈리아인 크리스토프 콜럼버스(Christopher Columbus, 1451~1506)일 것이다. 그 뒤를 1497년, 아프리카 희망봉을 거쳐 인도 항로를 개척함으로써 동양으로 가는 바닷길을 연 포르투갈의 항해자 바스코 다 가마(Vasco da Gama, 1469~1524), 그리고 1519년 인류 최초의 지구일주 항해를 지휘한 포르투갈 태생의 스페인 항해자 마젤란(Ferdinand Magellan, 1480~1521)이 이어가면서 지구는 둥글다라는 사실을 입증하기도 하였다. 동양에서는 콜럼버스보다 훨씬 앞서 명나라의 제독 정화(鄭和, 1371~1434)는 명나라 제3대 영락제의 지시로 1405년 첫 원정을 시작으로 1430년까지 7차례의 원정으로 동남아시아 말라카(Malacca) 해협을 거쳐, 인도, 페르시아, 아라비아 반도를 지나 아프리카 케냐까지 항해하기에 이르렀다. 그런데 역사는 돌고 돌아, 콜럼버스가 황금과 향신료를 찾아 떠났다 신대륙에 도착한 400년 뒤 1892년에 아메리카의 인디언 음악과 흑인영가를 좇아 고향 프라하에서 뉴욕으로 넘어간 드보르작(Antonín Dvořák, 1841~1904)은 이듬해 교향곡 제9번 〈신세계로부터, Symphony No.9, 'From the New World'〉를 작곡하였다. 특히 2악장의 잉글리시 호른으로 연주되는 주제는 개척자의 외로움을 달래주고, 힘찬 서주로 시작되는 4악장은 새로운 세계로 나아가게 하는 용기를 주는 듯하다. 이렇게 시·공간을 넘어 지리적/문화적 발견과 교류를 통해서 새로운 탐험은 계속되고 있다. 지금은 수많은 탐험대가 지구의 구석구석을 이미 다 거쳐 인류의 발길이 닿지 않은 곳이 거의 없을 정도에 이르렀다.

그러나 지구를 이해하는 것이 지구의 겉모습만은 아니다. 그 속을 들여다보고 어떤 모습을 하고 있는지도 살펴보고 알아야 한다. 지구를 제대로 이해하고 알아야 하는 이유는, 지구는 우리 인류가 살아가는 데 꼭 필요한 기본적인 자원을 주기도 하지만, 무엇보다 우리와 함께 살아야 할 존재이기 때문이다. 영국의 과학자 제임스 러브록(James Lovelock, 1919~)은 ≪가이아: 지구상의 생명을 보는 새로운 관점, Gaia: A New Look at Life on Earth(1979)≫이라는 책을 통해 가이아 가설(Gaia hypothesis)을 소개하면서 지구는 살아있는 하나의 생명체이자 유기체임을 강조하였다. 살아있는 지구 그리고 그 속에서 살아가고 있는 우리. 그렇다면 지구와 우리 인류는 함께 어우러져 살아가야 하는 한마당 공동체다. 지구를 이해함에는 반드시 이러한 '어울림' 속에서 살펴보아야 하고 지구를 다루는 모든 과학자들, 공학자들 그리고 지구와 연관된 학문을 배우는 학생들은 특히 그러해야 할 것이다. 따라서 지구와 관련된 모든 문제는 먼저 '지구와 함께' 하는 의식을 밑바탕에 두고 해결해야 한다는 점을 명심해주길 바란다.

지구는 태양계에 존재하는 하나의 행성(planet)이며, 이 행성은 지각(crust), 맨틀(mantle) 그리고 핵(core)으로 이루어져 있다. 지구의 맨 바깥을 둘러싸고 있는 껍질인 지각은 암석과 금속으로 이루어진 하나의 거대한 바위 덩어리이고, 물리탐사란 바로 이 커다란 바윗덩이 속에 자리 잡고 있는 금속과 같은 자원을 찾는 일이라 할 수 있다. 약 2억 5천만 년 전 초대륙 판게아(Pangea)였던 지구는 그 후 로라시아(Laurasia)와 곤드와나(Gondwana) 대륙 등으로 분리되고 이들은 맨틀을 타고(맨틀 대류) 조금씩 이동하면서 바다를 항해하여 지금의 대륙과 해양을 이루었다. 오래전부터 탐험가들은 이 대륙과 해양 곳곳을 항해하고 돌아다니면서 무엇이 어느 곳에 존재하며, 그들이 처한 환경은 어떠하며, 또 어떻게 살아가고 있는지 알아내고 있다. 이들 탐험가들처럼 우리도 물리탐사를 통해 땅속 내부를 조사하여 무엇이 어디에 어떻게 존재하는지 파악할 수 있다. 탐사(探査)란 찾을 탐(探)과 조사할 사(査)를 묶은 말이다. 좀 더 구체적으로 말하면 우리가 찾고자 하는 목적 대상체(object)를 여러 가지 조사(査) 방법을 통하여 어디에(대상체의 위치), 어떻게(대상체의 모양과 크기, 물성 등) 존재하는지를 찾아(探) 알아내는 것이다. 물론 행성이나 별, 더 넓게는 우주를 탐사 대상으로 삼을 수도 있으나 여기서 다루는 탐사는 지구라는 행성의 내부만을 대상으로 한다. 그것도 지구 내부 전체를 대상으로 하는 것은 아니다. 예를 들면 크로아티아 지진학자 모호로비치치(Andrija Mohorovičić, 1857~1936)나 독일 태생의 미국 지구물리학자 구텐베르크(Beno Gutenberg, 1889~1960) 등에 의해 관측된 지진파(P파와 S파) 속도의 불연속면(discontinuity)으로부터 지각과 맨틀 그리고 맨틀과 핵의 경계를 밝힌 것도 지구물리탐사라 할 수 있다. 하지만 여기서 설명하고자 하는 것은 전(全) 지구적인 탐사가 아니라 그 범위가 지각, 그리고 그 속의 지질구조와 광물자원

등 지질공학적인 분야에 한정되므로 순수 지구물리가 아닌 응용 지구물리(applied geophysics)의 한 범주에 속한다고 할 수 있다.

땅속에 우리가 찾고자 하는 대상체가 숨어 있을 때 이를 찾기 위해서는 지질학·지구물리학·지구화학 등의 종합적인 지식이 필요하다. 물리탐사란 이 중에서 물리학적 이론을 바탕으로 한 탐사법으로서, 땅속의 석유나 광물자원 그리고 지하수·지열 등의 유용 자원 조사뿐만 아니라, 토목이나 건설의 기초가 되는 지반 조사, 환경오염 범위를 파악하는 환경오염대 조사, 고고학적 매장 유물 조사 그리고 땅속에 묻힌 유해 발굴조사 등의 법과학(forensic science) 분야 등 다방면에 걸쳐 이용되고 있다.

물리탐사에는 아주 다양한 방법들이 있는데 이들은 모두 자연계에 존재하는 4가지 기본 상호작용(fundamental interaction), 즉 4가지 힘(중력, 전자기력 그리고 강력과 약력)을 기본적으로 사용하고 있다. 이를 간략하게 하나씩 설명하면 다음과 같다.

먼저 4가지 기본 힘 가운데 하나인 중력을 사용하는 중력 탐사(gravity method)가 있다. 지구 중력마당(장)의 변화를 지구의 밀도 분포로 바꾸어 땅속의 지질구조 등을 광범위하게 탐사하는 방법이다. 이와 유사하게 지구 자기마당의 변화를 조사하는 자력 탐사(magnetic method)가 있다. 물론 중력과 자력 탐사는 뉴턴의 만유인력 법칙과 같은 역제곱 법칙(inverse square law)을 그 기본으로 하고 있다. 여기서 역제곱 법칙이란 어떤 물리량, 예를 들면 중력이나 자력이 거리의 제곱에 반비례한다는 법칙을 말한다. 두 번째로, 물리적 탄성을 이용하는 탄성파 탐사(seismic method)가 있다. 탄성파는 탄성체에서의 진동이 파동으로 전달되는 것으로, 지진이 일어났을 때 발생하는 지진파가 좋은 예이다. 땅속을 전달하는 탄성파는 매질의 탄성파 전달 속도와 밀도의 곱(=음향 임피던스, acoustic impedance)에 따라 반사와 투과되는 정도가 달라지는데, 이처럼 지층의 경계면에서 나타나는 음향 임피던스의 변화로 지질구조나 지층의 연약하고 단단함 등을 조사하는 탐사법이 탄성파 탐사이다. 세 번째로 전기 탐사는 두 지점 사이의 전위차를 측정함으로써 지층의 전기 흐름 현상을 파악하는 탐사법이다. 이때 두 지점 사이의 전위차를 측정하기 위해 인위적으로 전류를 흘려보내는 능동적 탐사법(active method)이 있고, 그렇지 않고 자연발생적인 전위를 측정하는 수

동적 탐사법(passive method)이 있다. 전자에는 전기비저항 탐사(resistivity method), 유도분극 탐사(IP method), 인공분극법(mise-à-la-masse method) 등이 있고, 후자에는 자연전위 탐사(SP method)가 있다. 네 번째로, 전자기유도(EM induction) 현상을 이용하는 전자 탐사(EM method)가 있다. 전자기학 이론은 맥스웰의 4가지 방정식(Maxwell's equations)으로 총정리되었다고 볼 수 있다. 이를 통하여 전기와 자기는 하나로 통일되었으며 자연계에 존재하는 4가지 힘 가운데 하나로 전자기력이 자리 잡게 되었다. 프랑스 물리학자 앙페르(André Marie Ampère, 1775 ~1836)나 영국의 과학자 패러데이(Michael Faraday, 1791~1867)는 전기마당은 자기마당을, 자기마당은 전기마당을 만들어냄을 알아냈고, 스코틀랜드 출신의 영국 물리학자 맥스웰(James Clerk Maxwell, 1831~1879)은 이들의 진동이 전자기파라는 이름의 파동으로 전파한다는 사실을 밝혔다. 이 전자기파를 이용해 땅속의 전기적 성질을 알아내는 탐사법이 전자 탐사이다. 그런데 같은 전자기파를 이용하지만 전자 탐사보다 훨씬 높은 진동수 범위를 사용하는 지표 레이더 탐사법(GPR method)이 있다. 일반적인 전자 탐사는 전자기유도 현상이 나타나는 소위 '유도 영역(induction regime)'의 전자기파를 사용하는 반면, GPR 탐사는 전자기파 특성이 마치 탄성파와 같은 파동의 성질을 나타내는 진동수 범위인 '전파 영역(propagation regime)'을 이용한다(4.5.2절 [전자 탐사의 기본 원리] 참조). 따라서 GPR 탐사는 전자기파를 이용하는 전자 탐사이긴 하지만 전자 탐사와 또 다른 하나의 방법으로 다루는 경우가 많다. 끝으로 지구를 구성하는 암석과 광물 중에 포함된 미량의 방사성 동위원소로부터 방출되는 방사선의 세기(intensity)를 측정하여 땅속 지질 정보를 알아내는 방사능 탐사(radioactive method)가 있다. 방사선이란 불안정한 핵종이 안정한 핵종으로 바뀌는 붕괴 과정에서 방출되는 것으로 α, β, γ선 등이 있다. 방사능 탐사에서는 주로 γ선을 이용한다. 이 방사능 붕괴와 관련된 기본 힘이 바로 약력이다. 이처럼 자연계에 존재하는 기본 힘이 물리탐사의 밑바탕을 이루고 있지만, 강력의 경우는 원자의 핵알(核子, 양성자와 중성자)을 묶어두는 데 사용되는 가장 강력한 핵력으로, 물리탐사에서 직접적으로 사용되는 힘은 아니나 모든 물질의 근본을 이루고 있는 힘이라 할 수 있다.

지금까지 설명한 물리탐사 방법들은 모두 어떤 물리적 성질을 이용하느냐에 따른 분류라고 할 수 있다. 그런데 물리탐사는 반드시 지표에서만 실시할 수 있는 것이 아니다. 당연히 강이나 호수 그리고 바다뿐만 아니라 공중에서도 실시할 수 있다. 그래서 따로 수상 탐사, 해양 탐사 그리고 항공 탐사라 부르고 있다. 다만 여기서 추가하고자 하는 탐사법은 지하의 인공구조물을 이용하는 탐사법이다. 대표적인 것이 광산 갱도이다. 하지만 갱도는 지리적으로나 환경적으로나 제한되어 있어 이를 이용할 수 있는 경우는 그리 많지 않다. 그래서 언제 어디서나 원하는 지역에서 물리탐사를 지표가 아닌 지하에서 수행하는 방법이 시추공을 뚫어 이용하는 것이다. 기본적으로 두 개의 시추공을 뚫어 하나는 송신용으로 다른 하나는 수신용으로 사용하여 자료를 획득하면 지표에서 얻는 것보다 훨씬 더 정확한 정보를 얻을 수 있다. 이러한 물리탐사법을 지하단면 영상법이라 하는데 지오토모그래피(geotomography) 또는 단순히 토모그래피(tomography)라 한다. 그것은 마치 의학 영상의 CT(Computed Tomography)처럼 지하단면의 영상을 절편(slice)으로 얻는 데서 붙여진 이름이다. 물론 지표 물리탐사를 통해서도 지하단면 영상을 얻기 때문에 넓은 의미에서는 이를 다 포함할 수 있으나 좁은 뜻으로는 시추공 등을 이용한 지하 물리탐사를 통한 자료 획득 방법이라 할 수 있다.

이처럼 다양한 물리탐사 방법들은 지금은 시·공간을 합친 4차원 모니터링 기술로, 그리고 로봇이나 DNA (Data, Network, AI)를 접목하는 융합적인 방법들로 새롭게 발전하고 있다.

지금까지 살펴본 바대로 다양한 물리탐사 방법들이 존재하며, 각 탐사법의 밑바탕에 깔려 있는 원리는 물리학적 개념이며, 이를 토대로 물리학적 관점에서 대상을 바라보고 그 이치를 따져 해석한다. 따라서 물리탐사법을 적용한다는 것은 물리를 도입한다는 것이고 물리탐사를 안다는 것은 물리적으로 이해할 수 있다는 뜻이므로 물리탐사에 들어가기 앞서 물리학이라는 배움의 문으로 들어서는 것은 어쩌면 당연한 수순일지도 모르겠다. 그럼 이제 물리탐사의 첫 관문인 물리의 문으로 들어가 보자.

Chapter 1.2 물리의 근원

1.2.1 물리 그 뿌리를 찾아서

[그림 1.1] 라스코 동굴 벽화. 오록스(aurochs, 야생소)와 말과 사슴이 그려져 있다.
(출처: Wikimedia Commons, Lascaux painting)

스페인의 알타미라(Altamira) 동굴이나 프랑스의 라스코(Lascaux) 동굴의 벽에는 말이나 들소 그리고 사슴 등이 하나같이 역동적으로 그려져 있다(그림 1.1). 구석기 시대의 벽화로 알려진 이들 동굴 벽화를 통해서 우리 조상들은 어떤 동물들을 사냥 대상으로 삼았으며 또 사냥의 성공을 기원하는 주술 의식 등은 어떠했는지 그들의 삶을 어느 정도 이해하고 추측할 수 있다. 이처럼 우리는 지금의 삶의 모습 이전에 우리 조상들의 삶이 어떠했는지를 이와 같은 벽화나 고고학적 유물 등 문화적 유산 등을 통하여 그 뿌리를 찾아 들어갈 수 있다. 선사시대의 유적으로부터 무언가 인류의 모습을 찾아내듯이, 물리탐사도 우리가 찾고자 하는 무언가를 물리적 수단을 통하여 찾으려고 하는 데서 시작되었을 것이고 그 뿌리는 물리적 개념과 사고였음이 분명하다. 그러니 인류 문화의 뿌리를 찾아 동굴을 탐험하듯이, 물리의 뿌리를 찾아 들어가는 것이 물리탐사의 원리를 아는 첫걸음이 될 것은 자명한 일이다.

이제 물리(物理, physics)라는 것이 무엇인지 그 원천적인 물음을 던져보자. 국어사전에서는 물리란 모든 사물(物)의 이치(理)라고 말하며, 물리학은 물체 사이의 상호작용과 물체의 운동, 물질의 구성과 성질과 변화, 에너지의 변화 등을 연구하여 자연을 이해하는 학문이라고 [물리학백과(한국물리학회)] 사전은 말하고 있다. 그리고 영어의 'physics'는 자연(nature)을 뜻하는 라틴어 'physis'에서 유래한다. 이는 곧 물리학은 자연의 이치를 다루는 학문이란 뜻이다.

그렇다면 자연은 무엇일까? 기원전 8세기 무렵의 그리스의 서사시인 헤시오도스(Hesiodos)는 ≪신들의 계보, Theogonia≫에서, 자연은 '카오스(chaos)'로부터 시작됐다고 말하고 있다. 카오스는 모든 것을 담을 수 있는 '캄캄한 텅 빈 공간'이자 바로 '혼돈(무질서)'의 뜻을 가진 그리스어이다. 이 혼돈의 텅 빈 공간 속에서 밤(닉스, Nyx)과 어둠(에레보스, Erebus)이 태어나고 그들은 공기(아이테르, Aether)와 낮(헤메라, Hemera)을 잉태하였다. 이렇게 밤과 낮이 생기는 사이, 카오스에 땅의 신이자 신들의 어머니인 가이아(Gaia)가 나타나고, 가이아는 하늘의 신 우라노스(Uranus)를 낳아 하늘과 땅(天地)이 만들어졌다고 하였다. 이러한 혼돈 속에서 자연은 질서 있게 조화를 찾아가면서 우주(cosmos)를 열게 된다.

서양에서의 우주는 '혼돈'의 세계가 아니라 질서정연한 '코스모스'라는 사상은, 우주는 수학적으로 질서 있고 조화롭다고 생각한 피타고라스(Pythagoras, BC 582?~BC 497?)에 의해 우주가 코스모스로 불리기 시작한 이래 지금까지도 이어지고 있다. 이를 반영하듯 1980년, 칼 세이건도 앞서 인용했던 그의 저서 ≪코스모스≫를 통해 카오스에 대응되는 개념으로 우주의 질서를 뜻하는 코스모스를 등장시켜 '우주라는 바다'를 탐험해 나가기도 하였다.

동양에서도 서양의 '텅 빈 공간'과 마찬가지로 자연을 '원래부터 존재하고 있는 것'으로 표현하고 있으며, 만물의 근원인 태극(太極)에서 음(陰)과 양(陽)으로 나뉘어 하늘과 땅이 만들어졌다고 보고 있다. 그리고 우주란 존재하는 모든 것을 포함한 시공간(時空間)을 뜻한다고 하였다. 이처럼 동서양 모두 이 우주 탐험으로부터 사상과 철학이 태동한다. 이러한 동서양의 관점을 요약해 보면 자연은 혼돈(chaos)의 시공간 속에서 질서(cosmos)를 가진 카오스모스(chaosmos)의 세계라고 볼 수 있다. 그렇다면 이러한 자연 속의 질서를 찾아 나서는 것이 물리의 출발점이자 뿌리라 할 수 있지 않을까?

앞에서 우리는 물리는 사전적으로 물체 사이의 상호작용과 물체의 운동을 연구하는 부분과 물질의 구성과 그 변화를 다루는 학문으로 정의하였다. 이에 따라 먼저 물체 사이에 작용하는 힘과 운동 즉, 역학의 뿌리를 먼저 찾아보도록 하자. 그러기 위해서 물체의 상호작용에 대한 이치를 터득하고자 출발선상에 서 있었던 물리학자들은 누구였을지 한 번 알아보자. 여러 다른 의견이 있을 수도 있겠지만 근대 물리학의 관점에서 보면 그 출발은 아리스토텔레스(Aristoteles, BC 384~BC 322)로부터 시작되었다고 보는 것이 일반적이다. 물론 밀레투스(Miletus) 학파의 시조이자 철학의 아버지로 불리는 탈레스(Thales, BC 624~BC 545)로부터 그 시초를 말할 수 있겠으나, 옳고 그름을 떠나 물리적인 운동 체계를 갖추고 다룬 것은 아리스토텔레스 역학이라 할 수 있다. 참고로 고대 철학자들은 우리가 알고 있듯이 다방면의 지식인이자 성현들이었다고 볼 수 있다. 따라서 이 책을 써 나가다 군데군데 필요하다면 이들의 얘기도 소개하고자 하였음을 밝혀둔다.

플라톤(Platon, BC 427~BC 347)의 제자인 아리스토텔레스는 스승의 '이데아(Idea)'를 추구하는 이상주의에 대하여 경험에 바탕을 둔 현실주의적 세계관을 추구하였다. 그는 물리학, 생물학, 논리학, 정치윤리학 등 다양한 주제를 다루어 서양 지성의 아버지로 일컬어진다. 아리스토텔레스는 '모든 물질은 물, 불, 공기, 흙이라는 4가지 원소로 이루어져 있다.'라는 엠페도클레스(Empedocles, BC 490?~BC 430?)의 4원소설을 바탕으로 물체의 운동을 다루었으며, 특히 자유낙하 운동에서 무거운 물체가 가벼운 물체보다 먼저 떨어진다고 역설하기도 하였다. 이러한 아리스토텔레스 역학은 갈릴레오 갈릴레이(Galileo Galilei, 1564~1642)와 르네 데카르트(René Descartes, 1596~1650)로 이어지면서 수정되고 마침내 뉴턴(Isaac Newton, 1642~1727)에 이르러 고전 역학이 완성되기에 이른다. 어쨌든 아리스토텔레스 역학은 물리의 한 축을 담당하는 역학의 출발점에 서 있었고 물리의 뿌리가 되었음은 부정할 수 없다. 자세한 것은 다음 2장 [중력과 중력 탐사]에서 다루기로 하겠다.

또 다른 관점에서 살펴보기로 하자. 앞에서 정의하였듯이 물리는 물체의 운동을 다루기도 하지만 물질의 성질·변화 등을 다루는 학문이므로 물리의 깊은 뿌리는 자연을 구성하는 물질이고, 그 물질은 원자로, 원자는 다시 원자핵과 전자로 구성되어 있다. 원자핵은 다시 양성자와 중성자, 더 나아가 쿼크와 렙톤에 이르는 물질의 기본 입자로 구성되어 있다. 이처럼 물질의 기본 입자를 찾아가는 것이 물리의 보다 깊은 뿌리를 찾아가는 것으로 볼 수 있다.

그래서 이제부터 물질의 세계를 들여다보고, 그 물질에 미치는 4가지 기본 힘(기본 상호작용)에 대해서도 함께 알아보도록 하자.

1.2.2 물질의 세계

20세기 최고의 물리학자로 평가받는 미국의 과학자 리처드 파인만(Richard Feynman, 1918~1988)은 만일 기존의 모든 과학 지식들을 송두리째 뒤덮어버리는 일대 혁명이 일어나 다음 세대에 물려줄 지식이 단 한 문장밖에 남지 않는다면 그 문장은, “Everything is made of atoms(세상 만물은 원자로 이루어졌다).”라고 했다. 이 원자가 우주를 채우고 있다고 생각했던 고대 그리스의 철학자 데모크리토스(Democritus, BC 460?~BC 370?)는 이 세상의 모든 물질은 원자로 이루어져 있으며, 이 원자는 ‘더 이상 쪼갤 수 없다(a-tomos).’라고 하였다. 지금 우리가 사용하는 ‘원자

(atom)'가 바로 여기서 유래되었음을 쉽게 짐작할 수 있다. 이후 영국의 화학자이자 물리학자인 돌턴(John Dalton, 1766~1844)은 원자가설을 통하여 원자가 기본 단위임을 밝혔다. 더 쪼개어질 수 없던 원자는 과학의 발달로 점점 더 잘게 쪼개져 원자는 원자핵과 전자로, 다시 원자핵은 양성자와 중성자로 쪼개지고 마침내 물질은 쿼크와 렙톤이라는 기본 입자로 구성되어 있음이 밝혀졌다.

이제 이 입자들이 하나씩 어떻게 등장하는지 원자 모형과 함께 그 역사적인 변천 과정을 잠깐 살펴보도록 하자.

데모크리토스나 돌턴의 원자 속에 전자(electron)가 들어있다는 것을 처음으로 발견한 사람이 영국의 물리학자 톰슨(Joseph John Thomson, 1856~1940)이다. 1897년 톰슨은 음극선관(cathode ray tube) 실험을 통하여 전자가 다음과 같은 성질을 가지고 있음을 밝히고, 양전하가 고루 분포되어 있는 원자 속에 전자가 듬성듬성 박혀 있는 푸딩 모형(plum pudding model)을 제시하였다.

첫째, 음극선관 안에 장애물을 넣으면 그 뒤에 그림자가 생긴다는 사실로부터 전자는 직진성을 가진다. 둘째, 바람개비를 갖다 넣으면 바람개비가 돌아간다는 사실로부터 전자는 질량을 가진다. 셋째, 음극선에 전기마당을 걸어주면 음극선이 (+)극으로 휘어지는 사실로부터 음전하를 띤다.

톰슨의 제자였던 러더퍼드(Ernest Rutherford, 1871~1937)는 가이거(H. Geiger, 1882~1945)와 마스든(E. Marsden, 1889~1970)이 수행한 알파 입자 산란(α particle scattering) 실험을 통하여, 어떤 알파 입자는 방향이 휘기도 하고, 또 다른 알파 입자는 되튕겨 나오는 사실을 관측하고, 원자의 중심에 양전하를 띤 알갱이 즉, 원자핵의 존재를 밝혔다. 이때가 1911년이었다. 알파 입자는 헬륨(^4_2He) 원자핵이므로 알파 입자의 방향이 휘어지는 것으로 보아 양(+)전하를 띠었으며, 헬륨 입자가 되튕기는 것으로 보아 단단한 알갱이가 있다고 생각하여 이러한 양전하를 띤 단단한 부분을 원자핵(atomic nucleus)이라 불렀다. 그래서 러더퍼드는 원자핵 주위를 전자가 마치 행성처럼 돌고 있는 행성 모형(planetary model)을 제시하였다. 그 후 1932년 영국의 물리학자 채드윅(James Chadwick, 1891~1974)의 중성자 발견으로 원자핵이 양성자

(proton)와 중성자(neutron)로 이루어져 있음을 알게 되었다. 이 양성자와 중성자를 합쳐 핵알(核子, nucleon)이라 부른다. 이렇게 과학자들의 꾸준한 노력으로 원자가 핵알과 전자로 구성되어 있음이 밝혀지게 되었다.

지금까지 전자-원자핵-중성자의 발견 이야기를 통해 원자를 구성하는 입자들에 대해 어느 정도 알 수 있었다고 생각되지만, 내친김에 현대의 원자 모형까지 이어나감으로써 원자 이야기를 마무리 짓도록 하자. 앞서 설명한 러더퍼드의 원자 모형은 몇 가지 문제점을 가지고 있었다. 하나는 전자가 원자핵 주위를 돌면, 전자는 전자기파를 방출하면서 에너지를 잃게 되고 결국 원자핵 쪽으로 떨어져 핵과 충돌하면서 원자는 붕괴할 수밖에 없다는 것이었다. 또 하나는 전자가 핵 주위를 돌면서 전자기파를 복사한다면 이는 연속 빛띠(continuous spectrum)가 되어야 한다. 하지만 그 당시에 이미 수소와 같은 원자는 선 빛띠(line spectrum)를 갖는다는 것이 잘 알려져 있었다. 이 문제를 해결한 사람은 바로 그의 제자인 덴마크의 물리학자 닐스 보어(Niels Bohr, 1885~1962)였다. 보어는 막스 플랑크(Max Planck, 1858~1947)의 양자화 개념을 도입하였는데, 양자(量子, quantum)란 기본 단위의 정수배로 생각할 수 있다. 전자가 원자핵 주위를 돌고 있는 전자 궤도(electron orbit)는 각각 안정된 에너지 준위(energy level)를 가지고 있고, 이렇게 안정된 정상 상태(stationary state)에서 핵 주위를 돌고 있는 전자는 전자기파를 방출하지 않으며, 따라서 에너지도 잃지 않는다고 보어는 가정하였다. 그리고 전자 궤도는 n=1, 2, 3 처럼 양자화되어 있기 때문에 전자는 오로지 에너지 흡수나 방출을 통한 양자 도약(quantum jump)으로만 다른 궤도로 이동할 수 있다는 것이다. 이러한 설명은 수소의 선 빛띠를 잘 설명할 수 있었을 뿐만 아니라 양자역학으로 가는 길을 터놓았다. 그러나 이러한 보어의 원자 모형도 현대에 이르러서는 불확정성 원리를 도입한 전자구름(electron cloud) 모형으로 바뀌었다. 독일의 물리학자 하이젠베르크(Werner Karl Heisenberg, 1901~1976)는 양자역학에서 입자의 위치와 운동량(또는 속도) 두 물리량을 동시에 정확하게 알 수 없다는 불확정성 원리(uncertainty principle)를 내세웠다. 따라서 현대 원자 모형에서는 이 원리에 따라 원자핵 주위에 분포하는 전자들의 위치를 정확하게 나타내는 것은 불가능하기 때문에, 전자의 위치를 보어의 원자 모형처럼 핵 주위를 도는 궤도로 묘사하는 대신, 핵 주위에 확률 분포로 나타낸다. 즉, 전자가 발견될 확률로 보여준다. 이 확률을 점으로 찍어 그림으로 나타내면 핵 주위에 퍼져있는 구름같이 보이기 때문에 전자구름이라고 부른다. 그리고 이 확률을 나타내는 함수 또는 함수의 모양을 오비탈(orbital)이라고 한다.

이러한 원자 모형의 변천 과정을 다시 한번 요약하여 정리하면 다음과 같다.

> 돌턴의 단단한 공 모양 모형 → 톰슨의 푸딩 모형 → 러더퍼드의 전자 행성 모형
> → 보어의 원자 궤도 모형 → 현대의 전자구름 모형

앞서 설명한 대로 원자는 원자핵을 구성하는 핵알과 전자로 이루어져 있다. 하지만 물질의 세계는 이보다 더 기본적인 입자로 구성되어 있다고 보고 있다. 예를 들면 쿼크나 렙톤 같은 입자들이다. 그러나 여기서 멈추지는 않을 것이다. 약 137억 년 전에 우주에서는 어떤 일이 벌어졌는지 우리는 아직도 잘 모른다(4.3절 [빛] 참조). 그때 무슨 일이 일어났는지를 알 수 있다면 물질의 근원에 도달할 수 있지 않을까? 한 방울의 물에 천지(天地)가 담겨 있듯, 하나의 입자에도 우주가 들어있으니, 보다 더 근본이 되는 기본 입자를 찾아가는 과학자들의 도전과 우주 탄생의 비밀을 알고자 하는 연구는 그래서 지금도 끊임없이 이어지고 있다.

여기서는 20세기 후반에 많은 과학자들의 공동 연구로 개발된 이론으로서, 일반적으로 가장 많이 인용되고 있는 표준모형(standard model) 이론에 따른 기본 입자(elementary particle)에 대해 알아보고자 한다. 표준모형이란 물질을 구성하는 기본 입자와 이들 사이에 작용하는 4가지 기본 힘(상호작용)을 설명하는 이론이다.

4가지 기본 상호작용에 대해서는 조금 있다 알아보도록 하고 먼저 기본 입자부터 설명하기로 하자. 그림 1.2의 표준모형에 따르면 기본 입자에는 양성자나 중성자를 만드는 쿼크(quark) 가족이 6가지, 전자와 같은 렙톤(lepton) 가족이 6가지, 그리고 힘을 전달하는 매개 입자(guage boson) 가족이 4가지 그리고 질량을 부여하는 힉스 입자(Higgs boson) 등 총 17가지가 있다.

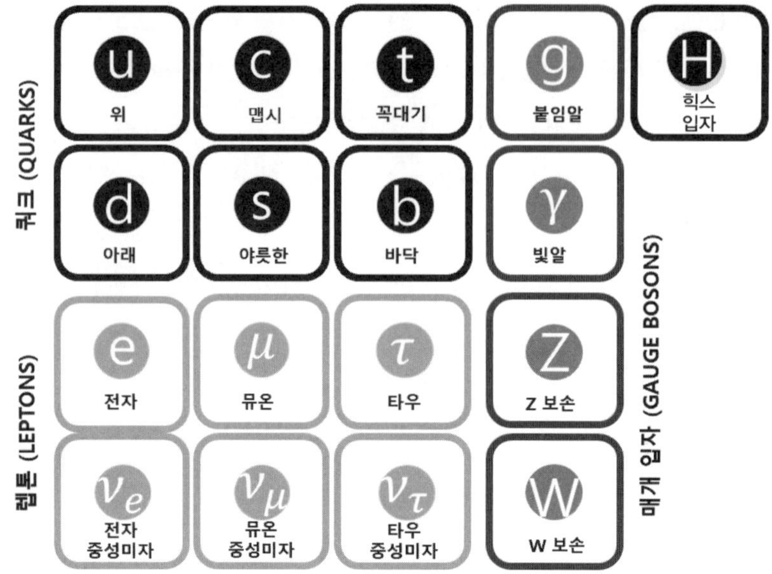

[그림 1.2] 표준모형

☞ 그럼 쿼크 - 렙톤 - 매개 입자 - 힉스 입자 순으로 하나하나씩 알아보도록 하자.

첫 번째, 쿼크 가족은 다음과 같이 위(up, u), 아래(down, d), 맵시(charm, c), 야릇한(strange, s), 꼭대기(top, t), 바닥(bottom, b) 등 6가지 쿼크로 되어 있다.

$$\begin{pmatrix} u \\ d \end{pmatrix} \begin{pmatrix} c \\ s \end{pmatrix} \begin{pmatrix} t \\ b \end{pmatrix}$$

위쪽에 있는 u, c, t는 전하량이 +2/3 이고 아래쪽의 d, s, b는 전하량이 -1/3 이다(표 1.1). 그리고 쿼크와 쿼크끼리는 붙임알(글루온, gluon)이라는 힘 전달 입자를 매개로 강하게 결합하여 양성자나 중성자를 만들 수 있다. 즉, 양성자(p)는 위 쿼크(u) 두 개와 아래 쿼크(d) 한 개로 만들어진다. 즉, p=uud 로 쓸 수 있다. 그리고 중성자(n)는 u 쿼크 1개와 d 쿼크 2개로 구성되어 있어 n=udd 로 쓸 수 있다. 이를 바탕으로 양성자와 중성자의 전하량을 각각 계산하면, 양성자의 전하량은 위(u)와 아래(d) 쿼크들의 전하량을 모두 합쳐 2x(2/3)+(-1/3)=1 이 되어 (+1)의 양의 전하량을 가지고, 중성자의 전하량은 (2/3)+2x(-1/3)=0 이 되어 중성임을 알 수 있다.

[표 1.1] 쿼크와 렙톤의 종류와 전하량

	전하	1세대	2세대	1세대
쿼크	$+\frac{2}{3}$	위(u)	맵시(c)	꼭대기(t)
	$-\frac{1}{3}$	아래(d)	야릇한(s)	바닥(b)
렙톤	-1	전자(e)	뮤온(μ)	타우(τ)
	0	전자 중성미자(ν_e)	뮤온 중성미자(ν_μ)	타우 중성미자(ν_τ)

두 번째는 렙톤 가족으로 렙톤은 가벼운 입자로서 전자(electron, e), 뮤온(muon, μ), 그리고 타우(tau, τ)와 각각의 중성미자(neutrino)인 전자 중성미자(electron neutrino, ν_e), 뮤온 중성미자(muon neutrino, ν_μ), 타우 중성미자(tau neutrino, ν_τ) 등 총 6가지가 있다. 그리고 이들은 강한 힘을 느끼지 못하고 약한 힘에 반응한다.

$$\begin{pmatrix} e \\ \nu_e \end{pmatrix} \begin{pmatrix} \mu \\ \nu_\mu \end{pmatrix} \begin{pmatrix} \tau \\ \nu_\tau \end{pmatrix}$$

세 번째는 매개 입자 가족으로서, 자연계의 4가지 기본 상호작용(힘)을 전달하는 입자이다. 여기에는 강한 상호작용(강력, strong force)을 전달해 수는 붙임알(gluon), 약한 상호작용(약력, weak force)을 전달해 주는 W와 Z 보손(boson)인 W^+와 W^-, 그리고 Z^0이 있고, 전자기 상호작용(전자기력, electromagnetic force)을 전달해 주는 빛알(光子, photon)과 중력(gravity)을 전달해 주는 중력알(重力子, graviton) 등 4가지가 있다.

붙임알은 쿼크와 쿼크 사이의 접착제(glue) 역할을 하여 양성자나 중성자 같은 강입자(强粒子, hadron)를 만든다. 중성자는 약한 힘으로 β 붕괴가 일어나는데 이때 매개 입자가 바로 W 보손이다. 즉, 중성자(n)는 다음과 같이 약한 상호작용에 의해 양성자(p)로 변환되면서 전자(e^-)와 반중성미자(anti-neutrino, $\overline{\nu_e}$)를 방출한다.

$$n \rightarrow p + e^- + \overline{\nu_e}$$

이를 쿼크 관점에서 보면 아래 쿼크(d)가 W^- 보손을 방출하며 위 쿼크(u)로 붕괴하는 과정으로 볼 수 있고, 여기서 W^- 보손은 곧 붕괴하여 전자와 반중성미자가 된다. 즉,

$$d \rightarrow u + e^- + \overline{\nu_e}$$

이때 음의 전하를 띤 전자가 방출되므로 베타 마이너스 붕괴(β^- decay)라고 한다. 반대로 양성자가 중성자로 변환되면서 양전자(e^+)와 중성미자(neutrino, ν_e)를 방출하는 것을 베타 플러스 붕괴(β^+ decay)라고 하는데, 이때는 W^+ 보손이 양전자와 중성미자로 붕괴한다. 전기적으로 중성이면서 매우 가벼운 입자인 중성미자는 약력에만 관여하는 입자이다.

$$p \rightarrow n + e^+ + \nu_e$$

빛알은 원자핵이 전자를 잡아두는 전자기 상호작용을 매개함으로써 원자를 이루는데 핵심적인 역할을 한다. 중력 매개 입자인 중력알은 아직 발견되지 않고 있다.

끝으로 소개할 입자가 표준모형의 '마지막 17번째 입자'이자, 이른바 '신의 입자(God Particle)'라 일컬어지는 힉스 입자이다. 힉스 입자는 모든 소립자에 질량을 부여하는 입자로 알려져 있다. '신의 입자'라는 말은 새로운 종류의 중성미자를 발견한 공로로 1988년 노벨상을 수상한 미국의 물리학자 레온 레더만(Leon Max Lederman, 1922~2018)의 ≪신의 입자, The God Particle(1993)≫라는 책에서 따온 이름이다. 그러나 원래 레더만이 생각했던 제목은 '빌어먹을 입자(Goddamn Particle)'였다고 한다(이종필, 2009). 그만큼 힉스 입자를 실험적으로 발견하기가 무척 어려웠기 때문이었다. 그런데 2012년 6월 유럽입자물리연구소(CERN)가 거대 강입자충돌기(LHC, Large Hadron Collider)를 이용한 양성자 충돌 실험을 통해 그 존재를 마침내 입증하였으며, 이 힉스 입자의 발견으로 비로소 표준모형이 완성되었다. 힉스 입자는 영국의 물리학자 피터 힉스(Peter Higgs, 1929~)가 처음 제시하였지만, 힉스 입자라는 용어는 재미 물리학자인 고 이휘소(李輝昭, 1935~1977) 박사가 1972년 미국에서 열린 고에너지물리학회에서 처음 사용했다고 한다.

이 정도로 표준모형의 17가지 기본 입자들의 소개를 마치고 이제 자연계에 존재하는 4가지 상호작용 즉, 4가지 힘에 대해 설명하기로 하자.

1.2.3 4가지 기본 상호작용

우주의 모든 물질은 4가지 기본 힘의 작용으로 존재하는 데 이를 기본 상호작용(fundamental interaction)이라 한다. 다시 말해서 기본 상호작용은 다음과 같이 자연계에 존재하는 기본적인 4가지 힘을 말한다.

① 중력 상호작용(gravitational interaction) = 중력(重力, gravity force)
② 전자기 상호작용(electromagnetic interaction) = 전자기 힘(電磁氣力, EM force)
③ 강 상호작용(strong interaction) = 강한 힘[强力, strong (nuclear) force]
④ 약 상호작용(weak interaction) = 약한 힘[弱力, weak (nuclear) force]

이 힘들의 세기를 비교하면 강력>전자기력>약력>중력 순이다. 강력은 전자기력의 10^2배이고, 약력의 10^{14}배, 그리고 중력의 무려 10^{38}배의 크기를 가진다(표 1.2).

이들 가운데 먼저 우리에게 가장 친숙한 중력부터 알아보자. 만유인력 즉, 중력은 질량을 가진 모든 물체 사이에 작용하는 힘이다. 중력이 작용하는 범위는 무한대로 넓기 때문에 태양과 행성들로 이루어진 태양계나 수많은 별들의 모임인 은하계의 운동을 관장하는 힘이 바로 이 중력이다. 또한 우리를 의자에 앉아 있도록 붙들어 주는 힘도 중력이다. 그러나 앞에서 말했듯이 중력의 세기는 네 힘 중 가장 약하여 전자나 양성자로 구성된 원자의 세계에서는 거의 중력의 힘이 작용하지 않는다.

두 번째는 전자기 힘이다. 전자기력은 전기를 띤 입자(렙톤과 쿼크 등) 사이에 작용하는 기본 상호작용이다. 전자기력은 전기력과 자기력의 통합된 개념으로(이는 맥스웰 방정식이라는 이름으로 총정리 됨) 미시 세계에서 전기력은 전자를 핵 주위에 붙잡아 두어 원자를 구성하게 한다. 원자는 양성자, 중성자, 전자 등으로 이루어져 있는

데 그들 사이에 작용하는 중력은 전기력에 비하여 대단히 약하기 때문에 미시 세계는 오로지 전기력이 지배한다고 말할 수 있다. 그럼 여기서 전기력을 나타내는 쿨롱 힘과 중력의 크기를 실제 비교해보도록 하자. 양성자의 질량 $m(=1.67262\times10^{-27}$ kg), 전기량 $e(=1.6\times10^{-19}$ C), 두 양성자 사이의 거리 r이 주어지면 전기력은 쿨롱의 법칙(Coulomb's law) $F_E=ke^2/r^2$으로, 중력은 뉴턴의 만유인력 법칙 $F_G=Gm^2/r^2$으로 주어진다. 따라서 두 힘의 비는 $F_G/F_E=Gm^2/ke^2$이므로 쿨롱 상수 $k(=8.98\times10^9$ Nm^2/C$^2)$와 중력 상수 $G(=6.67\times10^{-11}$ Nm^2/kg$^2)$의 값을 넣으면 바로 구할 수 있다. 그 결과 중력은 전기력의 10^{-36}배가 된다. 강력과 비교하면 10^{-38}배밖에 되지 않는다(최무영, 2008). 그리고 당기는 힘만 작용하는 중력과 달리 전자기력은 당기는 힘과 미는 힘이 모두 작용한다. 힘의 세기는 강력의 1/100 정도이나 그 힘이 미치는 범위는 중력과 같이 무한대이다.

세 번째는 핵에 작용하는 핵력으로서 강한 핵력(strong nuclear force), 줄여서 강한 힘(또는 강력)이 있다. 강력은 원자핵의 핵알을 단단히 결합하는 힘으로, 양성자와 중성자 내부에 들어있는 쿼크와 쿼크 사이에 작용하여 양성자와 중성자가 되도록 만드는 힘이 바로 강력이다. 하지만 극미 세계에 작용하여 그 힘이 미치는 범위가 10^{-15}m로 아주 작다.

네 번째는 약한 핵력(weak nuclear force), 줄여서 약한 힘(또는 약력)이 있다. 또 하나의 극미 세계(10^{-18}m 범위)에 작용하는 핵력으로서, 약력은 핵알들을 한데 묶을 정도로 강하지 않기 때문에 핵알들이 떨어져 나가거나 방사성 붕괴 과정에만 관여하는 힘이다. 특히 앞에서 설명한 베타 붕괴의 원인이 된다. 좀 더 상세히 설명하면, 베타 붕괴에서 방출되는 전자는 원래 원자핵에 들어있던 전자가 나오는 것이 아니라, 원자핵 속의 중성자가 저절로 양성자와 전자로 바뀐 다음에 원자핵에 그대로 남아있을 수 없는 전자가 원자핵 바깥으로 나오는 것이다. 그런데 중성자가 저절로 양성자와 전자로 바뀌는 현상을 지금까지 알고 있던 기본 힘인 중력이나 전기력 또는 강력으로 도저히 설명할 수 없음을 알게 되었다. 그래서 또 하나의 기본 힘의 존재를 알리고 이를 약력이라고 하였다.

강력은 가벼운 핵들을 결합하여 보다 무거운 핵으로 만들 수 있으며, 이러한 힘을 이용하여 핵융합 발전이나 수소폭탄을 제조할 수 있다. 반면에 약력은 방사성 붕괴를 통한 열 에너지원으로 원자력 발전이나 원자폭탄 제조의 원동력이 될 뿐만 아니라, 지구상의 대륙이 이동하는 근원이 되는 열 에너지원도 바로 이 약력에 의한 것으로 볼 수 있다.

이러한 기본적인 4가지 상호작용들은 모두 이 힘들을 전달해 주는 입자(carrier particles)들이 존재하는데 이것이 앞서 설명한 매개 입자들이다.

지금까지 언급한 4가지 기본 상호작용을 정리하면 아래 표 1.2와 같다.

[표 1.2] 기본 상호작용 요약

상호작용	매개 입자	상대적 힘의 크기	힘이 미치는 범위(m)
강한 힘	붙임알	10^{38}	10^{-15}
전자기 힘	빛알	10^{36}	∞
약한 힘	W와 Z 보손	10^{24}	10^{-18}
중력	중력알	1	∞

Chapter 1.3

물리탐사의 기본은 무엇인가?

지금까지 우리는 물리의 뿌리를 찾아가면서 물질의 세계를 경험했고 그들 사이에 기본적으로 작용하는 4가지 힘에 대해서도 살펴보았다. 미루어 짐작하겠지만 바로 이 힘들을 이용하는 것이 물리탐사이다. 그럼 지금부터 물리탐사를 수행함에 앞서 먼저 알아두어야 할 몇 가지 물리탐사의 기본에 대해 살펴보도록 하자.

1.3.1 현실에서 부딪히는 문제

지금 우리가 살아가면서 부딪히는 일상생활 문제는 여러 방면에서 다양하게 나타나고 있다. 먼저 현실적으로 부딪히고 있는 문제에는 어떤 것들이 있고, 그러한 문제를 물리탐사로써 어떻게 해결하는지를 살펴보면서 물리탐사의 기본이 무엇인지 알아보도록 하자. 물론 여러 가지 있겠지만 여기서는 대표적인 것들로만 간추렸다.

(1) 광물자원 탐사

우리는 일상생활에서 전기, 빛, 열에너지 등 다양한 에너지를 사용하는데, 그 원천이 에너지 자원이다. 이 중 세계적으로 가장 큰 비중을 차지하고 있는 것이 석유, 석탄, 천연가스 등의 화석 연료이다. 이러한 에너지 자원뿐만 아니라 우리의 경제활동을 영위하는 데 필요한 철, 금, 구리 등의 금속 광물 또는 고령토나 석회석 등의 비금속 광물도 자원으로서 중요한 위치를 차지하고 있다. 이와 같이 땅속에 매장되어 있는 지하자원을 흔히 광물자원(mineral resources)이라 하는데, 이를 찾아내는 것이 첫 문제이다. 이와 더불어 21세기 전기·전자·ICT 산업 등 다양한 분야에서 전략자원으로서 그 중요성이 커지고 있는 희토류(稀土類, rare earth elements) 광산을 개발하여 안정적으로 수급할 수 있도록 하는 것도 현재로서는 시급한 상황이다. 땅속에 어디엔가 있을 이런 광물자원을 어떻게 찾아내야 하는지 개발에 앞서 물리탐사로써 먼저 해결해야 할 문제이다. 더군다나 최근에는 쉽게 찾을 수 있는 자원은 거의 사라져 버려 우리가 접근하기 어려운 곳에 있는 석유 등의 자원을 찾아 나서야 하는 문제도 발생하고 있다. 이러한 현 상황을 고려하면 물리탐사는 보다 더 정밀하고 고도의 융합 기술을 필요로 하는 시점에 와 있다.

(2) 지하수와 지열 조사

앞으로 미래의 수자원으로서 지하수의 중요성은 점점 증대되고 있다. 우리나라도 물 부족 국가에 속해 있어 상수원뿐만 아니라 지하수원의 개발도 미래의 음용수나 농업용수 등의 확보를 위해 시급히 준비해두어야 할 일이다. 따라서 지하 대수층(aquifer)을 찾아서 지하수 공급이 원활해지도록 해야 하는 문제가 있다. 특히 요즘처럼 기후변화가 극심할 때에는 언제 가뭄이 들지 모르는 상황이므로 가뭄에 대비한 지하수 자원 확보가 시급한 문제가 될 수 있음을 명심해야 한다. 실제로 우리나라에서 심각한 가뭄으로 농업용수를 확보하기 위한 가뭄대책을 실시한 사례가 여러 번 있었다.

지하수와 마찬가지로 지열을 이용하여 생활환경을 보다 편리하게 만들 수 있는 경우가 많다. 예를 들어 온수를 이용하여 양식이나 양어 또는 온실 재배 그리고 히터 펌프를 이용한 냉난방 조절을 하는 에너지로서 다양하게 사용할 수 있다. 이러한 지열을 이용할 수 있는 지역이 어디인지 찾는 것도 현실적으로 중요한 문제이다.

(3) 지반 조사

국가의 사회기반 시설로서 큰 비중을 차지하고 있는 도로, 철도, 터널, 다리 건설 등에는 반드시 이에 앞서 지반 조사가 필요하다. 어느 지역의 두 지점을 연결하는 다리나 철도를 건설한다고 했을 때 그 기초가 튼튼한(단단한) 암반 위에 지어야 함은 당연한 일이다. 따라서 연약한 지반이 없는지 꼼꼼히 조사해야 한다. 터널도 마찬가지로 만약 잘못하여 지하수가 있는 파쇄대나 공동이 있는 것을 모르고 터널을 뚫었다가는 그 물이 스며들어 지반이 약해지면서 터널의 붕괴를 가져올 수도 있다. 이처럼 땅속 지반이 어떤 토양이나 암반으로 되어있는지를 판단하는 것이 사회기반 시설 공사에는 무엇보다 중요하다.

(4) 환경오염 조사

우리 주변에는 알게 모르게 환경 오염된 지역이 많이 있다. 예를 들면 오폐수에 의한 오염이 대표적이라 할 수 있다. 최근 들어 조류 인플루엔자(AI)나 구제역의 빈번한 발생으로 가축을 살처분(殺處分, stamping out)하는 일이 많아졌다. 살처분한 가축은 땅에 묻어 처리하게 되는데 이때 이 사체에서 나오는 피 등의 액체가 침출수(leachate)로 흘러나와 농지 등의 토양을 오염시킬 수 있다. 그러면 어느 정도 얼마만큼 오염되었는지를 파악해야 한다. 그리고 우리나라 서해안 지방에서는 흔히 해수 침입(염수 침입, sea water intrusion)에 의한 농업용수의 오염이 있어 이것도 환경오염 사례로 들 수 있다. 이처럼 환경오염의 범위나 정도를 알아야 하는 문제가 발생한다.

(5) 불발탄(UXO) 조사

불발탄(UXO, Unexploded Ordnance)은 전쟁 지역이나 군사 훈련 지역과 연관되어 있다. 역사상 가장 참혹한 소모전으로 기록되고 있는 제1차 세계대전의 베르됭 전투(Battle of Verdun)는 인류사에 등장한 최악의 참상 중 하나로 꼽힌다. 1916년 2월부터 12월까지 10개월 동안 독일군과 프랑스군 사이에 벌어진 이 전투에서 무려 70여만 명의 사망자가 나왔다. 그리고 포성이 멎은 지 100여 년이 지난 지금도 격전지 부근에는 포탄의 자리가 남아있고, 발견되지 못한 불발탄 때문에 일부 지역은 출입이 통제되고 있다(남도현, 2016). 실제로 전투에 사용된 폭탄 중 25%가 불발탄으로 추정되고 있다. 폭탄 제거반이 1년에 50여 톤의 폭탄을 수거하고 있지만, 이 정도 속도로는 300년은 더 있어야 모두 수거할 수 있을 것으로 예측하고 있다(나무위키, 2021). 우리나라도 예외는 아니다. 불발탄 외에 대인 지뢰(antipersonnel mine)도 인명 피해를 가져오기 때문에 금속 탐지기를 통한 지뢰 탐지가 필요하다. 이처럼 불발탄과 지뢰가 있을 때 이들을 어떻게 찾아내야 하는가 하는 것이 물리탐사로 해결해야 할 또 다른 문제이다.

(6) 지하 공간 활용

현대는 지하 공간(underground space)을 이용한 시설이 아주 다양하게 들어서고 있다. 여기서는 지하 저장에 대한 공간 활용 분야만 소개하기로 한다. 가장 자주 대두되고 있는 문제는 원자력 발전 이후 남는 찌꺼기인 방사능 폐기물 처리 장소이다. 각 나라에서도 지하 깊숙이 단단한 곳에 저장하고 있으며 우리나라도 예외는 아니다. 두 번째로는 탄소 포집·활용·저장 기술(CCUS, Carbon Capture, Utilization and Storage)에 적용될 CO_2 지중 저장 장소의 선정이다. 세 번째는 지하수 대수층 저장 및 충전(ASR, Aquifer Storage and Recovery)용 지하 공간이다. ASR 시설은 비가 많이 올 때는 지하 대수층에 저장해두었다가 물이 부족할 때는 지표로 이 물을 끌어올려 공급하는 개념이다. 이와 유사하게 도시에서도 빗물을 모아두었다가 필요할 때 뽑아 쓰는 지하 공간 시설을 많이 설치하고 있다. 이처럼 지하 공간 활용을 위한 적정한 곳을 찾는 것도 물리탐사로써 우리가 해결해야 할 문제이다.

1.3.2 물리탐사로 문제 풀기

앞의 문제를 풀기 위해서 물리탐사를 도입한다면 어떻게 해야 할 것인가?

물리탐사는 지하 매질의 물성 차이(물성 대비, contrast in the physical properties)를 측정하여 지질학적/기하학적/공학적 정보를 알아내는 것이다. 그렇다면 이러한 정보를 어떻게 캐내는지 그 과정을 알아보자.

물리탐사는 크게 자료 획득(data acquisition) → 자료 처리(data processing) → 자료 해석(data analysis and interpretation)의 3단계를 거친다.

자료 획득은 말 그대로 얻고자 하는 물성에 따라 맞춤형 물리탐사 장비를 이용하여 자료를 얻는 단계이다. 그 다음은 얻은 자료를 컴퓨터를 이용하여 우리가 알기 쉽게 단면 또는 그래프 등으로 그려내는 자료 처리 단계이다. 끝으로 이 자료들을 해석하여 각 물성 차이로 나타나는 지질학적 정보 등을 캐내어 그 지역에 대한 정확한 정보를 제공하는 단계이다.

이러한 3단계를 거치는 과정에서 누구나 꼭 명심해야 할 말이 있다. 바로 'GIGO (Garbage In, Garbage Out)'이다. '쓰레기가 들어가면 쓰레기가 나온다.'라는 매우 평범하고 단순한 말이지만 아주 중요한 말이다. 자료를 얻을 때 적당히 얻지 말고 세심한 준비 과정을 거쳐 최대한 정확한 자료를 얻어야 한다는 것이다. 대충 자료를 얻어 겉으로만 화려한 단면을 그려내는 어리석음을 저질러서는 안 된다. '쓰레기가 들어가도 금이 나올 것이다(Garbage In, Gold Out).'라고 기대하지 말라!

이해를 돕기 위해서 물리탐사 과정을 실제 탐사처럼 해보면서 알아보도록 하자.

어느 지역에 가뭄이 들어 농업용수가 필요하여 지하수 조사를 해야 하는 상황이라고 가정하고, 물리탐사를 실시하는 과정을 간략하게 알아보자.

(1) 자료 획득

전기비저항 탐사를 하기로 결정하고, 전기비저항 탐사 장비 및 탐사에 필요한 각종 부수 장비(전선, 전극 등)와 재료(절연 테이프 등) 그리고 현장 수첩(field note)이나 지도(지질도와 지형도) 또는 GPS 등을 철저히 챙긴 다음, 탐사에 필요한 적정한 인원과 함께 현장에서 탐사를 수행한다. 지금 우리가 찾고자 하는 목표물(target)은 지하 대수층(aquifer)이다. 따라서 대수층의 깊이나 위치 등을 고려하여 적당한 전극 간격과 적정한 배열(예, 쌍극자 배열)로 탐사하되, 앞서 강조한 'GIGO'를 명심하고 최대한 정확한 자료를 얻도록 한다.

(2) 자료 처리

얻어진 자료를 현장에서 실시간으로 자료 처리하여 자료가 불충분하든가 아니면 잘못된 자료가 들어있는지를 판단하고 필요하다면 다시 탐사한다. 이렇게 보다 나은 정확한 자료를 확보하였다면 컴퓨터를 이용하여 자료를 처리한다. 이 단계에서는 우리가 원하는 지질단면 또는 물성 단면을 얻어내는데 이를 흔히 역산(inversion)이라고 한다. 지금 여기서 설명하는 전기비저항 탐사에서는 참 전기비저항 단면을 역산의 결과로 얻게 된다.

(3) 자료 해석

자료 처리 결과 얻은 역산 자료인 참 전기비저항 단면을 이용하여 정확한 물성 정보를 얻은 다음 이를 지질학적 정보로 바꾸어 줄 필요가 있다. 보다 정확한 지질학적 정보를 구하기 위하여 지질 전문가의 도움을 받는 것이 좋다.

이러한 3단계를 거친 다음 가장 적합하다고 판단되는 시추 지점을 선정하여 지하대수층을 확인하도록 한다.

여기서 알아두어야 할 점은 물리탐사로 우리가 원하는 대상체의 위치를 100% 찾을 수는 없다. 아울러 찾는다고 해도 우리가 원하는 만큼의 지하수량을 확보하지 못할 수도 있다. 물리탐사는 발견 가능성을 높이는 수단일 뿐 만능이 아님을 알아야 한다.

1.3.3 물리탐사에서 기본적으로 알아야 할 것

(1) 물리탐사의 기본 가정

실제 지구는 편평하지도 않으며, 그렇다고 균질한 것도 아니다. 따라서 처음부터 복잡한 지구를 상대로 탐사할 수 없다. 그래서 가장 간단한 지구를 상정한다. 즉, 땅은 편평하고 수평적이다. 그리고 균질하며(homogeneous) 등방성이다(isotropic)라고 가정하는 것이다. 여기서 균질하다 함은 성분이 골고루 분포하고 있음을 나타내는 말이며, 등방성(等方性)이란 뜻은 모든 방향으로 같은 성질을 가지는 것을 말한다. 다음의 세 그림을 통해 균질과 등방성을 판단해보기 바란다.

■ 다음 (a), (b), (c)에 대해 각각 균질과 등방성을 판단하시오.

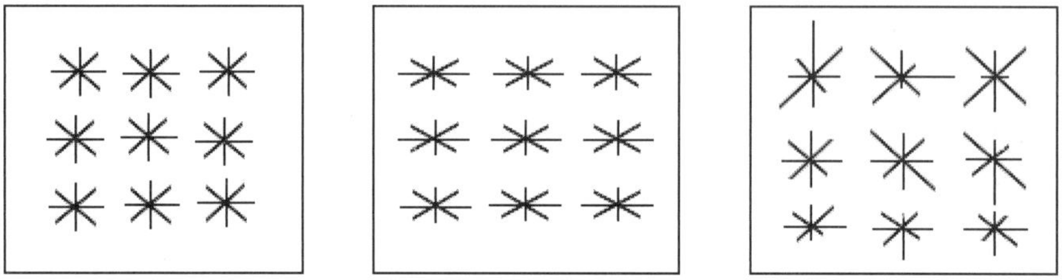

(a) (b) (c)

(2) 물리탐사의 한계성

앞서 말한 대로 물리탐사는 만능이 아니다. 근본적으로 물리탐사는 한계를 가지고 있다. 하나하나씩 한계점을 들어보자.

1) 해의 비유일성(nonuniqueness)

최종적으로 얻어진 물성 단면으로부터 대상체의 기하학적 정보나 지질학적 정보를 하나의 해로 결정할 수 없다는 뜻이다. 예를 들면 중력 탐사를 통하여 다음 그림 1.3과 같은 중력 곡선을 얻었다고 한다면 이 곡선 아래의 대상체는 어떤 상태일까? 알다시피 중력은 거리의 제곱에 반비례하고 질량에 비례하므로 땅속 대상체의 밀도, 크기, 모양, 깊이 등을 그림의 ①, ②처럼 다양하게 변화시켜도 위 곡선을 만들어 낼 수 있다. 따라서 하나의 유일 해(unique solution)를 얻는다는 것은 불가능하다.

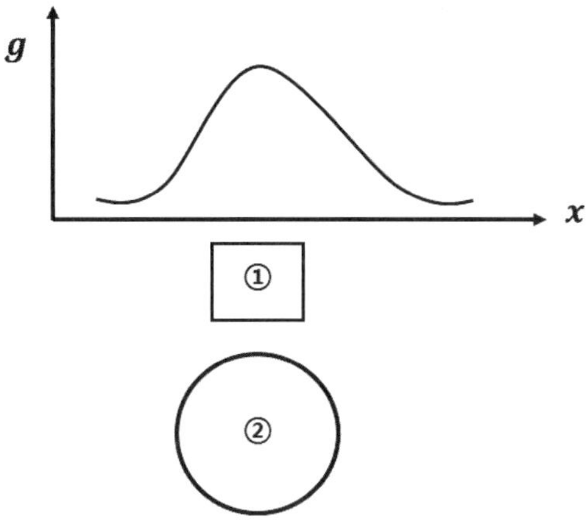

[그림. 1.3] 해의 비유일성

2) 물성 대비의 불충분

지질학적인 차이와 무관하게 물리탐사는 물성의 차이가 뚜렷해야만 구분이 가능하다. 예를 들어 그림 1.4처럼 지질학적으로는 사암과 화강암으로서 구분이 되지만 물성(여기서는 탄성파 전파속도)의 차이가 크지 않아 탄성파 탐사로는 이 두 지층을 구분하기 힘들다.

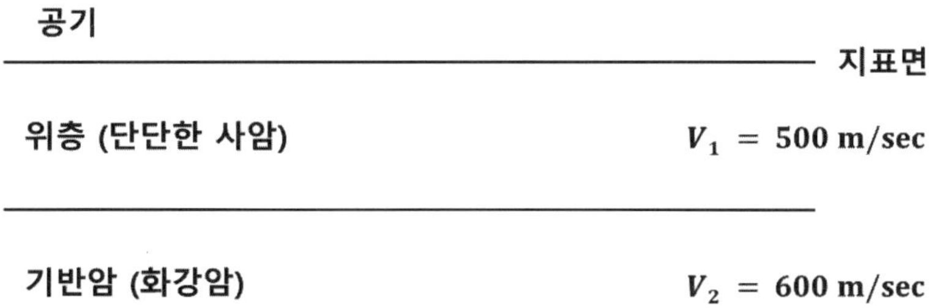

[그림 1.4] 불충분한 물성 대비

3) 분해능(resolution)

분해능은 흔히 디스플레이 장치에서는 해상도라고 한다. 해상도라고 하면 영상이 얼마나 선명하게(clear) 보이느냐를 나타낸다. 예를 들어 TV 모니터의 해상도는 1인치 당 몇 개의 화소(pixel, picture element)로 이루어졌는지를 나타내는 ppi (pixel per inch)를 주로 사용한다. 여기서 화소수는 가로 화소수와 세로 화소수의 곱의 형태로 나타내는데, 예를 들면 TV 화면의 해상도가 8K UHD(Ultra High Definition)라면 가로× 세로=7680×4320=33,177,600개의 화소를 가진다. 이것은 약 200만(=1920×1080) 화소의 Full HD보다는 16배, 약 830만(=3840×2160) 화소의 4K UHD TV보다는 4배 선명함을 보인다.

분해능은 분야마다 각기 달리 정의할 수 있지만 가장 알기 쉽게 설명한다면, 두 물체를 얼마나 잘 분리(separation)해내느냐 하는 것이다. 만약 미세한 신호 차이가 난다면 이 신호를 얼마나 잘 분리해내느냐로 설명할 수도 있다. 물리탐사에 적용한다면 가까이 붙어 있는 두 물체 또는 지층을 구별해 내는 능력이라 할 수 있다. 예를 들어 그림 1.5와 같이 아주 얇은 층이 중간에 존재한다고 했을 때 비록 물성 대비(전기비저항 값의 비)는 크다고 하더라도 전기비저항 탐사로는 이 중간의 얇은 층을 구분해 내지 못할 수도 있다. 물론 이보다 훨씬 큰 물성 대비를 가진다면 가능한 일이긴 하겠지만.

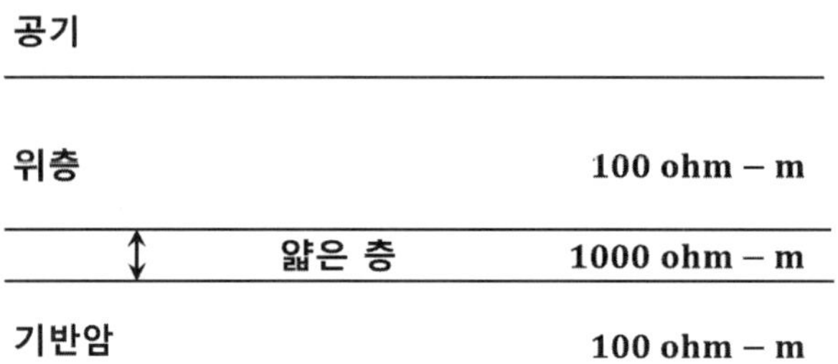

[그림 1.5] 분해능의 한계

4) 신호대잡음 비(SNR, Signal-to-Noise ratio)

물리탐사를 하고자 할 때는 잡음에 민감한 지역이 많기 때문에 될수록 잡음은 줄이고 신호만을 얻을 수 있도록 하는 것이 물리탐사의 성공 여부를 가름할 수 있다. 잡음이란 자연발생적인 잡음도 있겠지만 인공적인 잡음도 상당히 존재한다. 결론적으로 말하면 이런 잡음을 줄이고 신호를 높이는 것이 최선의 자료 획득 방법이라는 것을 알아야 한다.

신호대잡음 비는 신호의 파워(signal power)와 잡음의 파워(noise power)의 비로 나타낸다.

$$SNR = \frac{P_{signal}}{P_{noise}} = \left[\frac{A_{signal}}{A_{noise}}\right]^2$$

여기서, P는 파워, A는 진폭이다. 이를 dB(decibel)로 정의하면 다음과 같다.

$$P_{signal,dB} = 10\log_{10}(P_{signal}), \quad P_{noise,dB} = 10\log_{10}(P_{noise})$$

$$SNR_{dB} = 10\ \log_{10}\ SNR_{power} = 10\ \log_{10}\frac{P_{signal}}{P_{noise}} = P_{signal,dB} - P_{noise,dB}$$

$$= 10\ \log_{10}\left[\frac{A_{signal}}{A_{noise}}\right]^2 = 20\log_{10}\frac{A_{signal}}{A_{noise}} = A_{signal,dB} - A_{noise,dB}$$

이를 바탕으로 다음과 같은 관계를 얻을 수 있다.

$$SNR_{power} = 1 = 0\ dB$$

$$SNR_{power} = 100 = 20\ dB$$

$$SNR_{power} = 2 = 3.01\ dB \approx 3\ dB$$

$$SNR_{power} = 1/2 = -3.01\ dB \approx -3\ dB$$

1.3.4 모델링

물리탐사는 순 문제(forward problem)와 역 문제(inverse problem)로 나눌 수 있다. 이를 설명하기 위해서 그림 1.6과 같이 입력(input) - 블랙박스(black box) - 출력(output) 그림을 생각해보자.

[그림 1.6] 모델링

만약 그림의 블랙박스가 깜깜이 통이 아니라 안이 훤히 들여다보이는 투명한 흰통(white box)이라면 우리가 입력 신호를 보냈을 때 통속에 들어있는 어떤 물체와 반응하는 것을 볼 수 있고 그것이 그대로 출력 반응으로 나타난다. 이런 과정을 물리탐사에서도 똑같이 할 수 있다. 예를 들어 우리가 이미 모델의 모양, 크기, 깊이, 물성 등의 모델 변수(model parameters)를 정해놓은 모델에 대해 1 A의 일정한 전류(입력)를 흘려보낸다면 이와 반응하는 전위 값이 출력으로 기록될 것이다. 이 출력 자료를 얻어 곡선이든 단면을 그려 모델의 반응을 알아보는 것이 순 문제를 푸는 과정이고, 이를 순 모형실험 즉, 순 모델링(forward modeling)이라 한다. 이는 컴퓨터를 이용하든가(computer simulation) 아니면 직접 실험 장치를 사용하여(scale modeling) 할 수도 있다.

이를 간단한 식으로 표현하면 다음과 같다.

I * m = O (입력 * 모델 변수 = 출력)

여기서, *는 수학 연산자인 곱말기(convolution)를 나타낸다. 곱말기에 대해서는 3장 [소리 그리고 탄성과 탐사]에서 다시 설명하도록 한다.

이와 반대로 블랙박스가 그야말로 깜깜이 통이라면 주어진 입력과 깜깜이 통속의 어떤 물체가 반응한 값이 출력으로 나오겠지만 우리는 그 정체를 알 수가 없다. 따라서 우리는 이 출력을 이용하여 거꾸로 깜깜이 통속의 물체의 정체를 밝혀야 한다. 이것이 역 문제를 푸는 과정이고, 이를 역 모형실험 즉, 역 모델링(inverse modeling)

또는 역산(inversion)이라 한다. 이와 같이 물리탐사에서는 모델을 미리 정해놓고 자료를 얻는 것을 순 모델링이라 하고, 우리가 현장에서 얻은 자료로부터 지하의 지층 구조나 대상체를 파악하는 것을 역산이라 표현할 수 있다. 즉, 우리가 찾는 대상체가 얼마나 깊이 있는지? 어떤 모양인지? 크기는 얼마인지? 구성 성분은 무엇인지? 물성은 어떠한지? 등을 찾아내는 것이다. 따라서 물리탐사를 통해 우리가 알고자 하는 것은 곧 역산의 결과라고 볼 수 있다.

이 역산 과정에서 수학적으로 최소제곱법(least-square method)을 사용하는데 최초의 모델로부터 측정값과 설정된 모델값 사이의 오차가 최소로 줄어들 때까지 연속적으로 조정해가는 방법이다. 여기서 수학적 과정은 될수록 줄이고 그 개념을 위주로 설명해 보도록 하자.

통계적 방법에서 학습 자료가 주어졌을 때 그 수치를 설명할 수 있는 수식을 결정하는 것을 회귀 분석(回歸分析, regression analysis)이라고 한다. 여기서 회귀(regression)란 두 변수 사이의 상관관계를 하나의 1차식(linear equation)으로 일반화하는 분석 방법으로, 두 변수 사이의 관계가 어떤 일반화된 선형 관계의 평균으로 돌아간다는 뜻이다. 이러한 회귀 분석의 대표적인 방법이 최소제곱법이다.

예를 들어 그림 1.7처럼 (x_1, y_1), (x_2, y_2),....,(x_n, y_n) 점들로 구성된 자료들로부터 이 자료에 가장 적합한 직선을 구하는 문제가 주어졌을 때 최소제곱법을 이용하여 아래와 같이 푼다.

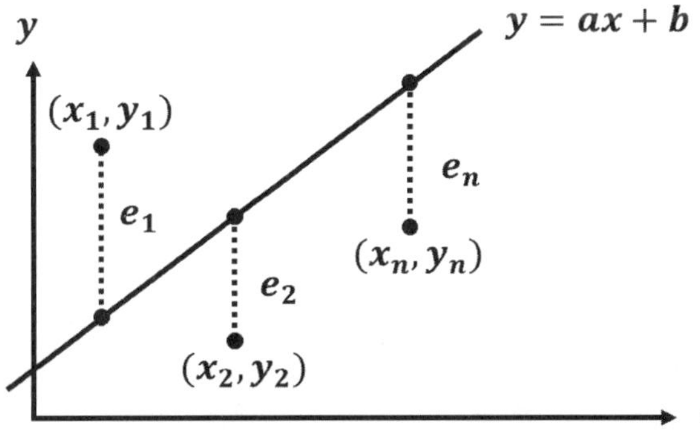

[그림 1.7] 최소제곱법으로 직선 방정식 구하기

먼저 우리가 구하고자 하는 것은 직선의 방정식이므로 $y = ax + b$ 라 놓고 a, b 에 따라 결정되는 여러 가지 직선 중에서 가장 오차가 적은 직선을 구하는 것이 최소제곱법이다. 그림과 같이 직선과 각각의 자료 점 (x_i, y_i) 까지의 오차(e_i)를 제곱한 것의 합 E를

$$E = \sum_{i=1}^{n} {e_i}^2 = {e_1}^2 + {e_2}^2 + \cdot \cdot \cdot + {e_n}^2$$

으로 정하면 다음과 같은 식으로 쓸 수 있다.

$$E = \sum_{i=1}^{n} (y_i - ax_i - b)^2$$

이 식은 a와 b 각각에 대한 2차식이므로 최소값을 구하기 위해서는 편미분이 0이 되는 값을 구하면 된다. [아래로 볼록한 포물선(2차 함수)의 1차 미분이 0이 되는 점이 최소가 되는 것을 이용한다]. 즉,

$$\frac{\partial E}{\partial a} = 0 \ , \quad \frac{\partial E}{\partial b} = 0$$

이를 계산해보면 다음과 같다.

$$\frac{\partial E}{\partial a} = (-2) \sum_{i=1}^{n} (y_i - a x_i - b) x_i = 0$$

$$\frac{\partial E}{\partial b} = (-2) \sum_{i=1}^{n} (y_i - a x_i - b) = 0$$

위 두 식을 정리하여 구해지는 연립방정식으로부터 우리가 구하고자 하는 a 와 b 값을 구하면 다음과 같다.

$$a = \frac{n \sum x_i y_i - \sum x_i \sum y_i}{n \sum x_i^2 - (\sum x_i)^2}$$

$$b = \frac{\sum x_i^2 \sum y_i - \sum x_i y_i \sum x_i}{n \sum x_i^2 - (\sum x_i)^2}$$

이것이 최소제곱법을 이용하여 직선의 방정식을 구하는 방법이다.

PART 2

중력과 중력 탐사

1 아리스토텔레스
2 뉴턴 역학에 이르기까지
3 뉴턴 역학
4 중력과 중력 탐사의 원리

중력은 전기력, 강력, 약력과 더불어 자연계 존재하는 4가지 기본 힘 가운데 하나이다. 뉴턴은 케플러 법칙을 증명하면서 **F=ma**라는 운동 법칙과 함께 만유인력 법칙을 발표하였다. 만유인력은 질량을 가지는 두 물체 사이에 작용하는 자연의 기본 힘이다. 천상의 세계에서는 태양계의 행성들이나 우주의 별들 사이에 작용하고, 지상의 세계에서는 지구가 물체를 잡아당기는 힘으로 나타난다. 그래서 흔히 지상의 물체는 지구로부터 중력을 받는다고 말한다. 중력은 만유인력의 또 다른 이름일 뿐이다.

중력 탐사란 바로 이 중력을 이용하는 탐사이다.

Chapter 2.1 아리스토텔레스

본격적으로 중력을 탐구하기에 앞서 뉴턴의 만유인력 법칙이 나오기 전까지 어떤 일이 역사적으로 일어났는지 잠깐 알고 넘어가는 것도 좋지 않을까? 그래서 그 시작을 자연과학적 철학을 내세웠던 아리스토텔레스로 삼았다.

2.1.1 아테네 학당의 아리스토텔레스

이탈리아 르네상스를 대표하는 3명의 천재 화가를 꼽으라면, 아무도 망설임 없이 레오나르도 다 빈치(Leonardo da Vinci, 1452~1519), 미켈란젤로 부오나로티(Michelangelo Buonarroti, 1475~1564), 라파엘로 산치오(Raffaello Sanzio, 1483~1520) 이 세 사람을 뽑을 것이다.

조각·건축·과학·음악에 이르기까지 다양한 방면에서 뛰어난 재능을 보였던 천재 미술가 레오나르도 다 빈치는 <모나리자, Mona Lisa>나 <최후의 만찬, The Last Supper> 등으로 우리에게 잘 알려져 있고, 조각가이자 건축가인 미켈란젤로는 <다비드, David> 조각상과 <천지창조>로 잘 알려진 <시스티나 성당의 천장화, The Sistine Chapel Ceiling>와 프레스코 벽화 <최후의 심판, The Last Judgement> 등으로 유명한 인물이다. 여기에서는 세 천재 중 막내라 할 수 있는 라파엘로의 <아테네 학당, The School of Athens>을 소개하려고 한다. 이탈리아 반도 바티칸 시티

(Vatican city)의 교황궁 안에 위치하고 있는 바티칸 미술관(Musei Vaticani)에는 라파엘로 방이 4개 있다. 그 가운데 하나인 서명의 방(Stanza della Segnatura)에는 태양의 신이자 음악과 시를 주관하는 아폴론(Apollon)을 중심으로 9명의 뮤즈(Musai)가 사는 파르나소스 동산을 그린 〈파르나소스, Parnassus〉가 있다. 그리고 그 맞은편에는 우리에게 친숙한 〈아테네 학당〉이라는 프레스코화가 있다(그림 2.1). 프레스코(fresco)란 이탈리아어로 '신선하다'라는 뜻으로, 덜 마른 회반죽벽에 물에 갠 안료로 그린 벽화 기법을 말한다. 먼저 석회[石灰, lime, 보통 생석회(산화칼슘, CaO)를 말하나, 이것이 물과 화합한 소석회(수산화칼슘, $Ca(OH)_2$)를 포함하기도 한다] 반죽을 벽에 바르고 반죽이 마르기 전 신선할 때 물과 섞은 안료를 바른다. 벽은 점차 마르면서 공기 중의 이산화탄소와 반응하여 탄산칼슘, 즉 석회석(石灰石, limestone, $CaCO_3$)을 형성하고 안료가 벽에 정착되면서 수명도 벽의 수명만큼 간다.

〈아테네 학당〉은 고대 문명의 부활을 꿈꾸었던 르네상스 시대에 걸맞게 고대 그리스 철학자들과 현인들을 한자리에 모았고, 그 중심에 플라톤(Platon, BC 427~BC 347)과 그의 제자 아리스토텔레스(Aristoteles, BC 384~BC 322)가 자리 잡고 있다. 회화 기법으로 보면 1점 소실점(消失點, vanishing point)에 의한 원근법을 따르고 있는데 그 소실점에 두 철학자를 배치함으로써 아테네 학당의 스승임을 그리고 고대 철학의 출발이 그들로부터 나왔음을 암시하고 있는 듯하다. 니체(Friedrich Wilhelm Nietzsche, 1844~1900)가 "고대 그리스 철학의 화려한 다채로움을 표현한다."라고 평가하였듯이 다방면의 철학자들이 존재하지만 여기서는 플라톤과 아리스토텔레스의 이야기를 하려 한다. 니체 얘기가 잠깐 나왔으니 〈아테네 학당〉의 오른쪽 아래를 보면 천체를 들고 있는 프톨레마이오스(Klaudios Ptolemaeos, 85?~165?) 맞은편에 지구본을 들고 있는 사람이 있는데 이 사람이 조로아스터교의 창시자 조로아스터(Zoroaster, BC 630?~BC 553?) 즉, 자라투스트라(Zarathustra)이다. 니체는 그의 이름을 빌려 자신의 사상을 아름다운 시적 산문(哲學詩)으로 남겼고, 이를 읽고 그 감명으로 탄생된 교향시가 이름 그대로 리하르트 슈트라우스(Richard Georg Strauss, 1864~1949)의 〈자라투스트라는 이렇게 말했다, Also sprach Zarathustra〉이다. ♬

짜~안♪짜~안♪짜~안♪짜~짠♬. 1968년도 스탠리 큐브릭(Stanley Kubrick) 감독의 영화 〈2001: A Space Odyssey〉 테마곡으로 사용되기도 하였는데, 이 그림에 맞춰 이 곡을 감상해보는 것도 좋을 것 같다.

[그림 2.1] 라파엘로, 아테네 학당, 프레스코 벽화, 1509~1510, 500×700 cm, 바티칸 미술관 서명의 방, 로마
(출처: Wikimedia Commons, Raffael 058)

스승과 제자 사이인 두 사람이지만 그들의 철학 세계는 뚜렷한 차이를 보이고 있다. 플라톤은 변화하는 사물의 세계와 사유의 세계를 분리시켜 이데아(Idea)에게 참된 실재를 부여했기 때문에 시간을 초월한 존재의 정지된 세계에 관심이 있었던 반면에, 아리스토텔레스는 생성과 변화의 세계 즉 움직이는 세계에 관심을 두었다(황인술, 2011). 플라톤은 아테네에 설립한 '아카데메이아(akademeia)' 학교 정문 현판에 "기하학을 모르는 자는 이 문을 들어서지 말라(ageometretos medeis eisito)."는 문구를 써서 붙였다고 할 정도로, 인간의 이성을 키우는 데에는 철학과 기하학이 가장 필요한 학문이라고 생각했다. 다시 말하면 플라톤은 이데아의 세계에서만 진정하고 엄밀한 인식이 가능하다고 믿었고, 이러한 이상적(理想的)인 인식을 기하학에서 구했다. (반

면에 예술은 사람을 감성적으로 만들기 때문에 온화한 성격을 기르는 수준에 그쳐야 한다고 하였다). 이러한 플라톤에 비해 아리스토텔레스는 수학에 관심이 적었고 감각과 경험에 그 밑바탕을 둔 현실주의자였다.

[그림 2.2] <아테네 학당> 부분. 플라톤과 아리스토텔레스

이와 같이 플라톤은 진정한 진리가 이데아의 세계에 있다고 한 반면, 아리스토텔레스는 세상의 진리는 땅에 있다고 하였다. 이를 극명하게 보여주는 것이 〈아테네 학당〉의 플라톤과 아리스토텔레스의 모습이다(그림 2.2). 보이지 않는 우주의 질서에 따라 인간의 창조를 정리한 책으로 알려진 '티마이오스(Timaios)'를 왼손에 끼고 있는 플라톤은 오른 손가락을 하늘을 가리키면서 만물 지식의 근원인 '이데아'를 이야기하고 있고, 아리스토텔레스는 인간의 행복이 무엇인지, 어떻게 그 행복에 도달하는지, 그리고 그 과정에서 필요한 앎이 무엇인지에 관한 포괄적이고 체계적인 이해를 기술한 책인 '윤리학(또는 니코마코스 윤리학, Ethika Nikomacheia)'을 허벅지에 받치고 오른 손바닥은 땅을 가리키며 변함없는 자연의 진리를 설파하고 있다. 여기서 하

나 덧붙이자면 아리스토텔레스는 인류 역사상 최고의 스승으로 불릴 만큼 다방면에 걸친 지식을 가지고 있지만, 특히 그리스 동쪽 레스보스(Lesbos) 섬에서 지내면서 새와 물고기를 관찰하고, 이를 ≪동물지, Historia Animalium≫에 기록함으로써 서양 생물학의 문을 열었다(조대호, 2019). 그래서인지 아리스토텔레스는 상식(common sense)에 기반을 둔 현실주의적이고 실용적인 철학을 내세우면서도 생물학(자연학)을 중시한 자연과학적 철학을 세웠다고 볼 수 있다.

2.1.2 아리스토텔레스 역학

아리스토텔레스는 백과전서적인 학자로서 과학 전반에 걸쳐 기초를 쌓은 인류의 스승이었던 만큼 지금의 기준으로 물리학, 화학, 천문학, 생물학이라 부를 수 있는 거의 모든 분야에 큰 자취를 남겼다. 여기서는 물리학의 한 분야인 고전 역학의 역사에서 갈릴레오 갈릴레이와 뉴턴 역학에 이르기 전 오랫동안 서양을 지배했던 아리스토텔레스 역학이 가지고 있었던 문제점을 한두 가지 짚고 넘어가려 한다.

첫 번째는 아리스토텔레스는 '무거운 물체일수록 먼저 떨어진다.'고 하였다. 그는 운동을 ① 힘을 받지 않고서도 물체가 자신의 본성에 따라 운동하는 자연 운동(본성 운동)과 ② 물체가 힘을 받아 운동하는 강제 운동으로 구분하였다. 그리고 아리스토텔레스는 자연계를 달을 기준으로 달 위의 세계인 천상계(天上界)와 달 아래의 세계(月下界)인 지상계(地上界)로 구분하고, 천상계는 자연 운동을 하는 완벽한 세상으로서 완전한 운동인 원운동을 스스로 하는 세계인 반면, 지상계는 '물, 불, 공기, 흙'의 4원소로 이루어진 불완전한 세상으로 자연 운동과 강제 운동 두 가지 모두 일어난다고 하였다. 그리고 이들 4원소로 만들어진 물질은 본성적으로 모두 본래 있어야 할 곳(고향)으로 돌아가 결국 휴식을 취하듯 정지한다는 것이다. 예를 들면 4원소 중 흙으로 구성된 물체는 무거운 본성 때문에 그 고향인 땅으로 향하고, 공기나 불은 가벼운 본성 때문에 그 근본인 하늘로 향한다는 것이다. 이에 따라 아리스토텔레스는 물체의 자유낙하 운동은 물체가 본래 있어야 할 곳으로 돌아가려는 자발적인 자연 운동으로, 물체는 그 본성에 의해 땅으로 떨어질 것이며, 당연히 무거운 물체일수록 본성적으로 가벼운 물체보다 땅에 더 빨리 떨어진다고 설명하였다. 다시 말해 아리스토텔레스는 물체가 낙하할 때 무게에 비례하는 속도로 떨어진다고 하였다. 이에 반해 돌을 위로 던지거나 옆으로 던지는 운동은 자연을 거스르는 강제 운동이라 하였다.

여기 잠깐 벨기에의 초현실주의(surrealism) 화가 르네 마그리트(René Magritte, 1898~1967)의 〈아르곤의 전투, The Battle of Argonne(1959)〉라는 작품을 소개하도록 한다. 아르곤 숲은 독일과 프랑스 접경지대에 있는 숲으로서 1차 세계대전 당시 치열한 전투가 일어났던 곳이다. 원래 이 작품은 초승달이 떠 있는 밤하늘에 무거운 바위와 가벼운 구름이 서로 대치하듯 마주보고 있는 가운데 땅 위의 숲과 마을은 평화롭기만 하다. 이런 작품 감상을 제쳐두고 그림 속을 들여다보면 공중 부양한 듯 떠 있는 바위 덩어리가 비현실적이다. 흔히 이런 기법을 데페이즈망(dépaysement)이라 하는데, 마치 '재봉틀과 우산이 해부대 위에서 만나듯이' 전혀 비현실적인 기이한 만남을 연출하는 초현실주의적 기법이다.

여기에서는 이러한 데페이즈망 기법으로 그려진 이 작품 속의 두 오브제[objet(프), object(영)]인 구름과 바위만 따로 그려보았다(그림 2.3). 이 그림을 보면 무거운 바위 덩어리와 가벼운 구름 중 어느 것이 먼저 떨어지는지를 놓고 마치 아리스토텔레스와 갈릴레이가 게임을 하고 있는 듯하다. 그 결과는 다음 2.2.1절 [갈릴레오 갈릴레이]에서 알아보기로 하자.

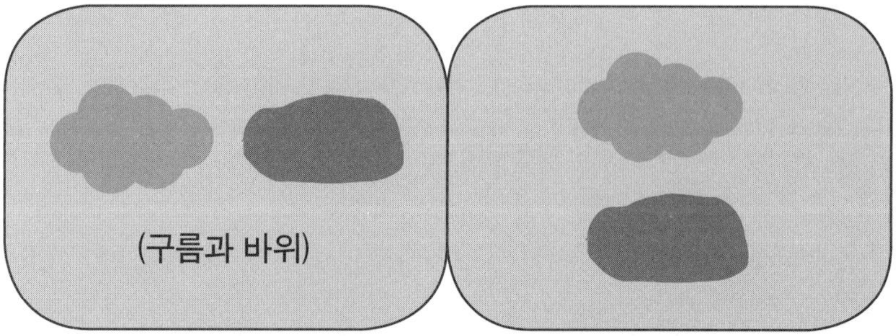

[그림 2.3] 르네 마그리트의 <아르곤의 전투>를 구름과 바위로만 상징적으로 나타낸 그림

두 번째는, 아리스토텔레스는 진공은 존재하지 않는다고 생각하였다. 자유낙하는 물체의 본성에 의한 힘과 매질의 저항이 균형을 이루는 운동으로서, 만약 매질이 없다면, 즉 저항이 없는 진공 상태라면 낙하 속도는 무한대에 이를 것이고, 무한대의 속도란 그 자체가 불가능하므로 진공은 존재하지 않는다는 것이다. 예를 들어 화살을 쏘았을 때 화살이 날아가면서 공기를 가르면 화살 뒷부분에 순간적으로 공기가 사라져 없어진 진공 상태가 되므로 이 진공 상태를 메우기 위해 공기가 밀려 들어와 화살을 밀어주게 되고 이 때문에 화살이 날아간다고 설명하였다.

끝으로, 아리스토텔레스 역학의 또 다른 문제점은 '힘이 있어야 물체가 움직인다.' 즉, '물체는 힘을 받지 않으면 정지한다.'라는 것이다. 아리스토텔레스는 강제적인 운동을 하려면 접촉 힘이 있어야 한다는 것이다. 예를 들어 축구공을 멀리 차려면 우리가 발로 축구공에 접촉하여 차는 이치와 같다. 즉 접촉하는 힘이 작동하지 않으면 물체는 멈추게 된다는 것이다.

그렇다면 지금까지 설명한 아리스토텔레스 역학은 어떤 점이 잘못되었을까?

앞에서 설명한 대로 진공 상태를 부정하고, 무게에 비례하여 낙하 속도가 증가한다는 것과 반드시 힘을 주어야만 물체가 움직인다는 아리스토텔레스의 사고는 다음에 등장하는 갈릴레이에 의해 수정된다.

Chapter

2.2 뉴턴 역학에 이르기까지

2.2.1 갈릴레오 갈릴레이

이탈리아 천문학자이자 물리학자인 갈릴레오 갈릴레이(Galileo Galilei, 1564~1642)는 자신이 만든 천체 망원경을 통하여 관측한 천문 관측 결과를 토대로 코페르니쿠스(Nicolaus Copernicus, 1473~1543)의 지동설(地動說, heliocentric theory)을 지지하는가 하면, 몇 가지의 사고 실험(Gedankenexperiment, thought experiment)을 통하여 아리스토텔레스 역학의 잘못된 점을 지적하고, 자유낙하에 관한 운동 법칙과 관성의 법칙을 발견하였다.

먼저 자유낙하 운동에 대해 살펴보자. 그 당시 '피사의 탑'에서 실험을 하였다고 전해지고 있으나 이는 후세 사람들이 지어낸 상상의 산물로 받아들여지고 있다. 갈릴레이는 ≪새로운 두 과학에 관한 논의와 수학적 증명, Discorsi e Dimostrazioni Matematiche, intorno a due nuove scienze(1638), 줄여서 새로운 두 과학≫이라는 책에서 운동과 관련된 여러 가지 법칙을 자세히 설명하면서 아리스토텔레스의 논리를 하나씩 반박하고 있는데 이에 대해서 알아보도록 하자.

먼저 가벼운 물체가 무거운 물체보다 더 늦게 떨어진다는 아리스토텔레스 역학의 잘못을 어떻게 바로잡고 있는지 알아보자. 아리스토텔레스는 "작은 돌 하나와 그보다 100배 무거운 돌을 100큐빗 정도 높이에서 떨어뜨리면 100배 무거운 돌이 땅에 떨어졌을 때 가벼운 돌은 1큐빗 정도밖에 안 떨어졌다."라고 하였다. (여기서 '큐빗'은 고대

서양에서 쓰이던 길이의 단위로, 팔꿈치에서 가운데 손가락 끝까지의 길이에 해당하며, 대략 50 mm 정도이다). 이에 갈릴레이는 이러한 아리스토텔레스의 실험이 잘못되었음을 다음과 같은 간단한 논리로 증명해 보인다(그림 2.4).

모든 물체는 자기 나름의 일정한 속력으로 움직인다. 그렇다면 예를 들어 큰(무거운) 돌이 움직이는 속력이 8이라 하고, 작은(가벼운) 돌이 움직이는 속력이 4라고 하자. 그렇다면 이 두 돌을 묶으면 돌의 속력은 어떻게 되는가? 첫 번째, 큰 돌의 속력이 8보다 느려진다. 왜냐하면 이 둘을 서로 묶으면 (아리스토텔레스의 논리대로라면) 느린 것은 빠른 것의 속력을 늦추게 할 것이고, 빠른 것은 느린 것의 속력을 더 빠르게 할 것이기 때문이다. 따라서 큰 돌의 속력은 더 느려진다. 두 번째, 그런데 두 돌을 합쳤으니 더 무거운 돌이 되었다. 따라서 큰 돌의 속력은 8보다 더 빠르게 떨어져야 한다. 종합해보면 첫 번째 논리로는 큰 돌의 속도가 8보다 느려지나, 두 번째 논리대로라면 8보다 빨라진다. 이는 서로 모순이다(갈릴레오 갈릴레이 지음, 이무현 옮김, 2016). 따라서 이 문제를 해결하는 방법은 큰 돌의 속도(V_A)와 작은 돌의 속도(V_B) 그리고 묶여진 두 돌의 속도(V_{A+B})가 모두 같아야 한다. 즉

$$V_A = V_B = V_{A+B}$$

결론적으로 '낙하속도는 물체의 무게와는 무관하다.'라는 것이다.

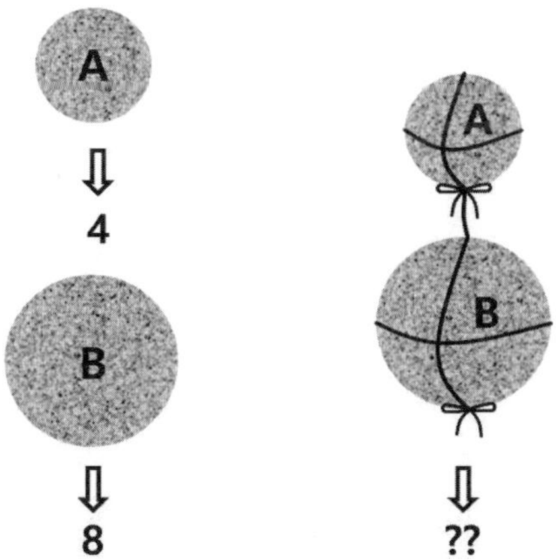

[그림 2.4] 갈릴레이의 자유낙하 사고 실험

이런 사고 실험에 이어 매끄럽고 경사진 면을 따라 일정한 무게의 공(球)을 미끄러지게 해 낙하시간을 재는 빗면 실험을 하였다. 갈릴레이는 공기 저항이 없다면 물체는 일정한 가속도로 낙하한다고 가정하고, 그 가정에 따라 낙하 법칙, 즉 등가속도로 낙하하는 물체의 낙하 속도는 낙하 시간에 비례하고($v \propto t$), 낙하 거리는 낙하 시간의 제곱에 비례한다($s \propto t^2$)는 명제를 이끌어내었다. 이와 더불어 등속 직선 운동에 대해서도 일정한 속력으로 움직인 거리는 시간에 비례한다($s = vt$)고 밝히고 있다.

≪새로운 두 과학≫에서는 자유낙하의 또 다른 얘기를 적고 있다. 작은 돌을 큰 돌에 묶었으니 무게가 더해져서 속력이 더 증가한다는 아리스토텔레스 논리의 잘못을 지적하고 있는데, 갈릴레이는 이 돌을 묶어도 작은 돌의 무게가 큰 돌의 무게에 더해지지 않는다는 것을 이렇게 설명하고 있다.

우선 물체가 가만히 있는 것과 움직이는 것을 구별할 필요가 있다. 예를 들어 무거운 돌을 저울에 올려놓은 다음 작은 돌을 더하면 무게는 그만큼 늘어난다. 이는 가벼운 줄을 올려놓아도 마찬가지다. 그렇다면 이 줄로 돌을 묶은 다음, 이것을 높은 곳에서 떨어뜨리면, 그 줄은 돌에 무게를 더해서 더 빨리 떨어지도록 할 것 같은가, 아니면 위로 향하는 저항력이 생겨서 그 속력이 느려질 것 같은가?

갈릴레이의 명쾌한 설명은 다음과 같다.

예를 들어 가만히 있는 상태에서 어깨에 무거운 짐을 지고 있으면 짐이 내리누르는 힘을 느낄 수 있다. 하지만 짐과 똑같은 속력으로 떨어진다면, 그 짐이 어깨를 누를 수가 있겠는가? 이건 마치 창으로 아킬레우스(Achilleus)가 거북이를 찌르려고 하는데 그 거북이가 창과 같은 속력으로 달아나는 것(그림 2.5)과 같은 이치가 아닌가? 참고로 이것은 '거북이가 앞서 출발하면, 아킬레우스는 거북이를 절대로 따라잡을 수 없다.'라는 '아킬레우스와 거북이의 경주'에 관한 제논의 역설(Zenon's paradox)과 '창으로 사람을 찌르려고 하는' 것으로 표현되어 있는 ≪새로운 두 과학≫ 속의 얘기를 저자가 임의로 묶어 표현했음을 밝혀둔다.

이 이야기 속에 우리는 무중력의 개념이 들어있음을 알 수 있는데, 무중력에 대해서는 2.4.1절 [중력]을 참조하기 바란다.

[그림 2.5] 아킬레우스의 창과 거북이의 역설

다음은 갈릴레이의 관성에 대한 생각을 엿볼 수 있는 빗면 사고 실험이다. 갈릴레이는 "어떤 물체가 자유롭게 떨어지면서 얻은 속력을 그 물체는 계속 그대로 유지하려는 본성이 있다."라고 하였다. 물체가 움직이면서 어떤 속력을 얻었을 때, 바깥에서 어떤 힘이 그 물체를 더 빨리 가도록 만들거나 더 늦추거나 하는 힘이 없다면, 그 물체는 그 속력을 지킨다. 이것은 바로 물체가 수평면을 따라 움직이는 경우이다.

그림 2.6과 같은 빗면 실험을 해보자(갈릴레오 갈릴레이 지음, 이무현 옮김, 2016). 이때 마찰은 전혀 없다고 가정한다. 아래의 설명은 다소 지루한 감은 있으나, 운동 그리고 관성이라는 개념을 이해하는 기본적인 길이라고 생각하고 읽어주기 바란다.

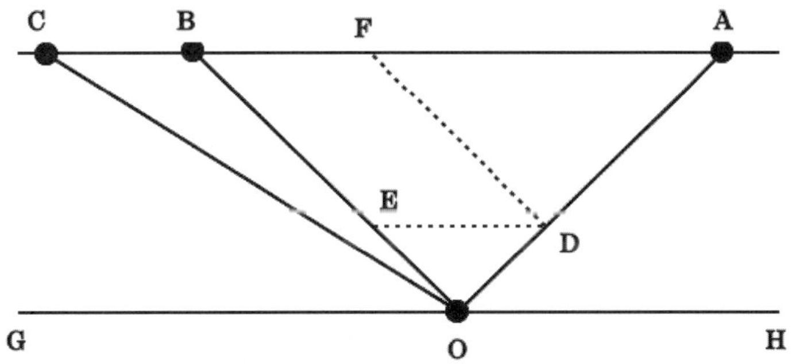

[그림 2.6] 갈릴레이의 빗면 실험

먼저 A 높이에 있는 물체가 빗면 AO를 따라 아래로 움직여 O 지점에 이르렀을 때 반대편 오르막 OB를 타고 올라간다고 하자. 이때 빗면 AO와 BO는 길이도 같고, 기울기도 같아서, 수평 직선 GH와 이루는 각이 같다고 한다. 물체가 A에서 움직이기 시작해 AO를 따라 내려올 때, 시간에 비례하여 속력이 점점 빨라져서, O에 이르렀을 때 속력이 최대가 됨은 이미 알고 있는 사실이다. 만약에 그 후 물체에 새로운 힘이 작용해 빠르게 하거나 느리게 하지 않는다면 이 물체는 계속 같은 속력으로 움직일 것이다.

이제 이 물체가 같은 속력으로 오르막 OB를 따라 움직인다고 하자. 이 속력을 계속 유지하면 이 물체가 AO를 지나는 시간 동안에 OB를 따라 AO 거리의 2배만큼 움직일 것이다(☞ 왜?). 그런데 오르막을 오르기 시작한 순간부터 이 물체는 아래로 내려오려는 힘을 받아 속력이 느려지므로 당연히 2배의 거리만큼 올라갈 수 없다. 이를 거꾸로 생각해보면 A에 있던 물체가 AO를 따라 내려오는 것이나 이 물체가 B에서 BO를 따라 내려오는 것은 마찬가지이다. 그러면 같은 시간 동안에 이 물체는 BO 빗면을 AO와 같은 거리만큼 내려오게 된다. 따라서 이 물체는 같은 시간 동안에 오르막 OB를 따라 B까지 올라가고, 거기에 갔을 때, A에서의 속력(정지 상태)과 같아지는 것이 명백하다. 결론적으로 마찰이 없다면 물체가 출발한 높이 A만큼 반대편 빗면 B로 올라감을 알 수 있다.

이제 빗면을 여러 개 생각해보자. 두 점 D, E를 맨 아래 점 O에서 같은 거리에 있도록 잡으면, DO를 따라 내려오는 데 걸리는 시간은 OE를 따라 올라가는 데 걸리는 시간과 같다. OB에 평행하게 선분 DF를 그어 보면, 물체가 AD를 따라 내려온 다음 D에서 반대로 올라가면 물체는 DF 거리만큼 올라가게 된다. 또는 이 물체가 D에 닿은 다음 수평 선분 DE를 따라 움직이면 E에 닿았을 때, 이 물체는 D에 닿았을 때와 같은 운동량을 가질 것이다. 따라서 이 물체는 EB를 따라 올라갈 수 있다. 이것을 보면 E에서의 속력은 D에서의 속력과 같음을 알 수 있다.

여기서도 앞과 마찬가지로 물체가 내리막으로 내려온 다음, 계속해서 오르막을 따라 올라가면 이 물체는 앞에서 얻은 운동량 덕분에 수평면에서 같은 높이만큼 올라갈 수 있음을 논리적으로 추론할 수 있다. 그러니까 빗면 AO를 내려갔을 때, 이 물체는 오르막 OC를 따라서도 A의 높이만큼 올라갈 수 있다. 따라서 어떤 빗면을 따라 내려오든 물체가 출발했던 그 높이와 같은 위치까지 올라간다. 지금 우리는 이를 역학적 에너지 보존 법칙(conservation of mechanical energy)으로 설명하고 있다.

마지막으로 수평면에서 움직이는 물체의 운동에 대해 생각해보자. 만약에 이 물체가 수평면 GH 위에서 움직인다면 이 물체는 A에서 O로 내려오면서 얻은 속력을 그대로 유지하며 계속 움직일 것이다. 마찰이 없다면 이 물체는 무한히 먼 곳까지 움직여 갈 것이다. 다시 말하면 물체에 힘을 가하지 않고 가만히 내버려 두어도 무한히 계속 움직인다는 것을 말해주고 있다. 이는 곧 아리스토텔레스가 말한 힘이 있어야 움직인다든지 접촉 힘이 있어야 물체가 움직일 수 있다는 것이 틀렸음을 입증하고 있다. 힘을 주지 않아도 물체가 움직인다. 갈릴레이는 관성의 법칙을 발견하였던 것이다.

2.2.2 르네 데카르트

갈릴레이 역학에서 나타나는 하나의 문제는 지금 우리가 알고 있는 관성의 법칙에서 약간 벗어난다는 것이다. 갈릴레이도 아리스토텔레스처럼 원운동이 자연스러운 본성 운동이므로 관성도 '원형 관성'이었다. 그러나 직선 운동과 달리 원운동은 방향이 계속 바뀌므로, 등속 원운동이라 할지라도 크기는 같으나 방향이 바뀌므로 벡터로서는 같지 않다. 다시 말하면 등속력 운동이긴 하나 등속도 운동은 아니다. 그렇다면 갈릴레이의 관성은 속도를 그대로 유지해야 한다는 관성의 법칙에 위배된다. 이러한 '원형 관성'을 '직선 관성' 개념으로 바꾼 사람이, 우리에게 "나는 생각한다. 고로 나는 존재한다(Cogito ergo sum)."라는 철학 명제로 잘 알려진 프랑스의 근대 철학자 르네 데카르트(René Descartes, 1596~1650)이다.

데카르트는 운동은 물체가 처해 있는 하나의 상태이고 외부의 작용이 없다면 물체는 자신의 운동 상태를 그대로 계속 유지하려는 경향 즉 관성을 지닌다고 하였다. 그리고 데카르트는 운동을 변화시킬 수 있는 것은 외부 작용에 의해서이고, 그 외부 작용은 물체의 직접적인 충돌(impact)에 의해서만 이루어진다고 보았다. (이것은 아리스토텔레스의 접촉 힘의 개념과 같다고 볼 수 있다). 따라서 두 물체가 떨어져 있는 상태에서의 작용은 초자연적인 작용이라고 가정해야 했다. 실제로 데카르트가 역학의 출발점으로 삼은 것은 '신은 운동의 제1원인이며, 그는 항상 우주 속에 같은 양의 운동을 보존하고 있다. -≪철학의 원리, Principia philosophiae(1644)≫에서'라는 명제였다. 이 전제 아래 데카르트는 자연학의 기본 법칙으로서 3가지 법칙 즉, 역학 원리를 이끌어내었는데 이를 요약하면 다음과 같다(야마모토 요시타카 지음, 이영기 옮김, 2016).

- 제1법칙: 모든 물체는 항상 같은 상태를 유지하려고 한다. 따라서 물체가 한 번 움직여지면 언제까지나 계속 움직인다.
- 제2법칙: 운동하는 물체는 직선으로 그 운동을 계속하려 한다. 따라서 원운동을 하는 물체는 자신이 그리는 원의 중심으로부터 항상 멀어지려고 한다.
- 제3법칙: 운동하는 물체가 자신보다 강한 물체와 충돌할 때에는 자신의 운동을 전혀 잃어버리지않지만, 보다 약한 물체와 충돌할 때는 그 약한 물체에 준만큼 운동을 잃어버린다.

앞의 제1법칙과 제2법칙은 관성의 법칙으로 갈릴레이에 의한 등속 원운동의 관성 개념을 오늘날처럼 직선 운동의 관성 개념으로 올바르게 정립한 것이고, 제3법칙은 바로 운동량 보존 법칙(law of momentum conservation)에 해당한다.

2.2.3 요하네스 케플러

덴마크의 천문학자 티코 브라헤(Tycho Brahe, 1546~1601)의 수많은 천문학적 관측 자료를 집대성하여 행성의 운동에 관한 법칙을 만든 사람은 독일의 천문학자 요하네스 케플러(Johannes Kepler, 1571~1630)이다. 티코 브라헤의 방대한 자료를 가지고 20년이 넘는 긴 기간에 걸쳐 행성의 궤도에 관한 연구에 몰두한 케플러. 마침내 행성들이 태양 주위를 원 궤도가 아닌 타원 궤도를 그리며 회전한다는 사실을 밝혔다. 그때까지 사람들이 굳게 믿고 있었던 '천상의 세계는 완벽한 세상으로 완전한 원운동을 하고 있다.'라는 행성 운동의 법칙이 깨지는 순간이었다. 그러나 케플러는 왜 행성들이 타원 궤도를 그리며 도는지 그 이유를 알아내지는 못했다. 이 문제는 다음의 뉴턴이 만유인력 법칙과 뉴턴의 운동 법칙 $F=ma$로 해결하였다.

여기에 케플러의 행성 운동의 법칙을 간략히 소개한다(그림 2.7).

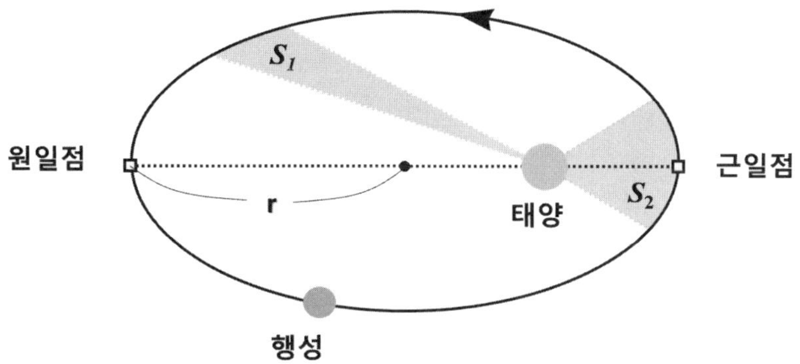

[그림 2.7] 행성의 타원 운동

(1) 제 1법칙(타원 궤도의 법칙)

모든 행성은 태양을 하나의 초점으로 하는 타원 운동을 한다. 즉, 행성들은 원운동에 가까운 타원 궤도를 그리며 공전한다. 태양을 중심으로 타원 운동을 하는 행성의 궤도 위에서 구심력(centripetal force)의 중심이 되는 태양과 가장 가까운 점을 근일점(近日點, perihelion)이라 하고, 가장 먼 점을 원일점(遠日點, aphelion)이라 한다.

(2) 제 2법칙(면적 속도 일정의 법칙)

행성이 궤도 위를 운동할 때 같은 시간 동안에 행성과 태양을 잇는 선분이 휩쓰는 면적은 같다.

$$\Rightarrow \quad \frac{S_1}{t} = \frac{S_2}{t} \quad \therefore \quad S_1 = S_2$$

따라서 행성이 태양으로부터 먼 곳을 지날 때는 느리게, 가까운 곳을 지날 때는 빠르게 움직인다(각운동량 보존의 법칙). 따라서 원일점에서는 속력(운동에너지)이 최소,

거리(위치 에너지)는 최대이며, 근일점은 그 반대로 속력(운동에너지)이 최대, 거리(위치 에너지)가 최소이다. 다만 궤도 위의 한 점에서의 역학적 에너지는 모두 같다.

(3) 제 3법칙(조화의 법칙)

행성의 공전 주기 T의 제곱은 타원 궤도의 긴반지름 r의 세제곱에 비례한다.

$$T^2 = kr^3$$

즉, 태양으로부터 먼 행성일수록 공전 주기는 길지만 T^2과 r^3의 비는 일정하다.

Chapter

2.3 뉴턴 역학

2.3.1 고전 역학을 완성하다

누군가가 노년의 뉴턴(Isaac Newton, 1642~1727)에게 "선생님은 어떻게 그리 훌륭한 일들을 하셨습니까?"라고 묻자 뉴턴은 "내가 다른 사람보다 멀리 볼 수 있었다면, 그것은 바로 거인의 어깨 위에 서 있었기 때문이다."라는 유명한 말을 남겼다(박민아, 2019). 또 다른 이야기는 사이가 좋지 않았던 로버트 훅과 사이에서 주고받은 편지로 알려져 있는데, 위 문장의 '다른 사람' 대신 '훅 당신'을 넣고 다시 읽어보면 두 사람의 관계를 알 수 있을 듯하다. 어쨌든 뉴턴 이전에 많은 과학자들이 있었지만 뉴턴이 과학혁명을 이루는 데 어깨를 빌려준 거인들 가운데 빠져서는 안 될 인물들이 바로 앞서 언급한 갈릴레오 갈릴레이, 르네 데카르트, 요하네스 케플러일 것이다. 갈릴레이와 데카르트의 역학과 케플러의 행성 운동 법칙을 바탕으로 뉴턴 역학이 바로 설 수 있었다. 케플러의 행성 운동 법칙을 증명하던 뉴턴은 '만유인력(萬有引力, universal gravitation)'이라는 힘으로 서로 멀리 떨어져 있는 물체 사이에서도 서로 끄는 힘(원격 힘)이 작용하여 속도가 계속 변하는 현상을 설명함으로써 자연계에 일어나는 운동의 변화에 관한 뉴턴의 고전 역학이 완성되기에 이르렀다.

여기서 잠깐 접촉 힘과 원격 힘에 대해 보충 설명이 필요할 듯하다. 이미 앞에서도 보았듯이 아리스토텔레스에서 데카르트에 이르기까지 힘에는 접촉 힘뿐이고 원격 힘이란 있을 수 없다고 믿었다. 그런데 뉴턴은 과감하게 원격 힘이 태양과 행성들 사이에 작용하며 그들 사이 거리의 제곱에 반비례한다는 만유인력 법칙을 제안한 것이었다. 이를 달리 표현해보면 서로 떨어져 있는 두 물체가 중간 매질을 통하지 않고 순간적으로 힘을 주고받는 원격 작용(遠隔作用, action at a distance) 현상으로 뉴턴은 만유인력을 도입하였다. 이와 같이 고전 역학에서는 만유인력이나 쿨롱 힘 등이 바로 원격 작용에 해당하는 것으로 생각하였으나, 현대 물리학에서는 만유인력, 쿨롱 힘, 전자기력 등을 모두 마당(場, field)을 통해 전달되는 근접 작용으로 생각하고 있다. 다시 말하면 만유인력은 중력마당, 쿨롱 힘은 전기마당, 전자기력은 전자기마당을 통해 전달된다는 것이다. 여기서 근접 작용(近接作用, action through medium)이란 물체 사이에 작용하는 힘이 중간에 존재하는 매질의 물리적 변화를 통해 전달되는 것을 말한다. 예를 들어, 소리나 지진파가 공기나 땅을 매질로 하여 전달되는 현상처럼 매질을 통해 물리적 변화가 차례로 옆으로 옮아감으로써 전달되는 작용이 근접 작용이다. 만유인력이나 전자기력을 전달하는 매질은 진공 그 자체이며, 특정한 물질을 필요로 하지 않는다.

마당의 개념은 뒤(4.1절 [자기와 전기 그리고 전자기])에서 다시 한 번 다루기로 하자.

2.3.2 뉴턴의 운동 법칙

뉴턴 역학 이전의 시대에서는 우리가 이미 보아왔던 것처럼 자연의 세계를 달 위의 세계인 천상계와 달 아래 세계인 지상계로 나누고, 천상계는 완벽하여 천상의 물체는 완전한 원운동을 하고 있으나, 지상의 물체는 힘을 주지 않으면 결국 본성의 고향으로 돌아가 휴식을 취하듯 정지한다고 하였다. 그런데 갈릴레이나 데카르트 그리고 케플러를 거치면서 힘을 주지 않아도 물체는 등속도 운동을 하며(갈릴레이나 데카르트의 관성), 행성은 태양 주위를 원이 아니라 타원 궤도를 그리며 움직인다는 행성 운동의 법칙(케플러)이 알려지면서 천상계와 지상계의 자연법칙이 그동안 잘못되었음을 알게 되었다. 이러한 과학자들의 실험과 관측 과정을 거치면서 뉴턴은 천상계든 지상계든 상관없는 하나의 기본적인 자연의 운동 법칙을 완성하였다. 이것이 뉴턴의 운동 방정식 $F = ma$이고, 이것이 바로 뉴턴 역학의 핵심이다. 이 뉴턴 역학은 앙페르나 패러데이 등을 거쳐 맥스웰이 집대성하게 되는 전자기학과 함께 고전 물리학의 양대 산맥을 형성하였고, 상대성 이론과 양자역학으로 상징되는 현대 물리학이 등장하기 전까지 자연의 세계를 지배하는 법칙으로 자리 잡았음은 우리에게 잘 알려진 사실이다.

☞ 이제 뉴턴 역학과 그 속에 담긴 뉴턴의 운동 법칙을 간략히 알아보도록 하자.

뉴턴 역학은 바로 케플러의 행성 운동 법칙으로부터 출발한다고 할 수 있다. 케플러의 법칙을 증명하던 과정에서 운동의 법칙을 알아내었으며, 뉴턴은 그의 저서 ≪자연철학의 수학적 원리, Philosophiae Naturalis Principia Mathematica(1687), 줄여서 프린키피아(Principia)≫에서 운동의 3가지 법칙과 태양계를 포함한 우주에서의 천체운동에 관한 운동을 기술하였다.

운동의 제1법칙은 갈릴레이로부터 출발하여 데카르트에 의해 정립되었던 관성의 법칙으로, 물체의 관성이란 물체 고유의 저항하는 힘으로, 계속 현재 상태를 유지하려고 한다(아이작 뉴턴 지음. 이무현 옮김, 2018). 따라서 외부에서 힘(F)을 가해서 그 상태를 바꾸지 않는 한, 정지한 물체는 계속 정지해 있고, 운동하고 있는 물체는 계속 같은 속도로 직선 운동을 한다는 법칙이다. 수식으로 표현하면 다음과 같다.

$$\vec{F} = 0 \ , \ \begin{cases} \text{① 정지 - 정지} \\ \text{② 운동 - 등속 직선 운동} \end{cases}$$

여기서, $\vec{F}$ = 알짜힘(net force)

운동의 제2법칙은 뉴턴 운동 법칙의 핵심으로서, 외부에서 물체에 힘을 주면 물체는 운동의 변화 즉, 속도의 변화(=가속도)가 일어나며 그 크기는 F/m과 같다는 것이다. 이를 수식으로 표현하면 다음과 같다.

$$\vec{a} = \frac{\vec{F}}{m}$$

여기서, $\vec{a}$ 는 가속도, m은 질량이다. 이 식을 통해 알 수 있듯이 뉴턴의 제2법칙은 질량을 가진 물체가 힘을 받았을 때 생기는 속도의 변화 즉, 가속도를 구하는 이른바 '가속도 법칙'이다. 이를 조금 더 변위(x)와 시간(t)의 개념으로 확장해보면 $a = d^2x/dt^2$ 이므로 다음과 같은 미분방정식을 구할 수 있다.

$$F = m\frac{d^2x}{dt^2}$$

이 미분방정식의 해는 특성 방정식(characteristic equation)을 이용하면 쉽게 얻을 수 있다. 그러나 여기서 중요한 것은 변위 x가 시간 t의 함수 즉, $x(t)$라는 사실이다. 따라서 물체가 힘을 받을 때 위의 미분방정식을 풀면 물체의 위치를 시간의 함수로 구할 수 있다. 다시 말하면 현재 관측한 물체의 위치와 시간이 주어지면, $F = ma$라는 하나의 아름다운 수식으로 이 물체의 미래의 위치와 운동 상태를 정확하게 알 수 있다는 것이다. 이렇게 $F = ma$로 대표되는 뉴턴 역학은 맥스웰 방정식으로 대표되는 전자기학과 함께 물리학의 두 축으로 확고하게 자리매김하여 더 이상 새로운 물리 법칙과 이론은 나타나지 않을 것이라 생각했다. 적어도 상대성 이론과 양자역학으로 대표되는 현대 물리학이 등장하기 전까지는. 그래서 현대 물리학 이전의 뉴턴 역학과 전자기학을 고전 물리학이라 부른다.

여기서 잠깐 관성의 법칙으로 돌아가 보면 $\vec{F} = 0$ 이면 $\vec{a} = 0$이므로 가속도가 0이라는 것은 결국 속도의 변화가 없다는 뜻이므로 정지 상태는 그대로 정지해 있어야 하며, 어느 한 속도로 움직이고 있던 물체는 그 속도를 그대로 유지해야 하므로 등속 직선 운동을 할 수밖에 없다.

운동의 제3법칙은 작용-반작용의 법칙으로, '작용(action)이 있으면 반드시 반작용(reaction)이 있고, 그 크기는 서로 같고 방향은 정반대이다.'라는 법칙이다. 만일 물체 A가 물체 B에 힘을 작용한다면 동시에 물체 B도 물체 A에 힘을 작용하여야만 한다. 그리고 A가 B에 작용한 힘과 B가 A에 작용한 힘은 크기가 같고 방향이 반대임을 나타낸다. 그러므로 제3법칙은 두 물체의 상호작용의 정도를 나타내는 물리량으로서의 힘을 정의하는 법칙이라 할 수 있다. 앞 1장에서 우리가 자연계에 존재하는 4가지 기본 상호작용과 기본 힘을 같은 뜻으로 쓴 것과 일맥상통한다.

한편 뉴턴은 물체와 물체 사이에는 서로 끌어당기는 힘이 존재한다는 만유인력 법칙(law of universal gravitation)을 발견하였다.

$$\vec{F} = G\frac{Mm}{r^2}\hat{r} \quad (\text{여기서 } \hat{r}\text{은 단위벡터})$$

즉 만유인력의 크기는 두 물체의 질량의 곱에 비례하고 거리의 제곱에 반비례한다. 그리고 뉴턴은 운동에 관한 법칙과 만유인력 법칙을 이용하여 케플러가 제대로 설명하지 못했던 행성의 운동 법칙을 수학적으로 유도해냄으로써 행성의 운동에 관한 법칙들도 완성하게 되었다. 간단한 예를 들어보자. 케플러는 제1법칙인 타원 궤도의 법칙보다 제2법칙인 면적 속도 일정의 법칙을 먼저 발견했다. 그래서 행성이 태양에서 멀어지면 느려지고 가까워지면 빨라지는 양상을 간파하고서 행성의 공전 궤도가 타원이어야 한다고 판단하였다. 이를 뉴턴의 만유인력을 가지고 풀어보면 두 개의 행성의 질량이 똑같다면 만유인력 법칙에 따라 중심축이 두 행성의 가운데가 되어 원운동을 할 것이다. 하지만 두 행성의 질량이 다르다면 무거운 행성 쪽으로 중심축이 이동할 것이고 따라서 타원 운동을 한다. 케플러의 법칙은 이렇게 완성되었다.

Chapter 2.4

중력과 중력 탐사의 원리

2.4.1 중력

(1) 중력과 만유인력

자연계에 존재하는 기본적인 네 가지 힘(기본 상호작용, fundamental interaction) 가운데 하나인 중력(gravitational force)은 질량을 가진 서로 다른 물체 사이에 작용하는 인력을 뜻한다. 다시 말하면 질량을 가진 모든 물체 사이에는 서로 끌어당기는 만유인력(universal gravitation)이 작용하고 있다고 할 수 있고, 이때는 만유인력과 중력이 같은 의미로 사용된다. 하지만 우리가 현재 주제로 삼고 있는 중력 탐사에서 다루고 있는 물체는 지구상에 존재하고 있는 물체로 지구 중심으로 (만유)인력을 받고 있을 뿐만 아니라, 지구 자전으로 인한 회전 운동으로 원심력도 함께 작용한다. 그 결과 지구상의 모든 물체는 만유인력과 원심력이 더해진 힘이 작용하고 있으며 이 두 힘을 더한 알짜힘을 중력(gravity)이라고 한다. 그리고 지구의 중력이 미치는 공간을 지구 중력마당(重力場, gravitational field)이라고 하고 그 세기는 중력가속도 값과 같고 지구 중심으로부터 멀어질수록 작아진다.

(2) 만유인력 법칙

뉴턴(Newton)은 1665년 런던에서 흑사병이 돌자 고향으로 내려온 후 나무에서 사과가 떨어지는 것을 보고, 만유인력의 개념을 창안했다는 일화는 다소 과장되었거나 사실이 아니라 하더라도, 그의 고향인 울즈소프(Woolsthorpe)에 있던 '뉴턴의 사과 나무'의 후손이 우리나라 한국표준과학연구원(KRISS) 등에 자라고 있다는 것만은 사실이다(한국표준과학연구원, 2021).

갈릴레이나 데카르트는 물체에 힘이 작용하지 않으면 등속 운동을 한다고 했다. 하지만 나무에서 떨어지는 사과는 가속도 운동을 하므로 뉴턴은 사과에 어떤 힘이 작용하고 있다고 생각하였고, 이러한 지상의 운동에 작용하는 힘이 행성이나 다른 천체에도 작용할 것이라고 생각하고 마침내 모든 물체에는 만유인력 법칙(law of universal gravitation)이 성립함을 1687년 그의 저서 ≪프린키피아, principia≫를 통하여 밝혔다.

만유인력 법칙에 따르면 만유인력의 크기는 두 물체의 질량의 곱에 비례하고, 두 물체 사이 거리의 제곱에 반비례한다(그림 2.8). 이를 식으로 표현하면 다음과 같다.

$$F = F_M = F_m = G\frac{mM}{r^2}$$

여기서, F: 만유인력의 크기, G: 만유인력 상수(gravitational constant), $G = 6.67 \times 10^{-11}$ Nm^2/kg^2, m: 물체의 질량, M: 지구의 질량, r: 두 물체 사이의 거리이다.

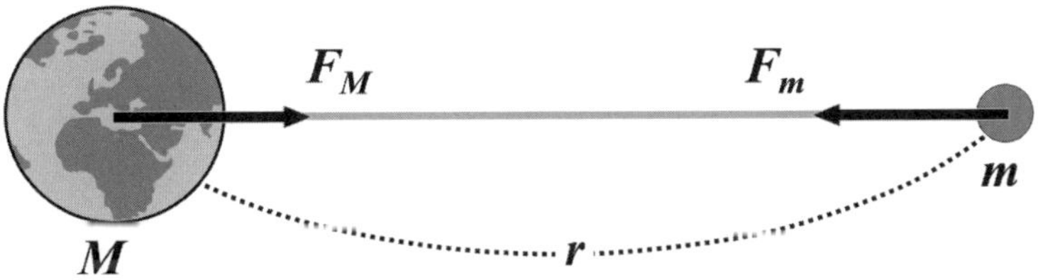

[그림 2.8] 만유인력 법칙

행성의 운동을 연구하고 있었던 뉴턴이 그 과정에서 만유인력 법칙을 유도해냈음을 알 수 있는데 이를 살펴보자.

속도 v로 지구 주위를 원운동하며 도는 달의 질량을 m, 원 궤도의 반지름을 r이라고 할 때, 달이 받는 구심력 F는 다음과 같다.

$$F = m\frac{v^2}{r}$$

이때 달의 공전 주기를 T 라고 하면,

$$T = \frac{2\pi r}{v}$$

이므로 구심력은 다음과 같이 쓸 수 있다.

$$F = \frac{4\pi^2 m r}{T^2}$$

케플러의 제3법칙

$$T^2 = k r^3$$

으로부터

$$F = \frac{4\pi^2}{k} \cdot \frac{m}{r^2}$$

을 얻을 수 있다. 여기서 지구가 달을 끌어당긴다면 마찬가지로 달도 지구를 끌어당기게 되므로(작용-반작용), 지구가 달을 당기는 힘이 달의 질량 m 에 비례한다면, 달도 지구의 질량 M 에 비례하는 힘으로 지구를 당긴다고 생각할 수 있다. 따라서 새로운 만유인력 상수 G 와 함께

$$\frac{4\pi^2}{k} = GM$$

이라고 한다면, 위 식은 최종적으로 다음과 같이 쓸 수 있다.

$$F = G \frac{m M}{r^2}$$

(3) 중력(gravity)

중력은 지구 자전에 의한 원심력과 만유인력의 합력으로 나타낸다고 앞서 설명한 바 있다. 만일 지구의 밀도가 균일하고, 완전 구형이며 자전하지 않는다면 지구표면에서의 중력은 어디에서나 같게 될 것이다. 그러나 실제로 지구는 울퉁불퉁한데다 불균질하며 게다가 완전 구형이 아닌 회전타원체(rotational ellipsoid, spheroid)이다.

따라서 지표면에서의 중력은 위치에 따라 달라진다. 지구타원체는 극 반지름이 적도 반지름보다 짧기 때문에 만유인력은 적도에서 극으로 갈수록 커지고 방향은 지구 중심을 향한다. 한편 원심력은 물체가 등속 원운동을 할 때 원운동의 바깥쪽으로 작용하는 가상적인 힘을 말한다. 수식으로 나타내면 다음과 같다.

$$F = mr\omega^2 = \frac{mv^2}{r}$$

여기서, F는 원심력, m은 물체의 질량, r은 원의 반지름, ω는 각속도, v는 물체의 속도이다. 지구에서의 원심력은 각 위도에 따라서 다르며, 적도에서 최대이고 극으로 갈수록 작아져 극에서는 0이 된다. 방향은 지구자전축에 직각으로 멀어지는 방향이다.

이를 종합적으로 살펴보면 중력의 크기는 적도에서 극으로 갈수록 커진다는 것을 알 수 있으며, 또한 만유인력은 지구의 질량 중심으로 향하고, 원심력은 지구자전축에 수직인 방향(등속 원운동을 하는 곳에서 원 밖으로 나가는 방향)으로 작용하기 때문에 중력의 방향은 적도와 극에서는 지구 중심을 향하지만, 그 밖의 곳에서는 지구 중심에서 약간 벗어남을 알 수 있다(그림 2.9). 그리고 원심력이 만유인력에 비해 무시할 만큼 아주 작기 때문에 만유인력을 중력과 같이 사용하기도 한다.

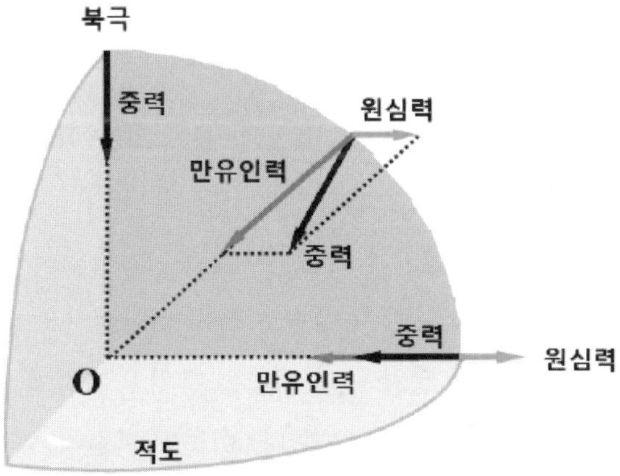

[그림 2.9] 지구의 중력과 방향. 만유인력은 지구의 질량 중심 방향으로, 원심력은 지구자전축에 수직인 방향으로 작용하기 때문에 중력의 방향은 위도에 따라 달라진다.

지구 표면에서 자유낙하 하는 물체(질량=m)에 대해서 만유인력 법칙과 뉴턴의 운동 제2법칙으로 다음과 같이 쓸 수 있다.

$$F = G\frac{mM}{R^2} = mg$$

여기서, M은 지구의 질량, R은 지구 반지름. g는 중력가속도이다. 따라서 중력가속도 g는

$$g = \frac{F}{m} = G\frac{M}{R^2}$$

이다, 이 식에 따라 물체는 질량에 상관없이 약 9.8 m/s^2의 일정한 가속도로 떨어짐을 알 수 있다.

☞ 여기서 잠깐 중력과 관련된 몇 가지 사실을 통해 중력을 이해해보도록 하자.

첫째, '사과나무에서 떨어지는 사과의 운동(자유낙하 운동)과 지구를 돌고 있는 달의 원운동은 본질적으로 같은 운동이다.'라는 것이다(그림 2.10). 뉴턴이 지구 주위를 도는 달을 보면서 '사과나무에서 사과는 떨어지는데, 달은 왜 지구로 떨어지지 않는가?'라고 스스로에게 던진 이 질문에 '달이 접선 방향으로 자꾸만 날아가려 하지만, 지구의 인력(중력)에 의해 시시각각 지구를 향해 계속 떨어지고 있기 때문에 항상 원형의 궤도를 돌 수 있다.'는 답을 내렸다.

그림 2.10에서 보듯이 달이 원형의 공전궤도를 돌게 하는 힘은 운동 방향에 수직으로 작용하는 구심력이다. 만약 이 힘이 한순간 사라진다면 (마치 줄에 매단 돌멩이를 돌리고 있다가 놓아버리는 것처럼) 돌고 있던 달은 관성에 의해 접선 방향으로 날아갈 것이다. 그리고 어느 순간 적당한 높이 P 지점에 도달했다고 하면 A 지점에 있던 달이 원운동 하면서 B 지점에 도달할 때의 시간은 마치 P 지점에 있던 달이 B 지점으로 자유낙하 한 시간과 같다고 생각할 수 있다. 이는 P 지점에 사과를 가져다 놓아도 마찬가지이다. 따라서 달은 중력의 영향을 받아 지구를 향해서 계속 끌리기 때문에 직선 궤도에서 벗어나 지금처럼 곡선 궤도를 그리며 지구 둘레를 돌 수 있다. 즉, 뉴턴

은 달이 도는 것은, 달이 직선으로 가고 있는데 지구가 잡아당기고 있기 때문이며, 그 중력으로 달도 사과처럼 떨어진다는 것이다(아이작 뉴턴 지음, 이무현 옮김, 2018). 결론적으로 달의 원운동과 사과의 자유낙하 운동은 본질적으로 중력에 의한 낙하 운동이라고 볼 수 있다.

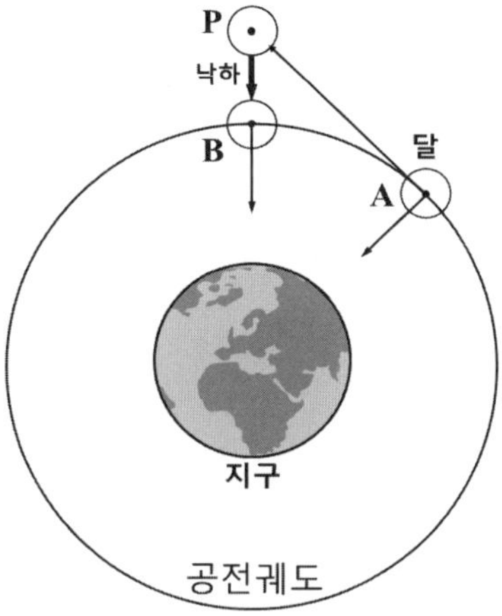

[그림 2.10] 달의 원운동과 자유낙하 운동

둘째는 중력과 무게(weight)에 관한 것이다. 중력은 무게와 같은 의미로 사용되는데, 지표면 근처에서는 일정한 중력이 작용한다고 가정하면 만유인력은 $F=ma$로 쓸 수 있고 이것을 물체의 무게라고 한다. 지상에 존재하는 모든 물체는 무게를 잴 수 있다. 예를 들어 저울로 몸무게를 잰다고 하자. 지구 중력은 우리 몸을 지구 중심으로 잡아당기면서 우리가 서 있는 저울을 누른다. 이에 저항하여 저울 바닥면도 위로 미는 힘(수직항력)이 작용하는데, 이때 중력이 저울을 누르는 힘과 저울 바닥이 위로 떠받치는 수직항력이 같다면 평형을 이루며 바늘이 멈추게 된다. 이때 눈금에 표시된 수치가 몸무게이다.

그렇다면 무중력 상태란 어떤 것일까? 무중력 상태를 영어로 'weightless state'라고 한다. 이를 정확히 표현하면 '무게가 없는 상태 즉, 무게가 0이 되는 상태'를 말한다. 다시 말하면 수직항력이 0이라는 것이다. 일정한 중력가속도로 자유낙하 하는 엘리베이터 속에 있는 사람은 무중력을 경험할 수 있다. 지구 중력 자체는 0이 아니지만, 지구 중력가속도 값과 같은 크기의 가속도로 떨어지고 있으므로 엘리베이터 바닥에 의한 수직항력이 작용하지 않기 때문이다(그림 2.5 아킬레우스 창과 거북이의 역설 참조). 실제로 만약 내가 저울 위에 서 있다면 저울은 나와 같은 속도로 떨어지면서 내 무게를 지탱하지 않으므로 눈금은 0이 된다. 눈금을 읽게 되는 것은 저울이 나의 무게와 같은 수직항력으로 나를 밀어 올릴 때만 가능한데, 바닥은 내 발에서 떨어져 있기 때문에 위 방향으로는 어떤 힘도 가하지 못한다. 따라서 자유낙하 하는 엘리베이터 속에서는 저울의 눈금이 0을 가리키게 된다(물리학백과, 무중력 참조).

(4) 구의 중력

1) 지구 바깥의 물체

지구 표면 근처의 물체는 마치 지구의 전체 질량($\approx 6.0\times10^{24}$ kg)이 약 6400 km 떨어져 있는 지구 중심에 모여 있을 때와 같은 크기의 중력을 느낀다. 왜 일까? 아래 그림 2.11과 같이 질량 M의 균질한 구가 아주 얇은 균일한 구 껍질로 이루어져 있다고 가정한다.

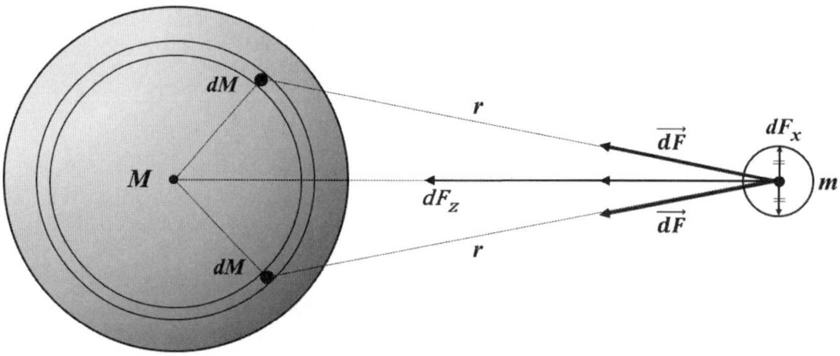

[그림 2.11] 지구 바깥의 물체의 중력

뉴턴은 구 껍질 바깥에 위치한 질량 m의 입자는 구 껍질의 모든 질량이 중심에 집중되어 있는 것처럼 구의 중심으로 끌림을 보였다. 그림과 같이 작은 덩어리의 질량

dM과 바깥 입자에 작용하는 중력은 다음과 같다.

$$d\vec{F} = G\frac{dMm}{r^2}\hat{r} \quad (\text{여기서 } \hat{r}\text{은 단위벡터})$$

임의의 구 껍질에서 대칭하고 있는 2개의 미소 질량들로 짝을 지으면 입자에 작용하는 중력은 수평 성분(dF_x)은 서로 상쇄되고 지구 중심으로 향하는 수직 성분(dF_z)만 더해짐을 알 수 있다. 따라서 구의 중심에 모든 질량이 모여 있는 점 질량처럼 중력이 작용한다. 따라서 질량이 M인 지구가 그 중심에서 지구 바깥에 있는 질량이 m인 물체를 당길 때의 중력가속도는 다음과 같이 구할 수 있다.

$$F = mg = \frac{GMm}{r^2}$$

$$\therefore \quad g = \frac{GM}{r^2}$$

2) 지구 안쪽의 물체

위와 반대로 물체가 구 껍질의 안쪽에 있을 때에는 앞과는 다른 결과를 이끌어 낼 수 있다. 지구를 양파처럼 겹겹이 쌓인 여러 개의 구 껍질로 이루어져 있다고 가정하고, 질량이 m인 물체가 마치 지구 중심까지 수직으로 뚫린 길(반지름 R)을 통해 낙하한다고 상상해보자. 지표면에서 떨어지기 시작한 물체는 차례차례로 하나씩 구 껍질을 통과해 갈 것이다. 어느 순간 어떤 구 껍질을 통과한 후에는 그 구 껍질들이 자유낙하 하는 물체에 미치는 영향은 사라진다. 왜냐하면 그 물체는 바깥 구 껍질에 의해 모든 방향으로 끌리게 되고, 따라서 어떤 한 방향으로 당기는 힘과 그 반대 방향으로 당기는 힘이 서로 상쇄되기 때문이다. 그 결과 오로지 물체 아래에 있는 지구의 질량만이 물체를 끌어당길 것이다.

임의의 순간에 물체가 중심으로부터 r ($<R$)인 지점에 있을 때, 중력가속도는 다음과 같이 구할 수 있다. 만약 지구의 밀도가 ρ로 균질하다면 질량이 $M' = \frac{4}{3}\pi r^3\rho$인 작은 지구가 지구의 중심 쪽으로 물체를 끌어당기는 중력가속도는

$$F' = mg = \frac{G(4/3\pi r^3 \rho)m}{r^2}$$

$$\therefore \quad g(r) = \frac{4\pi}{3} G\rho r$$

이다. 따라서 가속도는 물체가 아래로 내려가면서 거리 r에 따라 선형적으로 감소하다가 중심에서 0, 즉 무중력(zero gravity, gravity-free) 상태가 된다(그림 2.12). 따라서 지구 중력이 0이 되는 것은 $r = 0$ 또는 $r = \infty$ 뿐이다.

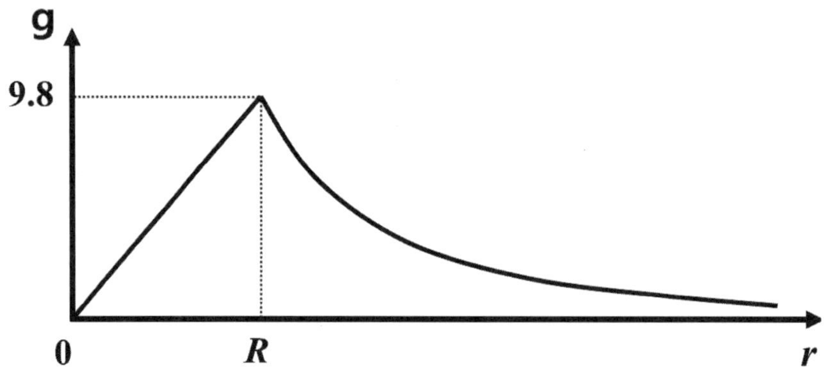

[그림 2.12] 지구의 중력값

2.4.2 중력 탐사의 기본 원리

중력 탐사는 중력계를 이용하여 지구 중력마당(또는 중력가속도)의 변화를 측정함으로써 지하의 밀도 분포 또는 지질구조를 파악하는 탐사법이다. 일상적으로 중력 탐사라고 부르지만, 실제로는 중력에 의한 가속도의 변화를 측정한다. 여기서 중력마당(gravity field)이란 공간의 한 점에서 단위질량에 미치는 중력(gravitational force) 또는 중력가속도(gravitational acceleration)를 나타내기도 하고, 중력이 미치는 공간(space)을 뜻하기도 한다(레이놀즈 지음, 김지수 외 옮김, 2014).

지구는 완전한 구(球, sphere)가 아니라, 적도 반지름이 극 반지름보다 약간 긴 일그러진 타원체이며, 그 표면은 산과 바다 등으로 복잡하게 둘러싸여 있다. 이러한 지표면의 높낮이를 무시하고, 회전타원체로 나타낸 것을 지구타원체(earth ellipsoid)라고 한다. 만약 지구 내부의 밀도가 균일하다고 가정하면 지구타원체에서 지구의 반지름 변화와 원심력의 변화에 의한 중력값은 위도에 따라 규칙성을 보이므로 이론적인 값을 구할 수 있다. 이를 표준 중력(standard gravity)이라고 한다. 위도 ϕ에서의 표준 중력식의 일반형은 다음과 같이 표현할 수 있으며,

$$g_\phi = g_0(1 + \alpha \sin^2\phi - \beta \sin^2 2\phi)$$

측지 기준 1967(GRS 67, Geodetic Reference System 67)이라는 보다 정확한 표준 중력식이 나온 이래,

$$g_\phi(1967) = 978031.846(1 + 0.005278895 \sin^2\phi + 0.000023462 \sin^4\phi)(\text{mGal})$$

1987년에 국제측지연합(IAG, International Association of Geodesy)에서 채택한 값은 아래와 같다(레이놀즈 지음, 김지수 외 옮김, 2014).

$$g_\phi(1987) = 978032.67714 \times (1 + 0.00193185138639 \sin^2\phi) \times (1 - 0.00669437999013 \sin^2\phi)\ (\text{mGal})$$

이에 대해 지표면의 높낮이를 고려하여 평균 해수면을 연장하여 지구의 모습을 나타낸 것을 지오이드(geoid)라 한다. 이 지오이드 면은 중력마당의 크기가 같은 등퍼텐셜면(equipotential surface)이다. 그런데 이 지오이드 면은 지표 부근의 불균질한 밀도(질량) 분포 때문에 회전타원체와 일치하지는 않는다. 따라서 균질한 회전타원체라고 가정하여 얻은 이론적인 중력값과 실제 측정한 중력값은 다르게 되며 이 차이를 중력 이상(gravity anomaly)이라고 한다. 즉,

중력 이상 = 실제 측정한 중력값 - 이론적으로 계산된 중력값

광역적으로 보면 맨틀처럼 지구 내부 깊숙한 곳의 질량체에 의해 이상(광역 이상, regional anomaly)이 나타나기도 하지만, 얕은 곳의 중력 변화를 살펴보는 중력 탐사에서는 국부적인 질량체에 의한 중력 이상(gravity anomaly)으로부터 지하의 지질

구조를 해석한다(그림 2.13). 그림에서 볼 수 있듯이 밀도가 높은 질량체가 있으면 양(+)의 이상이 나타나고, 밀도가 낮은 질량체가 있으면 음(-)의 중력 이상이 나타난다.

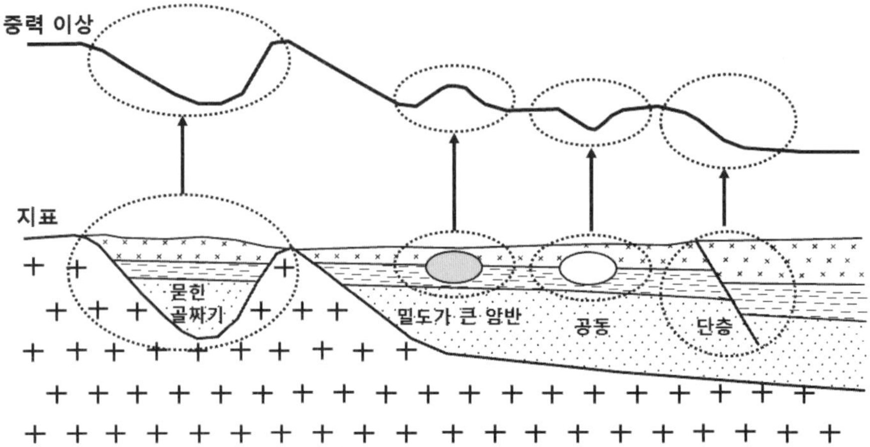

[그림 2.13] 지하구조에 따른 중력 이상(한국지구물리·물리탐사학회, 2011)

중력의 단위는 m/sec^2, cm/sec^{2}을 사용하며 지표면에서의 중력가속도 g는 약 9.8 m/sec^{2}이다. 그리고 갈릴레이(Galileo Galilci)의 이름을 딴 Gal을 흔히 사용하기도 하는데, 1 Gal은 1 cm/sec^{2}과 같다. 현대의 중력계에서는 보다 정밀한 값을 측정할 수 있도록 mGal 또는 microGal(μGal)을 더 많이 사용한다.

PART 3

소리 그리고 탄성파 탐사

소리는 파동(波動, wave)이다. 탄성파도 파동이다. 목소리는 성대를 진동시키고, 기타는 줄을 진동시키고, 지진파는 땅을 진동시킨다. 이러한 진동은 물결(波)처럼 전파해간다. 이것이 파의 움직임 곧 파동이다. 탄성파 탐사란 탄성파를 땅속에 보내어 되돌아오는 파동이 가져온 지질 정보를 캐내는 것이다. 그러니 탄성파 탐사에 앞서 탄성파를 알아야 하고 그러기 위해서 일반적인 파동의 특성을 알아야 한다는 것은 자명하다. 그래서 파동의 하나인 음파 곧 소리에 얽힌 이야기를 소개함으로써 탄성파 탐사로 가는 여정을 시작할까 한다. 그 하나는 음계를 우리에게 알려준 피타고라스의 테트락티스이고, 또 다른 하나는 우리가 흔히 듣는 경보음인 사이렌의 유래가 되는 그리스 신화 속 세이렌의 이야기이다.

Chapter

3.1 피타고라스와 테트락티스

고대 그리스의 철학자이자 수학자였던 피타고라스(Pythagoras, BC 582?~BC 497?)는 “만물의 근원은 수(數)다.”라고 하여 각각의 수마다 특별한 의미를 부여하였고, 세상의 모든 것은 두 수의 조화로 이루어진다고 생각하였다. 이러한 뜻에서 피타고라스는 음악도 간단한 정수비로 이루어진 음악의 화음과 장단이 우주의 조화로움을 보여준다고 생각하였다.

앞서 아리스토텔레스 이야기에서 소개했던 라파엘로의 프레스코 벽화 〈아테네 학당〉의 왼쪽 아래 부분에 제자에 둘러싸여 판을 들고 뭔가를 열심히 가르치고 있는 철학자가 있는데 바로 그 사람이 피타고라스이며 그 판에 그려진 것이 ‘피타고라스의 음계’와 ‘테트락티스(tetractys)’이다[그림 3.1(a)]. 이 판을 우리가 이해하기 쉽게 다시 그리면 그림 3.1(b)와 같다. 이 판 아래에 그려진 삼각형이 바로 피타고라스의 음계 이론을 상징하는 테트락티스이다. 이 테트락티스에는 4를 뜻하는 접두어 ‘tetra’가 붙어 있는데, 점(1), 선(2), 면(삼각형, 3), 입체(사면체, 4)의 4가지 사물의 집합체를 뜻하기도 하고, 4개의 수 1, 2, 3, 4로 구성되어 있으면서 네 수의 합(1+2+3+4)이 10이 되는 4번째 삼각수(정삼각형을 이루는 점의 개수를 말하는데, 1, 3, 6, 10, 15 등을 삼각수의 예로 들 수 있다)를 뜻하기도 한다. 그리고 이 정삼각형의 테트락티스 위에 그려진 피타고라스 음계가 바로 이 4개의 수와 깊은 관련성이 있다. 이 판 윗부분에는 로마 숫자 6, 8, 9, 12가 쓰여 있는데 이들의 비를 구하면 진동수의 비가 각각 6:12=1:2인 1 옥타브(완전 8도, diapason), 6:9=8:12=2:3인 완전 5도(diapente), 6:8=9:12=3:4인 완전

4도(diatessaron)로 모두 1, 2, 3, 4의 비로 되어 있음을 알 수 있다. 참고로 진동수의 비가 8:9가 되면 장2도(epogdoon)라 한다.

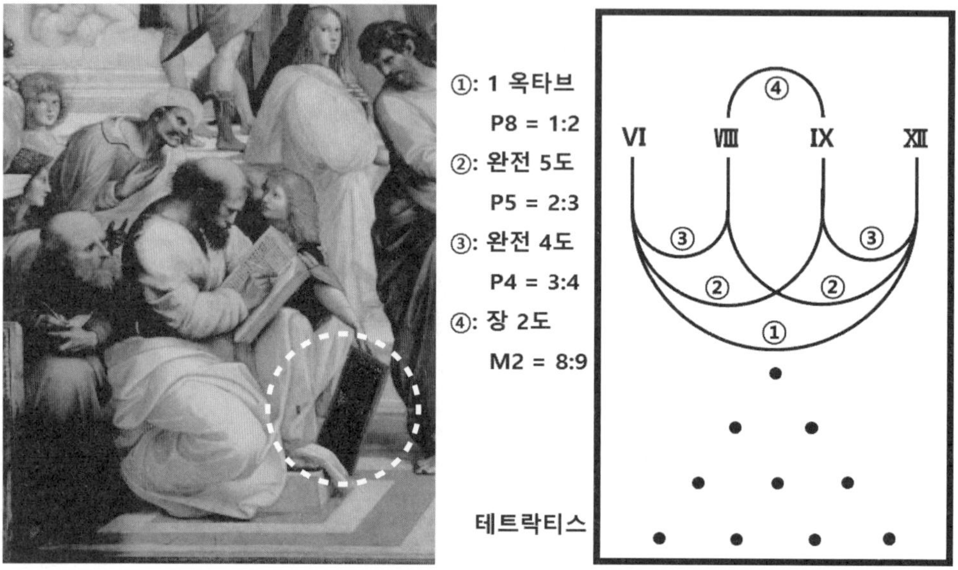

(a) (b)

[그림 3.1] (a) <아테네 학당> 부분. 소크라테스와 테트락티스(점선 안) (b) 피타고라스 음계와 테트락티스

피타고라스는 대장장이가 두드리는 소리로부터 음의 조화를 생각했고, 소리의 높낮이와 현의 길이와의 연관성을 알아내었다. 피타고라스는 처음 현의 길이를 1로 하였을 때 처음 길이의 1/2이 되는 현은 8도 높은 소리가, 2/3가 되는 현은 5도 높은 소리가, 3/4이 되는 현은 4도 높은 소리가 남을 발견하였고 오늘날 이 음계를 피타고라스 음계 또는 순정률(pure temperament)이라 부른다. 그러나 이 순정률은 반음씩 두 번 올려 하나의 온음이 되는 과정에서 나타나는 아주 작은 오차인 소위 '피타고라스 콤마(Pythagorean comma)'가 발생하여, 이로 인해 음마다 간격에 미세한 차이가 났다. 다시 말하면 솔(G)을 반음 올린 솔#(G#)음과 라(A)를 반음 내린 라b(Ab)음은 같은 소리가 나야 하지만 진동수에서 약간의 미세한 차이가 생긴다는 것이다. 실제 예를 들

어 설명해보자. 피타고라스의 순정률에서 진동수의 비는 도(C)음을 1로 기준 삼았을 때, 레(D)음은 9/8, 미(E)음은 81/64, 파(F)음은 4/3, 솔(G)음은 3/2, 라(A)음은 27/16, 시(B)음은 243/128, 그리고 마지막으로 1 옥타브 높은 도(C)음은 2가 된다. 이때 온음 사이의 진동수의 비는 모두 9/8이고, 반음인 미(E)음과 파(F)음, 시(B)음과 도(C)음 사이의 진동수의 비는 256/243이다. 반음의 진동수의 비인 256/243을 2번 곱하면 $(256/243)^2 \approx 1.1099$로 온음의 진동수의 비인 $9/8 \approx 1.125$와 0.0151의 차이가 난다. 그래서 피타고라스의 순정률에서는 조바꿈의 어려움이 발생할 수 있다(박경미, 2013).

이러한 문제점을 해결한 음악가가 요한 세바스찬 바흐(Johann Sebastian Bach, 1685~1750)이다. 한 옥타브 사이를 12음의 반음으로 나누고 반음 사이의 진동수 비를 균등하게 만든 평균률(equal temperament)을 정립하여 보급(≪평균률 클라비어 1, 2권, Das wohltemperierte Klavier≫)한 것이다. 이를 수학적으로 표현하면 한 옥타브 높은 음의 진동수가 처음 진동수의 두 배이므로 인접한 두 음 즉, 반음 사이의 진동수 비(f)는 $f^{12} = 2$로 쓸 수 있다. 따라서 $f = \sqrt[12]{2} \approx 1.0595$가 된다.

피타고라스는 순정률과 같이 정수 또는 정수비로 이루어지는 유리수 세계를 조화로운 세계로 여기고, 그렇지 않은 세계 즉 무리수(두 정수의 비로 표현할 수 없는 수)를 인정하지 않았다. 그의 제자 히파수스(Hippasus)는 피타고라스 정리를 통하여 $\sqrt{2}$라는 무리수를 최초로 발견하였으나, 두 수의 조화로운 비로 나타낼 수 없는 무리수는 피타고라스 철학의 불합리성과 오류를 나타낸다고 생각하여 인정받지 못하였고, 그의 의문의 죽음도 그러한 맥락에서 짚고 넘어가야 할 것 같다.

Chapter 3.2

신화 속의 세이렌

그리스 신화에 등장하는 세이렌(Seirên)은 절벽과 암초들로 둘러싸인 섬에 사는 바다의 요정(nymph)이다. 이 섬을 지나는 뱃사람들의 넋을 빼앗을 만큼 아름다운 노래로 죽음에 이르게 하는 치명적인 매력을 지니고 있다. 그리스 신화에 따르면 세이렌은 대지의 여신 데메테르(Demeter)의 딸 페르세포네(Persephone)의 시녀로 페르세포네가 하데스(Hades, 죽은 자의 영혼이 사는 어두운 지하 세계의 신)에게 납치되자 데메테르가 세이렌들에게 날개를 달아주고 자기의 딸을 찾아오도록 하였다. 그러나 세이렌은 페르세포네를 끝내 찾지 못했다. 그리하여 페르세포네를 애도하며 노래를 부르기 시작했고 그 소리를 들은 인간들은 죽음을 맞이하게 되었다고 한다. 이렇게 새의 몸통과 날개를 가진 여인의 모습으로 나타나 배를 난파시키는 위험한 새여인(鳥女)은 바다를 항해하는 사람들에겐 항상 경계의 대상이 되었고 따라서 우리가 경보음으로 사용하고 있는 사이렌(siren)이 여기서 유래되었음을 쉬이 짐작할 수 있다.

이 세이렌은 인면조신(人面鳥身)으로 중세 이후 미술 작품에서는 인어의 모습으로 자주 등장한다. 여기에 세이렌의 다양한 모습들을 볼 수 있는 몇 작품들을 소개하니 실제로 한 번 감상해보길 바란다. 프레더릭 레이턴(Lord Frederick Leighton, 1830~1896)의 〈어부와 세이렌, The Fisherman and the Siren(1856~1858)〉, 워터하우스(John William Waterhouse, 1849~1917)의 〈오디세우스와 세이렌들, Odysseus(Ulysses) and the Sirens(1891)〉과 〈세이렌, Siren(1900)〉, 구스타프 클림트(Gustav Klimt, 1862~1918)의 〈은빛 물고기. Silverfish(1889)〉, 르네 마그리트

(René Magritte, 1898~1967)의 〈집단적 발명, Collective Invention(1934)〉 등이다. 하지만 지금은 어느 커피 전문회사의 로고로 더 유명하기도 하다.

☞ 이제 오디세우스와 세이렌에 얽힌 이야기를 시작해보자.

[그림 3.2] 워터하우스, 오디세우스와 세이렌들, 1891년, 캔버스에 유채, 100.6 × 202 cm, 빅토리아 국립미술관, 멜버른, 호주 (출처: Wikimedia Commons, WATERHOUSE - Ulises y las Sirenas)

그리스의 최고 서사시인인 호메로스(Homeros, BC 800?~BC 750)는 서양 문학사에 길이 남을 서사시 두 편을 남겼는데, 바로 ≪일리아스, Ilias≫와 ≪오디세이아, Odysseia≫이다. ≪일리아스≫에서는 그리스군과 트로이아군 사이에서 벌어진 트로이아 전쟁(Trojan war) 이야기를 담으면서, 그 속에 두 사람의 영웅, 그리스의 아킬레우스(Achilleus)와 트로이아의 헥토르(Hektor)의 이야기를 노래했고, ≪오디세이아≫에서는 그리스군이 오디세우스(Odysseus)가 제안한 '트로이아 목마(Trojan horse)' 전술로 트로이아 성을 공략한 후 오디세우스의 귀향에 담긴 모험 노래를 담았는데 여기에 한 일화로 세이렌이 등장한다. ≪오디세이아≫에 따르면 트로이아 전쟁을 끝내고 귀향길에 오른 오디세우스는 마녀 키르케(Circe)로부터 세이렌의 유혹을 떨쳐버리는 방법을 전해 듣고 배가 세이렌이 살고 있는 섬을 지날 때 미리 부하들의 귓구멍을 밀납으로 막아 세이렌의 소리를 듣지 못하게 하고, 자신은 몸을 돛대에 묶어 어떠한 세이렌의 유혹에도 빠지지 않도록 함으로써 그곳을 무사히 빠져나왔다고 한다. 이 얘기를 화폭에 담아낸 것이 앞서 소개한 워터하우스의 〈오디세우스와 세이렌들〉이다(그림 3.2).

그런데 이 세이렌과 떼놓을 수 없는 또 하나의 그리스 신화 속 인물이 음유시인이자 리라 연주의 대가인 오르페우스(Orpheus)이다. 원래 클래식 음악가들에게나 화가들의 인기 소재로 남아있는 오르페우스 신화는 숲의 요정 에우리디케(Eurydice)와의 비극적인 사랑 이야기지만 그 얘기는 여러분들에게 남겨 놓고 여기서는 세이렌과 얽힌 이야기를 전한다. 황금 양털을 찾기 위해 이아손(Iason)이 이끄는 아르고 원정대(Argonautai)에 오른 오르페우스는 세이렌의 섬을 무사히 빠져나가게 하라는 이아손의 명령을 받고, 세이렌보다 더 매혹적인 노래를 부름으로써 그들로부터 벗어났고, 유혹에 실패한 세이렌들은 바다에 몸을 던져 모두 바위로 변했다고 전해진다.

어쨌든 아무리 아름다운 소리라도 그 속에 담긴 달콤한 유혹에 빠져들지 말기를 세이렌의 신화는 우리에게 사이렌을 울려주고 있다. 이럴 때 폴 사이먼과 아트 가펑클(Paul Simon & Art Garfunkel)의 아름다운 화음으로 조용히 〈The Sound of Silence〉를 들어보면 어떨까 싶다. 아니면 벨기에의 디바(diva) 다나 위너(Dana Winner)의 감미로운 노래도 좋고...

그럼 지금부터 이런 사이렌과 같은 소리는 본질적으로 무엇이며, 어떻게 우리에게 전파해 와서 우리가 감지하고 이해하는지를 살펴보고, 궁극적으로 탄성파와 탄성파 탐사의 원리를 알아보도록 하자.

Chapter

3.3 소리(파동)의 구성 요소

앞서 피타고라스는 현의 길이를 처음 길이의 2/3로 하면 완전 5도 높은음이 나옴을 알고 있었다. 이를 바꾸어 말하면 현의 진동수를 3/2배 하면 높은음이 나온다는 말과 같다. 이로부터 소리의 높낮이가 현의 길이 또는 현의 진동수와 연관되어 있음을 알 수 있다. 그러면 이러한 소리를 포함해 초음파, 전자기파, 탄성파 등 이른바 파동을 구성하는 요소에는 어떤 것이 있는지 알아보자.

3.3.1 파동

우리는 물결치는 모습에서 파동(또는 파, wave)을 떠올린다. 잔잔한 연못에 돌을 던지면 물 표면에 물결파가 생기면서 주위로 퍼져나가는 것을 볼 수 있다. 이처럼 파동은 연못에 돌을 던져 일으킨 물의 진동이 주위로 퍼져나가듯이, 어떤 한 곳에서 생긴 에너지가 진동을 통해 다른 곳으로 전달되어 나가는 것을 말한다. 이때 연못에 돌이 떨어진 곳을 파의 샘 즉, 파샘(波源, source)이라 하고, 물처럼 파동을 전달하는 물질을 매질(媒質, medium)이라고 한다. 소리(지진파)는 공기(땅)의 흔들림이 공기(땅)라는 매질을 통하여 우리 귀(지진계)에 전달되는 것이다. 이때 우리가 깜박해서는 안 될 것은 실제로 이동하는 것은 에너지이지 매질이 아니라는 것이다. 그림 3.3에서 보듯이 공(매질)은 제자리에서 아래위로 진동만 할 뿐 물결을 타고 앞으로 나아가지 않는다. 이는 우리가 축구나 야구 운동장에서 흔히 볼 수 있는 파도타기 응원 모습으로 이해할 수 있을 것이다.

이와 같이 파동은 매질을 통해 전달되지만 매질이 없어도 전파되는 파동도 있다. 바로 전자기파가 그것이다. 전자기파는 전기마당과 자기마당이 서로 직교하면서 진행하는 파로서 빛이 이에 해당한다(4장 [전자기 힘과 전기 및 전자 탐사] 참조).

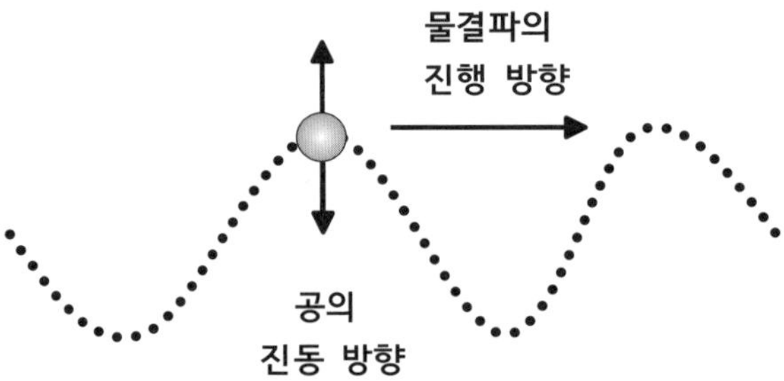

[그림 3.3] 물결파의 전파 과정

3.3.2 파동의 종류

파동은 진동 형태에 따라 가로파와 세로파로 나눈다(그림 3.4). 가로파[횡파(橫波), transverse wave]는 파동의 진행 방향과 수직으로 매질이 진동하는 파로서, 빛과 전파(radio wave) 같은 전자기파 그리고 지진파의 S파가 대표적이다. 세로파[종파(縱波), longitudinal wave]는 파동의 진행 방향과 나란하게 매질이 진동하는 파로서, 소리(음파)나 지진파의 P파 등이 이에 속한다.

또한 파동은 파면의 형태에 따라 나눌 수 있는데, 파면이 평면 모양을 이루는 평면파와 파면이 공 모양으로 퍼져가는 구면파가 있다. 여기서 파면(波面, wavefront)이란 매질의 위치나 운동 상태가 같은(위상이 같은) 점들을 연결한 선 또는 면을 말하는 것으로 흔히 파동의 마루나 골을 연결하는 선 또는 면으로 파면을 그릴 수 있다. 파동은 파면에 항상 수직인 방향으로 전파하며, 이 파면에 수직인 선을 파선(波線, ray)이라 한다.

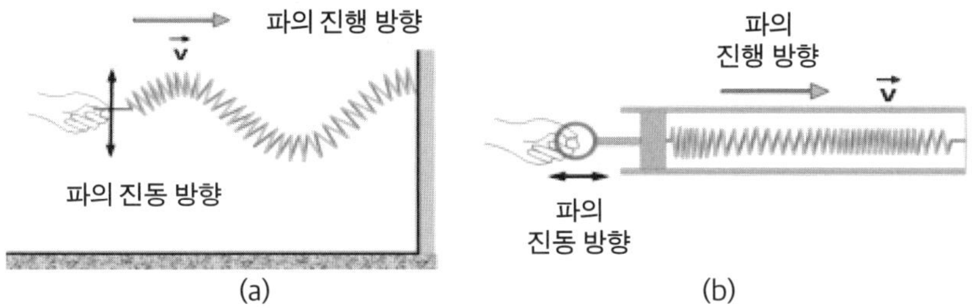

[그림 3.4] (a) 가로파 (b) 세로파

3.3.3 파동의 표시

(1) 진폭 그리고 주기와 파장

진폭(振幅, amplitude, A)은 매질의 각 점이 진동 중심에서 최대로 이동한 폭 또는 변위를 말한다(그림 3.5). 예를 들어, 세로파인 소리의 진폭은 한 고정된 위치에서의 공기의 압축된 정도를 수치로 관찰하여, 공기가 최대(또는 최소)로 압축되었을 때의 값에서 소리가 전혀 없을 때의 값을 뺀 값의 크기로 정한다. 반면에 가로파인 전자기파인 경우는 전자기마당의 세기가 0인 지점에서 최대(또는 최소)인 지점까지의 차이를 말한다.

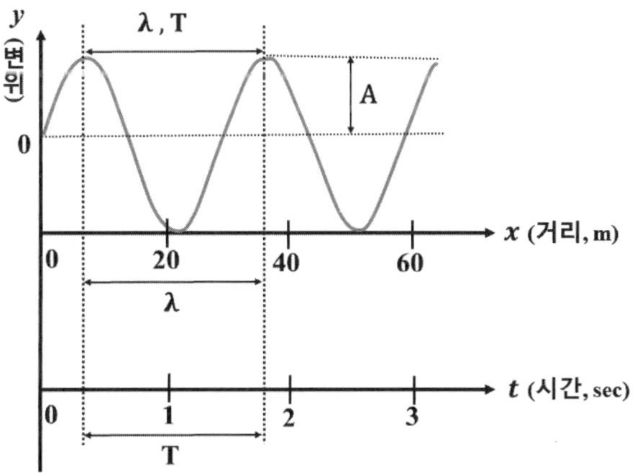

[그림 3.5] 진폭(A) 그리고 주기(T)와 파장(λ)

주기(週期, period, T)는 매질의 한 점이 1번 진동하여 처음 위치로 돌아오는 데 걸리는 시간을 말한다. 파장(波長, wavelength, λ)은 파동의 모양이 주기적으로 반복되어 나타날 때, 매질의 각 점이 한 번 진동하는 시간(1주기) 동안 파동이 이동한 거리로서, 흔히 마루와 마루 사이 또는 골과 골 사이의 거리를 파장이라고 한다. 주기와 파장은 파동의 시·공간의 개념으로, 같은 모양이 반복되는 파동을 그렸을 때 가로축을 시간 축으로 하는 시간 영역(time domain)에서는 주기라 하고, 가로축을 거리 축으로 하는 공간 영역(spatial domain)에서는 파장이라 한다(그림 3.5).

(2) 진동수와 파수

진동수(振動數, frequency, f)는 매질의 한 점이 1초 동안 진동하는 횟수를 뜻한다. 따라서 진동수는 주기의 역수로 표현된다.

$$f = \frac{1}{\mathrm{T}} \quad (\mathrm{Hz})$$

이처럼 진동수는 단위시간 당 같은 모양이 반복되는 횟수를 가리키는 말로, 이 시간 영역의 진동수에 대응되는 것이 공간 영역의 파수(波數, 파동수, wave number, k)이다. 즉, 단위길이 당 같은 모양(예를 들면 파의 마루나 골 등)이 반복되는 횟수로 정의할 수 있다. 따라서 파수는 파장의 역수로 표현된다.

$$k = \frac{1}{\lambda}$$

때로는 공간 진동수(spatial frequency)를 파수라 하기도 한다. 공간 진동수 역시 단위길이 당 파동의 개수($k = 1/\lambda$)로 정의되며 위의 파수의 정의와 같다. 푸리에 변환(FT)을 할 때 시간(t) 영역을 진동수($\omega = 2\pi f$) 영역으로 변환하듯이(6.2.2절 푸리에 변환 참조), 공간 (x,y) 영역에 대해서도 공간 진동수 (k_x, k_y) 영역으로 변환한다. 이를 간단한 도표로 나타내면 다음과 같다.

$$t \rightarrow \mathrm{FT} \rightarrow \omega \qquad \Leftrightarrow \qquad (x, y) \rightarrow \mathrm{FT} \rightarrow (k_x, k_y)$$

그런데 파동에서 한 파장 λ만큼 지났다는 것은 위상이 2π만큼 차이가 생기는 것이므로 파수는 다음과 같이 나타낼 수도 있다,

$$k = \frac{2\pi}{\lambda}$$

이를 각파수(angular wavenumber)라 부르기도 한다.

앞의 주기와 파장과 마찬가지로 진동수와 파수 역시 하나의 파동을 시간 영역에서 보느냐 아니면 공간 영역에서 보느냐의 차이라 할 수 있다. 이를 알기 쉽게 표현해보자.

● 시·공간 영역에서의 주기 ↔ 파장, 진동수 ↔ 파수(공간 진동수)

시간 영역		공간 영역
T	↔	λ
f	↔	k
$f = \frac{1}{\mathrm{T}}$	↔	$k = \frac{1}{\lambda}$
$\omega = 2\pi f$	↔	$k = \frac{2\pi}{\lambda}$

(3) 각속도와 각진동수

각속도(角速度, angular velocity, ω)는 회전하는 물체의 빠르기를 나타내는 물리량으로, 원운동에서 단위시간 동안에 도는 각도를 말한다(그림 3.6).

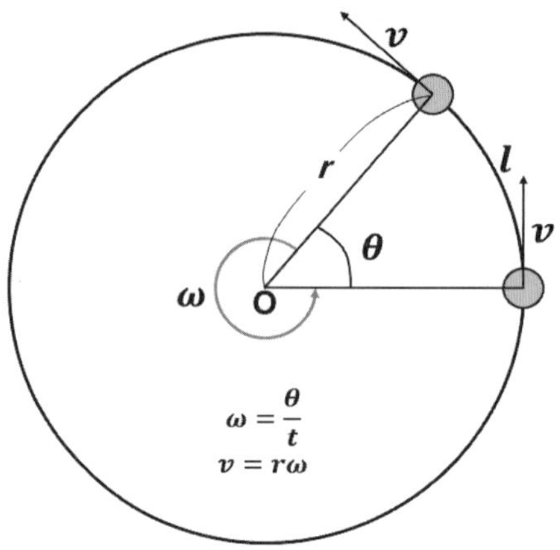

[그림 3.6] 각속도(ω)와 선속도(v)

각속도는 물체의 회전속도와 방향을 가지는 벡터로서 이때의 각속도 방향은 오른손 법칙으로 결정할 수 있다. 따라서 물체가 일정하게 회전할 때의 각속도 방향은 회전하는 평면에 수직인 회전축의 방향이 된다. 각속도를 식으로 나타내면 다음과 같다.

$$\omega = \frac{2\pi}{\mathrm{T}} \qquad (\mathrm{rad/sec})$$

이 식은 다음과 같이 미분으로 유도할 수 있다. Δt 시간 동안에 $\Delta\theta$ 만큼 회전하였을 때 평균 각속도(ω)는 $\Delta\theta / \Delta t$ 이다. 따라서 순간 각속도는

$$\omega = \frac{d\theta}{dt} = \lim_{\Delta t \to 0} \frac{\Delta\theta}{\Delta t}$$

이다. 이 식으로부터, 물체가 1번 회전하는 동안(T) 각도는 2π 라디안(radian)만큼 이동하므로 각속도는 $\omega = 2\pi/\mathrm{T}$ 가 된다.

그리고 물체가 실제로 이동하는 경로를 따라 움직이는 속도를 선속도(線速度, linear velocity)라 하여 각속도와 구별해 사용하는데, 선속도를 v, 물체의 회전 반지름을 r 이라 하면, 각속도 ω 와는 다음 식이 성립한다.

$$v = \lim_{\Delta t \to 0} \frac{\Delta l}{\Delta t} = \lim_{\Delta t \to 0} \frac{r\,\Delta\theta}{\Delta t} = r\,\frac{d\theta}{dt} = r\,\omega$$

여기서, l 은 물체가 실제 이동한 거리(호의 길이)로 $l = r\theta$ 이다.

한편 각진동수(角振動數, angular frequency, ω)는 진동수에 2π를 곱한 값으로 단위시간 동안 물체가 움직인 각도를 뜻한다. 즉, 각진동수는

$$\omega = 2\pi f = \frac{2\pi}{\mathrm{T}}$$

이다. 따라서 각진동수는 각속도와 같다.

(4) 위상과 파동의 속도

위상(位相, phase, ϕ)은 단진동의 파동을 등속 원운동으로 대응시켰을 때, 파동의 어느 한 순간의 위치를 각도나 라디안으로 나타낸 것을 말한다.

파동의 진동 방향이 y축, 진행 방향이 $+x$ 축인 파동(traveling wave)은 다음과 같이 사인 함수 형태의 조화파(harmonic wave)로 나타낼 수 있다.

$$y(x, t) = A \sin(kx - \omega t + \phi_0)$$

여기서, $y(x, t)$는 위치 x, 시각 t 에서의 파동의 변위(displacement)를 나타낸다. 이때

$$\phi(x, t) = kx - \omega t + \phi_0$$

은 위상을 나타내고, ϕ_0는 초기 위상(initial phase) 값이다.

참고로 한 파동 안에서 어떤 시각 한 지점에서의 위상이 다른 시각 다른 지점에서의 위상과 일정한 관계를 가지고 있을 때 이를 결맞음(coherence)이라 하는데 레이저(laser)는 바로 이 결맞음을 이용한 빛이다(4.3.2절 [빛을 얻다] 참조).

파동의 속도(velocity, v)는 파동이 단위시간 동안에 이동한 거리이다. 파동은 매질의 한 점이 한 번 진동하는 동안에 한 파장의 거리를 진행하므로 파동의 속도는 파장을 주기로 나누면 구할 수 있다. 따라서 파동의 속도 v는 다음과 같이 나타낼 수 있다.

$$v = \frac{\lambda}{\mathrm{T}} = f\lambda \quad (\mathrm{m/s})$$

이제 이를 위상 속도(phase velocity)의 개념으로 풀어보자. 파동에서 마루면 마루, 골이면 골 등의 특정 위치의 위상이 이동하는 것을 위상 속도라 할 수 있다. 다시 말하면 그림 3.7과 같이 특정 위상(ϕ)이 이동한 거리(Δx)를 걸린 시간(Δt)으로 나누어주

는 것으로 시간이 변하더라도 위상의 변화는 없다. 이를 식으로 표현하면 다음과 같다.

$$\frac{d\phi(x,t)}{dt} = \frac{d}{dt}(kx - \omega t + \phi_0) = k\frac{dx}{dt} - \omega = 0$$

이로부터

$$\frac{dx}{dt} = v = \frac{\omega}{k} = f\lambda$$

임을 알 수 있다.

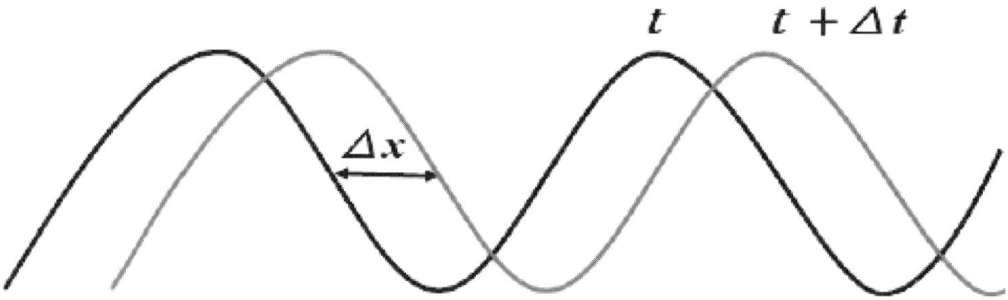

[그림 3.7] 위상 속도($\Delta x / \Delta t$)

한편 파동의 속도는 매질에 따라 달라진다. 소리는 모든 물질을 전파하는데, 고체 > 액체 > 기체 매질 순으로 속도가 빨라진다. 소리의 파동은 원래 압축(밀도 변화)에 대한 물체의 탄성(彈性, elasticity)에 의해서 일어나므로, 일반적으로 물질의 부피탄성률(bulk modulus)을 K, 밀도를 ρ 라고 하면, 그 물질 속에서의 음속은

$$v_{\text{sound}} = \sqrt{\frac{K}{\rho}}$$

로 주어진다. 이것을 공기에 대해서 살펴보면, 온도에 의한 밀도의 변화를 고려하여

$$v_{\text{air}} = 331.5 + 0.6\,T \quad (\text{m/s})$$

이다. 여기서, T는 섭씨온도이다. 따라서 소리의 속도는 기온이 올라갈수록 더 빨리 전달되는데, 그것은 온도가 높을수록 매질이 진동하기 쉬워지기 때문이다.

(5) 파동의 세기

단진동 운동을 통하여 파동 에너지를 구해보자. 단진동은 다음의 훅의 법칙(Hooke's law)을 기본으로 한다.

$$F = -kx$$

여기서, F는 외부에서 작용하는 힘에 대한 복원력(restoring force), x는 변형된 길이(또는 변위), k는 탄성상수(elastic constant)이다. 그리고 뉴턴의 운동 제2법칙

$$F = ma$$

로부터 다음과 같이 쓸 수 있다.

$$F = -kx = ma$$

$$\therefore \quad a = -\frac{k}{m}x \quad \rightarrow \quad \frac{d^2x}{dt^2} + \frac{k}{m}x = 0$$

여기서, $\omega^2 = k/m$(이 식은 아래에서 증명)이라 놓고 이 미분방정식의 일반 해를 구하면 다음과 같다.

$$x = C_1 e^{i\omega t} + C_2 e^{-i\omega t}$$

그런데 이 일반 해는 뭔가 낯설다. 그러면 우리에게 익숙한 sine이나 cosine 함수로 나타낼 수는 없을까? 여기에 '아름다운 식'이 하나 등장하는데 이름하여 다음의 오일러 공식(Euler's formula)이다.

$$e^{i\theta} = \cos\theta + i\sin\theta$$

이 공식을 이용하면 위의 일반 해는 아래와 같이 조화파의 형태로 간단히 표현할 수 있다.

$$x = A\sin\omega t$$

이로부터 파동의 속도 v와 가속도 a는 각각 다음과 같이 구할 수 있다.

$$v = \frac{dx}{dt} = \omega A\cos\omega t$$

$$a = \frac{d^2x}{dt^2} = -\omega^2 A\sin\omega t = -\omega^2 x$$

이 식으로부터

$$F = -kx = m(-\omega^2 x)$$

이 되므로 위에서 설정한 $\omega^2 = k/m$이 증명되었다.

그리고 파동이 매질을 통하여 전파되면 정지하고 있던 매질은 진동하게 되고 진동에 의한 운동에너지(kinetic energy)와 탄성 에너지(elastic energy) 즉, 잠재(퍼텐셜) 에너지(potential energy)를 함께 갖게 된다. 따라서 단진동 운동의 파동 에너지(wave energy) E는 위 식들을 이용하여 다음과 같이 쓸 수 있다.

$$E = \frac{1}{2}mv^2 + \frac{1}{2}kx^2 = \frac{1}{2}m\omega^2 A^2\cos^2\omega t + \frac{1}{2}kA^2\sin^2\omega t$$

이때 파동 에너지는 최대의 운동에너지 또는 최대 잠재 에너지와 같다.

$$E = \frac{1}{2}m\omega^2 A^2 = \frac{1}{2}kA^2 \quad (\text{일정})$$

따라서 파동 에너지는 다음과 같이 쓸 수 있다.

$$E = \frac{1}{2}\rho V \omega^2 A^2 = 2\pi^2 \rho V f^2 A^2$$

여기서, ρ는 매질의 밀도, V는 부피이다. 이 식으로부터 파동 에너지는 진동수(f)나 진폭(A)의 제곱에 비례함을 알 수 있다.

파동의 세기(intensity) I는 파동이 진행하는 방향에 수직인 단위면적(1 m^2)을 단위 시간(1초)에 이동하는 파동 에너지로 정의한다. 여기서 t 시간 동안 면적 S를 통과하여 파가 진행한 거리가 x라고 하면 파의 세기는 다음과 같이 구할 수 있다.

$$I = \frac{E}{St} = \frac{Ex}{Stx} = \frac{E}{Sx}\cdot\frac{x}{t} = \frac{E}{V}\cdot v$$
$$= \epsilon v \quad (\mathrm{J/m^2 \cdot s})$$

따라서 파동의 세기는 에너지 밀도(ϵ, 단위부피 당 에너지)와 파동의 속도(v)의 곱과 같다.

평면파는 파가 통과하는 평면의 면적이 언제나 같으므로 파동의 세기는 거리에 관계없이 일정하다(그림 3.8).

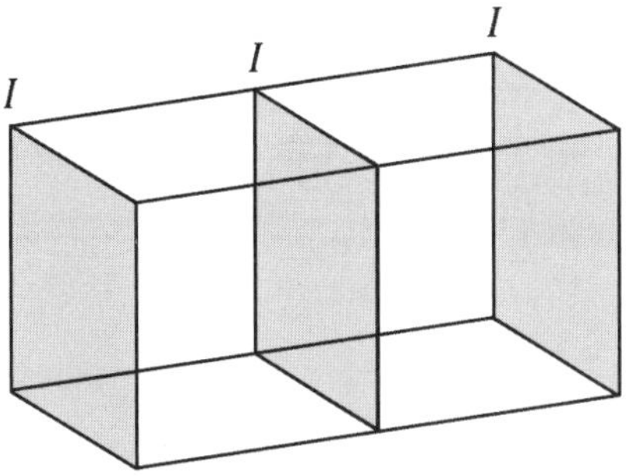

[그림 3.8] 평면파의 파동의 세기. I = 일정

반면에 파샘(source)에서 세기가 I_0 인 구면파가 파샘에서 거리 r인 위치에서의 파동의 세기 I는 다음과 같이 거리의 제곱에 반비례한다(그림 3.9).

$$I = \frac{I_0}{4\pi r^2} \quad (\mathrm{J/m^2 \cdot s})$$

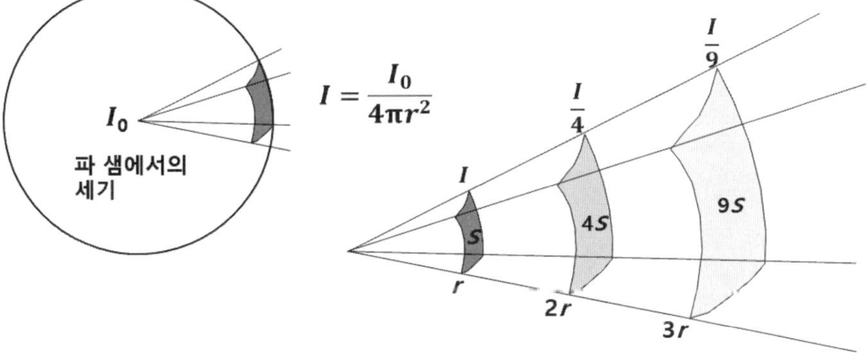

[그림 3.9] 구면파의 파동의 세기. 거리가 r에서 2r로 멀어지면 면적은 S에서 4S로 4배 증가한다. 따라서 파동의 세기는 1/4로 줄어든다. (출처: Hyperphysics, Inverse Square Law)

이러한 사실을 종합해보면 일반적으로 파동은 거리의 제곱에 반비례하고 진동수의 제곱에 비례하는 세기를 가지며 또한 진폭은 거리에 반비례함을 알 수 있다.

Chapter

3.4 소리(파동)의 전파 원리

3.4.1 호이겐스의 원리

지금부터 설명하는 소리의 전파 원리는 일반적인 파동의 전파 원리와 같다.

진동하고 있는 매질의 각 점은 다시 새로운 파동을 만드는 점 파샘(점 파원, point source)이 되어 독립적으로 구면파를 발생시킨다. 이와 같이 생긴 수많은 구면파에 공통으로 접하는 면이 다음 순간의 새로운 파면을 이룬다. 그림 3.10에서 보는 것처럼 평면파의 P 파면이나 구면파의 S 파면상의 모든 점들이 새로운 파샘이 되어 다음 시각에 새로운 파면 P′, S′를 만든다. 이를 네덜란드의 물리학자 호이겐스(Christiaan Huygens, 1629~1695) 이름을 따 호이겐스의 원리(Huygens' principle)라고 한다.

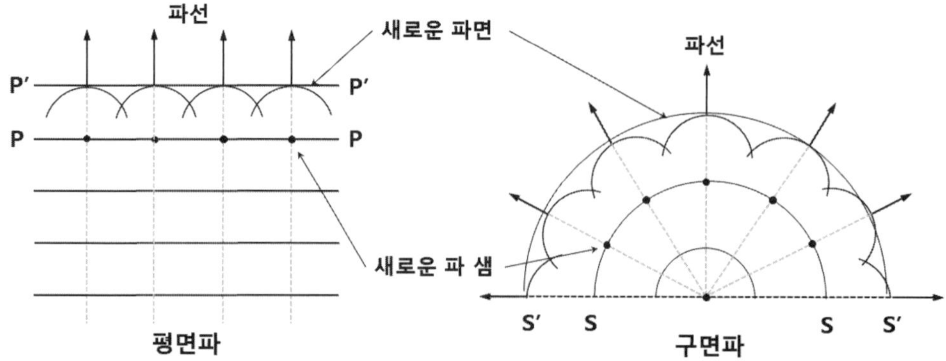

[그림 3.10] 호이겐스의 원리. 파면 상의 모든 점(•)들이 새로운 점 파샘이 된다.

3.4.2 페르마의 원리 - 최소 시간의 원리

여러분이 다음과 같은 질문을 받았다고 했을 때 여러분의 생각은 어떠한가?

다음 그림 3.11과 같이 A 지점에서 B 지점까지 파가 진행한다고 했을 때, 파가 가장 빨리 도달할 수 있는 길은 어느 경로일까? 이때 아래층의 파의 속도가 위층의 속도보다 빠르다($V_2 > V_1$)고 가정하자.

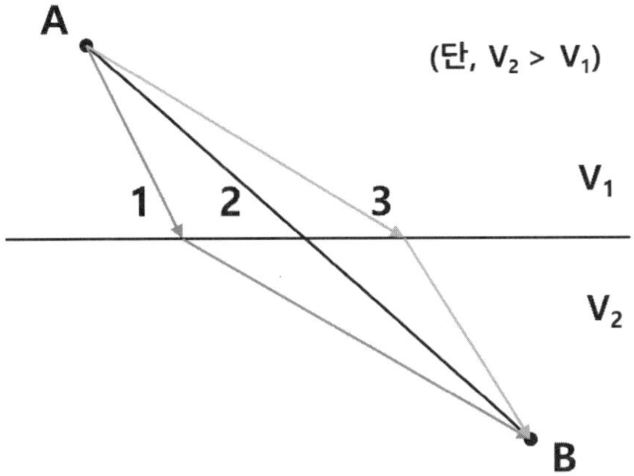

[그림 3.11] 페르마의 원리

이 문제를 해결해준 사람이 프랑스의 수학자 페르마(Pierre de Fermat, 1601 ~1665)이다. 그는 말하길 "자연은 항상 가장 짧은 길(최단 경로)을 통과한다."라고 하였다. 이를 전자기파나 소리 등의 파동에 적용하면 다음과 같이 말할 수 있다. '두 점 사이를 전파하는 파동은 전파 시간이 가장 짧은 경로를 택하여 진행한다.' 이것이 페르마의 원리(Fermat's principle)이고 다른 말로 '최소 시간의 원리(principle of least time)'라고도 한다. 음파나 빛의 반사나 굴절에 관한 법칙은 이 원리로부터 쉽게 유도할 수 있다. 여기서는 그 유도 과정은 생략한다. 다만 이를 유도하기 위해서는 우리가 잘 아는 2차 함수 $f(x) = ax^2 + bx + c$ 의 1차 미분값이 0이 되는 지점이 최대 또는 최소가 된다는 사실로부터, 아래로 볼록한 곡선($a > 0$)의 1차 미분값이 0

이 되는 꼭지점에서의 값이 최소가 된다는 점을 이용한다. 기하학을 창시한 그리스의 수학자 에우클레이데스[Eukleides, 유클리드(Euclid), BC 330?~BC 275?]는 "기하학에는 왕도(王道)가 없다(There is no royal road to geometry)."라고, 기하학을 터득할 지름길을 묻는 이집트의 프톨레마이오스 왕(Ptolemaeos I)을 꾸짖었지만, 페르마는 최단 시간에 목적지에 도달할 수 있는 지름길을 택하는 것이 자연의 이치임을 가르치고 있다.

이제 앞의 질문에 대한 여러분의 생각은 정해졌나요? 그 답은 3.4.4절 [파동의 굴절]에서 알아보도록 하자.

3.4.3 파동의 반사와 투과

매질의 속도가 다른 두 매질의 경계면에서 파동 에너지의 일부는 반사(reflection)되고 그 나머지는 투과(transmission)된다. 이때 속도가 빠른 소(疏)한 매질에서 속도가 느린 밀(密)한 매질로 들어가는 경우(고정단)와 그 반대(자유단)인 두 가지 경우를 생각할 수 있다.

여기서 잠깐 소와 밀에 대해 설명하고 넘어가자. 예를 들어 소리는 공기를 매질로 하여 전달되는데, 이때 공기 분자가 빽빽하게 채워져 밀도가 높으면(밀, 密) 소리의 전파속도가 느리고, 반대로 밀도가 낮아 듬성듬성하면(소, 疏) 소리가 빨리 전파된다. 따라서 소리는 이러한 소한 부분과 밀한 부분이 서로 반복적으로 진행하므로 소밀파라고 하는 것이다. 소리와 같은 세로파(종파)는 이처럼 소밀파의 특성을 가진다.

이제 고정단(fixed end)에서의 반사와 투과 현상을 살펴보자, 고정단 반사는 한쪽 끝이 고정된 줄에서 파가 진행할 때 고정된 끝(고정단)에서 반사되는 현상으로, 파동의 속도가 빠른(소) 매질에서 속도가 느린(밀) 매질로 진행할 때 두 매질의 경계면(고정단)에서 일어난다. 이때 반사파의 모양은 뒤집어지며, 반사파의 위상은 입사파의 위상과 180°(π)만큼 차이가 나는 다름 위상(異相, out of phase)이 된다(그림 3.12).

반사되지 않은 나머지 에너지는 그대로 투과되는데, 이때 투과파는 반사파와 달리 위상 변화 없이 그대로 진행한다(그림 3.13).

■ **왜 고정단에서 반사되는 파는 모양이 뒤집어지는가?**
(힌트: 힘의 상호작용-뉴턴의 작용과 반작용 법칙)

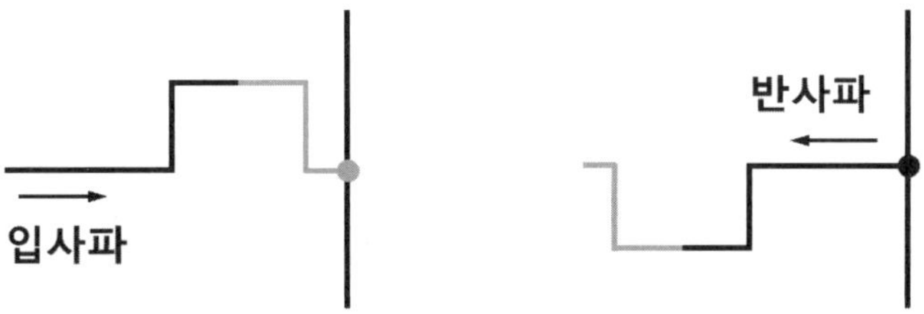

[그림 3.12] 고정단 반사

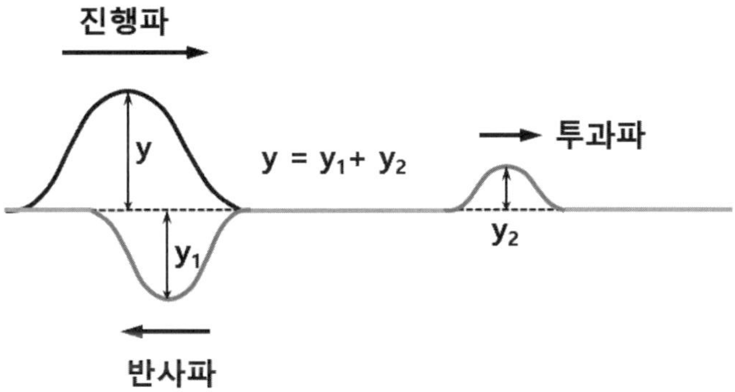

[그림 3.13] 고정단 반사파와 투과파

그 다음 자유단(free end)에서의 반사와 투과는 줄 끝이 자유롭게 움직일 수 있는 줄에서 파가 진행할 때 나타나는 현상으로, 파동이 속도가 느린(밀) 매질에서 속도가 빠른(소) 매질로 진행할 때 두 매질의 경계면(자유단)에서 일어난다. 이때 반사파의 위상은 진행파와 다름없는 맞음 위상(同相, in-phase)이 된다(그림 3.14). 이때 투과파 역시 위상 변화 없이 그대로 투과된다(그림 3.15).

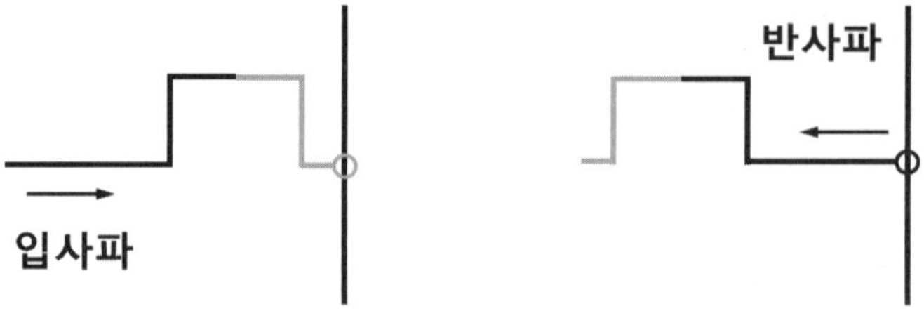

[그림 3.14] 자유단 반사

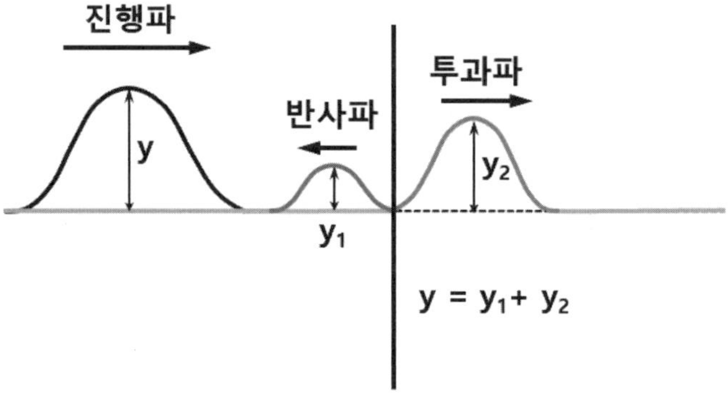

[그림 3.15] 자유단 반사파와 투과파

일반적으로 매질이 바뀌지 않으면 전파속도는 변하지 않는다. 따라서 파동이 반사할 때 파동의 속도, 파장, 진동수는 변하지 않는다. 따라서 파동이 매질의 경계면에서 반사할 때 입사각과 반사각의 크기는 같다. 즉

$$\angle i = \angle R \quad \text{(입사각 = 반사각)}$$

이다. 이를 반사 법칙(law of reflection)이라 한다.

3.4.4 파동의 굴절

두 매질 사이의 파동의 전파속도가 다르기 때문에 나타나는 현상이 굴절(refraction)이다. 이때 굴절이 일어나더라도 파동의 진동수는 변하지 않기 때문에(진동수는 파샘에서만 변화시킬 수 있다), 매질의 전파속도가 바뀌면 굴절파의 파장도

같이 바뀌게 된다. 이것을 굴절의 법칙(law of refraction)이라 하고 식은 다음과 같다. 발견자의 이름을 따서 스넬의 법칙(Snell's law) 또는 데카르트의 법칙(Descartes' law)이라고도 한다.

$$\frac{\sin i}{\sin r} = \frac{v_1}{v_2} = \frac{\lambda_1}{\lambda_2}$$

여기서, i와 r은 입사각과 굴절각, v_1과 v_2는 매질 1, 2의 속도, λ_1과 λ_2는 매질 1, 2의 파장이다.

이제 굴절이 일어날 때 어떤 식으로 일어나는지를 페르마의 원리를 이용하여 알아보자. 앞의 3.4.2절에서 던진 질문처럼 아래 매질의 속도가 위 매질의 속도보다 빠른 경우($V_2 > V_1$)를 설명해보자. 페르마의 원리에 따르면 최소 시간이 걸리는 경로를 파는 따라 간다고 하였으므로, 만약 두 매질의 속도 차가 없는 균질 매질이라면 자연의 이치대로 당연히 두 지점의 최단 거리인 일직선을 택하여 2번 경로를 따라 전파할 것이다. 하지만 매질의 속도가 다른 경우라면 될 수 있는 대로 속도가 빠른 매질을 따라 진행하려 할 것이므로, 지금의 예에서는 가장 왼쪽의 1번 경로를 택할 것이다. 물론 그 반대인 경우는 3번 경로를 택하게 될 것이다. 이것이 상식이고 바로 자연의 법칙이다.

이러한 굴절의 예를 우리가 흔히 사용하는 "낮말은 새가 듣고 밤말은 쥐가 듣는다." 라는 속담에서 그 이치를 알 수 있다. 이 속담 속에 담긴 물리적 현상은 소리의 속도가 공기의 온도와 밀도에 따라 달라진다는 것이다. 앞서 보았듯이 음속은 기온이 높아질수록 더 빨라진다. 밤에는 지표면이 빨리 식는 반면 대기는 서서히 식어서 지표면의 온도가 더 낮다. 따라서 밤에는 지표면 쪽의 소리의 속도가 대기층의 속도보다 더 느리기 때문에 그림 3.16처럼 소리가 지표면 쪽으로 굴절한다. 반대로 낮에는 지표면의 온도가 더 높으므로 소리의 속도가 더 빨라 대기층 쪽으로 굴절한다. 따라서 소리는 낮에는 위로 굴절하여 새가 듣기 좋고, 밤에는 아래로 굴절하여 쥐가 듣기에 좋은 형상이 된다.

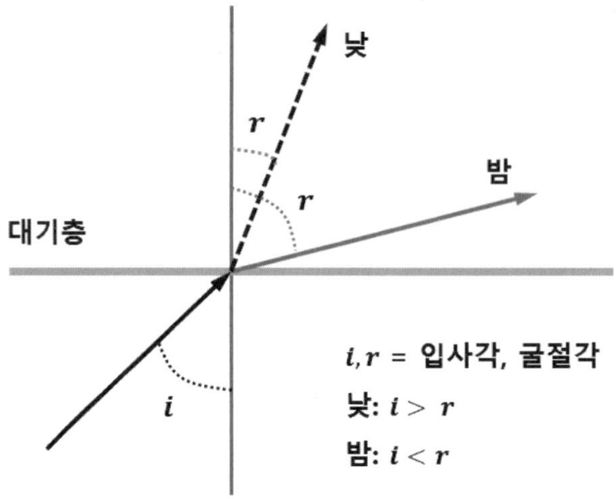

[그림 3.16] 낮과 밤의 소리의 굴절 원리

3.4.5 파동의 중첩과 독립성 그리고 에돌이

서로 반대 방향으로 진행하던 두 파동이 만나는 경우, 서로 겹칠 때(파동의 중첩, superposition)는 파형이 변하지만 서로 지나치고 나면 만나기 전의 모양과 속성(진폭, 파형, 진동수, 주기)을 그대로 유지하면서 독립적으로 진행한다(그림 3.17). 이것이 파동의 독립성(independency of wave)을 나타내는 말이다. 지휘자가 오케스트라 연주에서 각 악기의 소리를 식별할 수 있는 이유이다.

한편, 두 파동이 겹칠 때 간섭 현상이 나타나는데 마루와 마루 또는 골과 골이 만날 때에는 보강 간섭(constructive interference)이 일어나 진폭이 증가하지만, 골과 마루가 만날 때에는 반대로 상쇄 간섭(destructive interference)이 일어나 진폭이 줄어든다.

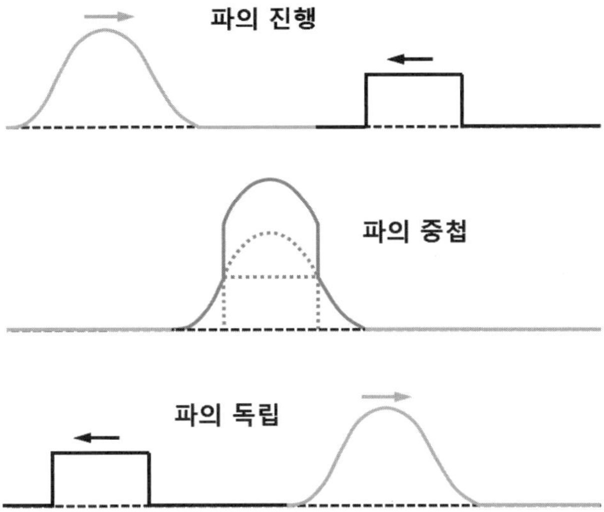

[그림 3.17] 파의 중첩과 독립성

여기서 맥놀이(beat) 현상을 잠깐 소개하고 넘어가자. 맥놀이는 진동수가 비슷한 두 소리가 중첩되어 보강 간섭과 상쇄 간섭이 반복적으로 일어나면서 '소리가 커졌다 작아졌다' 하는 현상이다. 예를 들면 우리나라 범종(梵鐘)의 대명사이며 자랑스러운 문화유산인 성덕대왕신종(聖德大王神鐘)인 에밀레종의 종소리를 두고 '최고의 신비스러운 종소리'라고 한다. 그 비밀은 몸체의 비대칭에 있다. 몸체 안팎의 무늬, 두께, 무게의 비대칭에 힘입어 종을 쳤을 때 아름다운 맥놀이 현상이 나타나는 것이다. 종소리를 분석한 전문가들에 따르면, 에밀레종의 종소리는 800 Hz까지의 진동수 영역에 고르게 분포하는데, 주요 성분은 64, 168, 360, 477 Hz라는 분석도 있다. 64 Hz는 저음으로 땅을 타고 전파되며, 168 Hz와 360 Hz는 듣는 이의 심금을 울리는 소리나 애끓는 소리를 낸다고 설명한다. 이 진동수 성분이 끊어질 듯 이어지면서 대략 3초마다 맥놀이가 지속된다는 것이다(이광표, 2020). '데~엥~데~엥~뎅~~~'...

이렇게 소리에서 나는 맥놀이 현상이 빛에서도 나타나는데 이를 무아레(moire) 현상이라 한다. 'moire'는 프랑스어로 '물결무늬'란 뜻이다. 소리와 마찬가지로 빛도 비슷한 파장의 빛이 겹치면 위상이 같으면 더 커지고, 위상이 반대일 때는 줄어들면서 물결 모양의 간섭무늬가 생기는데 이를 무아레 무늬라 한다. 일상생활에서도 무아레 무늬를 자주 볼 수 있으니 직접 한번 찾아보길 바란다.

파동의 에돌이(회절, diffraction)는 간섭과 함께 파동의 중요한 특성으로서 파동이 장애물을 만났을 때 에돌아가거나 퍼지는 현상으로 호이겐스 원리에 의해 설명할 수 있다. 즉, 파동이 진행하여 장애물의 모서리나 틈(slit)에 도달하면 그 지점이 그 순간의 파샘이 되어 새로운 파동을 만들어 진행하게 된다. 이러한 파동의 에돌이는 파장에 따라 다르며, 틈의 크기가 파장과 비슷할 때 에돌이 효과가 크게 나타난다.

여기 조선 시대의 문신 이행(李荇, 1478~1534)의 '꽃길(花徑)'을 잠깐 에돌아 가보자.

無數幽花 隨分開 (무수유화 수분개)
登山小逕 故盤廻 (등산소경 고반회)
殘香莫向 東風掃 (잔향막향 동풍소)
倘有閑人 載酒來 (당유한인 재주래)
수없이 그윽한 꽃은 저마다 피어있고
산 오르는 오솔길은 일부러 에돌아가네.
남은 꽃향기 봄바람아 쓸어가지 마라.
혹 한가한 이 있으면 술을 싣고 올 테니.

Chapter

3.5 소리 듣기와 소리의 3요소

3.5.1 소리 듣기

소리는 진동에 의해 형성되어 파동의 형태로 전파한다. 우리가 소리를 인식하는 과정을 간략하게 먼저 도표로 나타내보면 다음과 같다(그림 3.18).

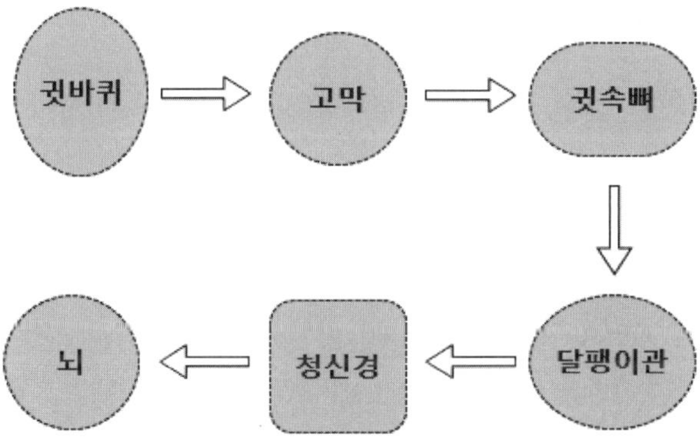

[그림 3.18] 소리 전달 과정

소리 파동(음파)은 공기를 통해 전파되어 우리 귀에 도달하면 귓바퀴에서는 이 소리를 모아서 고막(eardrum)을 진동시킨다. 고막은 마치 북처럼 생겨서 소리를 증폭시킨다. 고막에서 증폭된 소리는 세 개의 뼈로 구성된 귓속뼈(耳小骨)를 통하여 달팽이관에 전달된다. 달팽이관의 청각세포는 낮은 진동수(안쪽 첨단부)에서부터 높은 진동수(바깥의 기저부)에 이르는 모든 소리를 구별하는데, 만약 각 진동수를 담당하는 청각 세포 중 일부라도 잘못되면 해당 소리를 들을 수 없게 된다. 달팽이관까지 전달된 소리는 청신경으로 올라가는데, 청신경에서 뇌까지 가는 동안 많은 기관들을 거치면서 소리의 진동수 구별, 소리의 크기 확인, 양쪽 귀로 들어오는 시간 차이 계산 그리고 양쪽 귀의 상호 정보 전달 등이 이루어진다. 이러한 과정을 거쳐 우리는 소리를 인식하게 되는데 이는 앞으로 설명할 탄성파 탐사의 원리와 닮아 있다.

3.5.2 소리의 3요소

흔히 소리의 크기(loudness), 높낮이(pitch), 음색(tone color, timbre)을 소리의 3요소(three elements of sound)라 한다.

소리의 크기는 진폭에 의해 결정되며 진폭이 클수록 큰 소리가 난다. 소리의 크기를 수식으로 표현하면 다음과 같이 나타낼 수 있다. 소리의 크기 I는 앞에서 설명한 파동의 세기로 다음과 같이 나타낼 수 있다.

$$I = \frac{1}{2}\rho v(2\pi f)^2 A^2$$

여기서, ρ는 공기의 밀도, v는 음파의 전달 속력, f는 진동수, A는 진폭을 나타낸다. 소리의 크기는 단위시간 당 단위면적 당 소리가 전달하는 에너지의 양으로 정의한다. 그러므로 소리가 전달하는 에너지는 진폭의 제곱에 비례함을 알 수 있다. 이것은 탄성파 경우에도 그대로 적용된다.

소리의 높낮이는 진동수의 크기에 좌우되며 진동수가 클수록 높은 소리가 난다. 음계에서는 진동수가 2배로 커지면 한 옥타브(octave)가 높은음이 된다. 평균률에서는 한 옥타브를 12단계로 나누어서 계명을 부치는데, 여기서 앞서 피타고라스가 알아내었던 완전 5도의 진동수 비가 3:2가 되는지 알아보자(그림 3.19). C음과 G음 사이(완전 5도)의 진동수를 비교해보면, 건반의 반음 사이가 $2^{1/12}$씩 커지므로 C음과 G음 사이에는 반음이 7개로 $2^{7/12} = 1.4983..... \approx 3/2$이 됨을 알 수 있다.

끝으로 음색은 파동의 모양인 파형에 따라 결정된다. 악기는 저마다 자기 나름의 독특한 소리를 내는데 이를 음색이라고 표현한다.

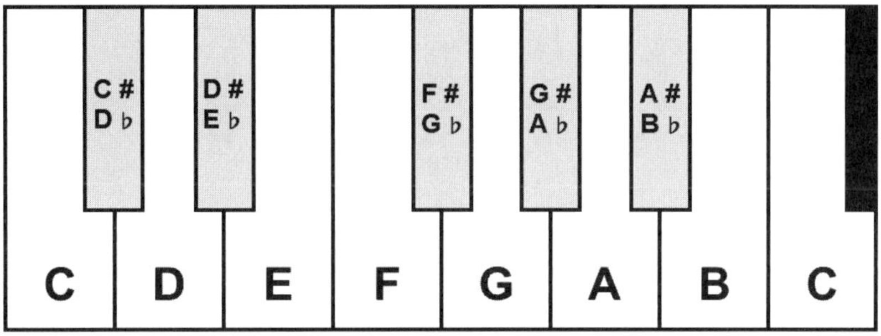

[그림 3.19] 피아노 음계

Chapter

3.6 탄성파와 탄성파 탐사의 원리

3.6.1 탄성 이론

우리는 지금까지 소리의 성질과 전파 원리 등을 알아봄으로써 파동이 무엇인지를 어느 정도 알 수 있게 되었다. 지금부터는 여러 파동 가운데 탄성파 탐사에 사용되는 탄성파란 무엇인지 탐구해보도록 하자. 탄성파란 이름 그대로 탄성체의 진동으로 전달되는 파동이다. 따라서 그 뿌리가 되는 탄성을 먼저 알아야 하고, 이를 설명하는 탄성 이론은 훅의 법칙으로부터 출발한다.

(1) 훅의 법칙

용수철이나 고무줄 등은 외부에서 힘을 받으면 늘어나거나 줄어들게 되는데, 이때 원래 모양으로 되돌아가려는 힘(복원력, restoring force)이 작용하게 되며 이런 성질을 탄성(彈性, elasticity)이라고 하고, 이런 성질을 가진 물체를 탄성체(elastic body)라고 부른다.

영국의 물리학자인 로버트 훅(Robert Hooke, 1635~1703)이 발견한 훅의 법칙(Hooke's law)은 탄성체가 외부의 힘에 의해 변형되었을 때, 변형의 양은 힘의 크기에 비례한다는 법칙이다.

$$\vec{F} = -k\vec{x}$$

여기서, $\vec{F}$ 는 힘, $\vec{x}$ 는 늘어난 길이(변위), k 는 탄성계수(modulus of elasticity) 또

는 탄성상수(elastic constant)라 부른다. 이 식에서 (-) 부호는 탄성체에 주어진 힘 $\vec{F}$는 그 방향이 변위(displacement) $\vec{x}$의 방향 즉, 변형이 일어나는 방향과 반대임을 나타낸다. 그래서 $\vec{F}$는 원래 모양으로 되돌아가는 방향으로 작용하는 힘, 곧 복원력임을 뜻한다. 그리고 탄성계수 k가 클수록 변형이 잘 일어나지 않는다는 것도 이 식을 통해 알 수 있다. 뒤에서 설명하는 영률, 부피탄성률, 강성률 등의 모든 탄성계수는 변형에 따라 이름은 달리 하지만 모두 그 값이 클수록 변형을 일으키기 어렵다는 것을 뜻한다.

그림 3.20은 변형력-변형률 곡선(stress-strain curve)으로, 처음 직선으로 나타나는 부분이 훅의 법칙이 적용되는 구간으로 이를 비례 한계(proportional limit of elasticity)라 한다. 그런데 탄성체는 비례한계를 넘어서더라도 제자리로 되돌아오기도 하는데 이렇게 적어도 탄성만은 유지될 수 있는 힘의 경계가 그 물체의 탄성 한계(elastic limit)이다. 이 한계를 넘으면 고체는 탄성을 잃게 되어 힘을 제거해도 변형이 남는다. 이를 소성 변형(塑性變形, plastic deformation)이라 한다. 이렇게 탄성 영역(elastic region)과 소성 영역(plastic region)의 경계를 이루는 지점이 항복점(yield point)이고, 더 이상 힘을 가하면 드디어 파괴가 일어나며 이 점을 파괴점(failure point)이라 한다.

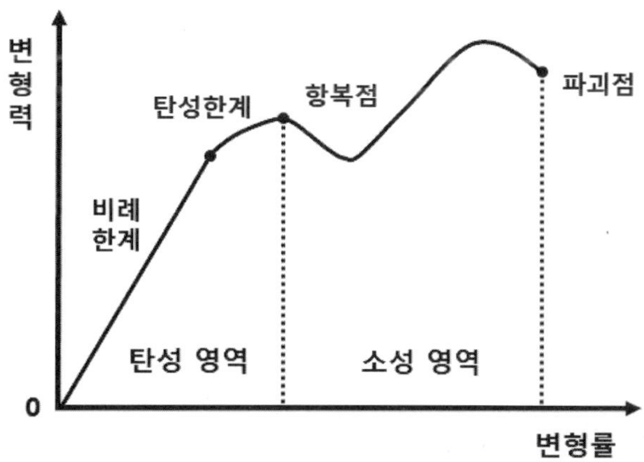

[그림 3.20] 변형력-변형률 곡선

한편 탄성체가 변형될 때 잠재 에너지(potential energy)로서 탄성 에너지(elastic energy, E_p)를 가지는데 이는 다음과 같이 구할 수 있다.

$$E_p = -\int_0^x \vec{F} \cdot d\vec{x} = -\int_0^x (-kx)\,dx = \frac{1}{2}kx^2$$

(2) 변형력과 변형률

실제 물체는 외부로부터 힘을 받게 되면 그 방향에 따라 길이나 부피 또는 모양이 바뀌는데 이를 변형(strain)이라 하고, 그리고 변형을 일으키는 힘을 변형력(stress)이라 한다. 여기서 잠깐. strain은 변형(變形)으로 쓸 수도 있지만, 변형의 정도를 나타내는 변형률(變形率)로도 사용할 수 있다. 그리고 stress는 물리학 분야 등에서는 변형력(變形力)으로, 암석역학 분야 등에서는 응력(應力)으로 분야마다 따로 사용하고 있지만, 여기서는 변형력이란 용어를 사용하기로 한다. 굳이 두 용어가 품고 있는 뜻을 설명하자면, 변형력은 물체를 변형시키는 힘이라는 뜻을 가진 반면, 응력은 물체를 변형시키기 위해 외부에서 힘을 주었을 때 이에 대응하는 저항력을 나타낸다고 볼 수 있다.

탄성 이론의 기본은 훅의 법칙이다. 따라서 탄성체에서 변형률 ε은 변형력 σ에 비례한다. 즉 변형력과 변형률의 관계식을 다음과 같이 쓸 수 있다.

$\sigma = E\varepsilon$ (여기서, E는 탄성계수)

이는 훅의 법칙의 또 다른 표현이라 할 수 있다.

☞ 이제 변형력과 변형률에 대해 조금 더 구체적으로 살펴보자.

1) 변형력

변형력(變形力, stress, σ)은 단위면적 당 힘으로 정의한다.

$$\sigma = \frac{F\,(force)}{A\,(area)}$$

단위는 압력과 같이 N/m^2 또는 Pa(Pascal)을 사용한다.

변형력에는 물체의 표면에 수직으로 작용하는 수직 변형력(normal stress)과 표면의 접선 방향으로 작용하는 층밀림 변형력(shear stress)이 있다. 수직 변형력은 힘을 안으로 누르느냐(압축) 아니면 바깥으로 잡아당기느냐(인장)에 따라 압축 변형력(compressive stress)과 인장 변형력(tensile stress)으로 나눈다. 수직 변형력은 길이나 부피의 변화를 가져오는 반면 층밀림 변형력은 부피 변화가 없이 모양의 변화를 가져온다. 참고로 shear도 전단(剪斷)이라는 한자 용어 대신에 층밀림이라는 한글 용어로 대체한다.

각 변형력은 그림 3.21에 식과 함께 나타내었다.

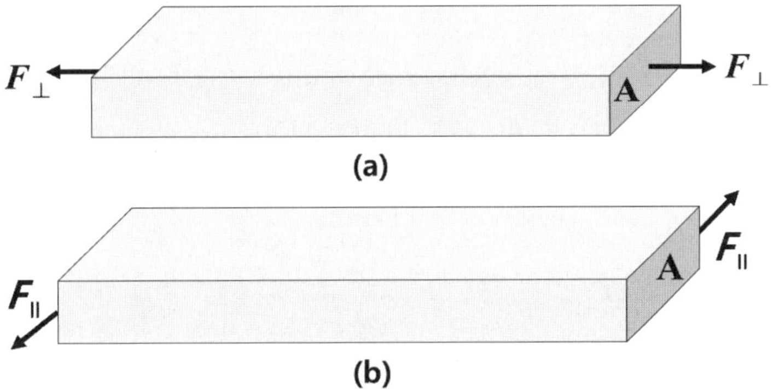

[그림 3.21] (a) 인장(또는 압축) 변형력 = $\frac{F_\perp}{A}$ (b) 층밀림 변형력 = $\frac{F_\parallel}{A}$

2) 변형률

원래 길이가 L 인 물체가 힘을 받아 그 길이가 $L+\Delta L$ 로 변형되었다면, 변형률(變形率, strain, ε)은 다음과 같이 정의할 수 있다.

$$\varepsilon = \frac{\Delta L}{L}$$

단위는 무차원(dimensionless)이다.

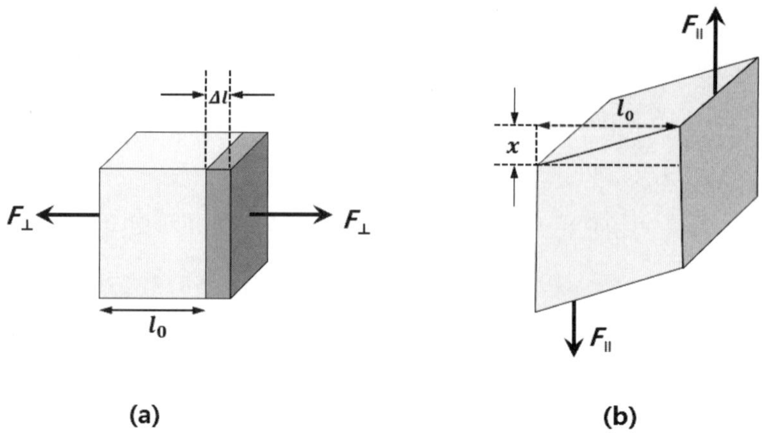

[그림 3.22] (a) 인장(또는 압축) 변형률 = $\frac{\Delta l}{l_0}$ (b) 층밀림 변형률 = $\frac{x}{l_0}$

변형력과 마찬가지로 수직 변형률(normal strain)과 층밀림 변형률(shear strain)이 있다(그림 3.22). 그리고 수직 변형률은 압축 변형률(compressive strain)과 인장 변형률(tensile strain)로 나눌 수 있다.

(3) 탄성계수

탄성계수(modulus of elasticity)는 훅의 법칙으로부터 변형력과 변형률의 비로 쓸 수 있다. 앞에서 설명하였듯이 탄성계수가 클수록 변형이 잘 일어나지 않는다. 다시 말하면 탄성계수는 변형에 저항하는 정도를 나타낸다고 할 수 있다. 대표적인 탄성계수는 다음과 같다.

1) **영률**(Young's modulus) E

영률은 변형력에 대한 길이의 변화(그림 3.23)를 나타내는 계수로 다음과 같이 정의한다.

$$E = \frac{\text{압축(인장) 변형력}}{\text{압축(인장) 변형률}} = \frac{\sigma}{\varepsilon}$$

$$= \frac{F/A}{\Delta L/L} \quad (\text{Pa}, \text{N/m}^2)$$

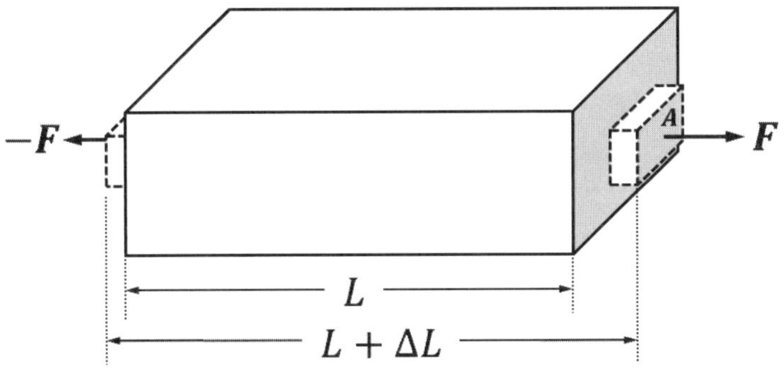

[그림 3.23] 영률

2) 푸아송 비(Poisson's ratio) μ

푸아송 비는 수직 변형력에 의한 가로 변형과 세로 변형과의 비이다.

$$\mu = -\frac{\varepsilon_1}{\varepsilon_3} \quad (0 \le \mu \le 0.5)$$

여기서, ε_1은 가로 변형(transverse strain)이고, ε_3은 세로 변형(longitudinal strain)이다. 가로 변형과 세로 변형은 어느 한쪽이 압축되어 줄어들면(-) 다른 한쪽은 인장되어 늘어나므로(+) 두 변형의 비는 항상 음(-)이다. 따라서 (-) 부호를 곱해 그 값이 양수가 되도록 하였다. 참고로 물과 같은 유체는 푸아송비가 0.5에 가까운 비압축성 물질이다.

3) 부피탄성률(bulk modulus) K

부피탄성률은 어떤 물체에 외부로부터 압력이 가해졌을 때의 부피 변화를 나타내는 탄성계수로서, 어떤 3차원 물체에 대해 모든 방향에서 압력을 가해 즉, 정수압(hydrostatic pressure)으로 압축시켜 부피가 변화한다고 했을 때(그림 3.24) 부피탄성률은 다음과 같이 정의한다.

$$K = -\frac{\text{부피 변형력}\,(volume\ strss)}{\text{부피 변형률}\,(volume\ \ strain)} = -\frac{\Delta P}{\Delta V/V}$$

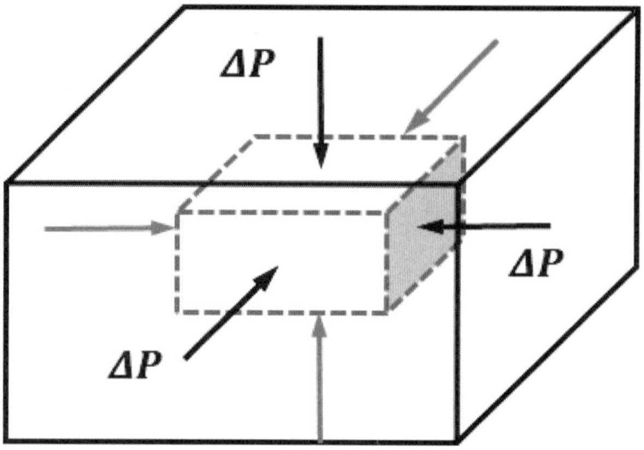

[그림 3.24] 부피탄성률. 정수압(ΔP)에서의 부피 변화(ΔV)

여기서 (-) 부호는 압력 증가로 부피가 감소함을 뜻한다. 훅의 법칙에서 탄성계수가 커질수록 변형이 잘 일어나지 않는다고 설명한 바 있다. 여기서도 마찬가지로 부피탄성률이 클수록 부피 변화가 잘 일어나지 않는다. 다시 말하면 압축이 잘 되지 않음을 뜻한다. 따라서 부피탄성률을 다른 말로 비압축률(incompressibility)이라고도 하고 그 역수를 압축률(compressibility, $\beta = 1/K$)이라 한다.

변형력(ΔP)을 받고 있는 어떤 물질이 부피의 변화를 전혀 일으키지 않는다면 ($\Delta V = 0$), 이 물질을 비압축성($K = \infty$)이라고 한다.

4) **층밀림 탄성률**(shear modulus) **또는 강성률**(rigidity) G

외부로부터 층밀림 변형력이 작용하면 부피는 변하지 않고 모양만 변한다. 이때 층밀림 변형력에 의해 물체가 옆으로 얼마나 밀렸는지를 나타내는 미끄럼 변형(Δx)의 척도가 층밀림 탄성률이다(그림 3.25). 그 정의는 다음과 같다.

$$G = \frac{\tau_{xy}}{\varepsilon} = \frac{F/A}{\Delta x / l_0}$$

여기서, τ_{xy}는 층밀림 변형력, ε은 층밀림 변형률을 나타내는데 그림과 같이 $\varepsilon = \Delta x / l_0 = \tan\theta$ 이다. 여기서, Δx는 가로 변위(transverse displacement), l_0은 원래 길이(initial length)이다. 그런데 층밀림 각 θ가 작으면 $\varepsilon = \tan\theta \approx \theta$가 되므로 층밀림 탄성률은 다음과 같이 쓸 수 있다.

$$G = \frac{F/A}{\theta}$$

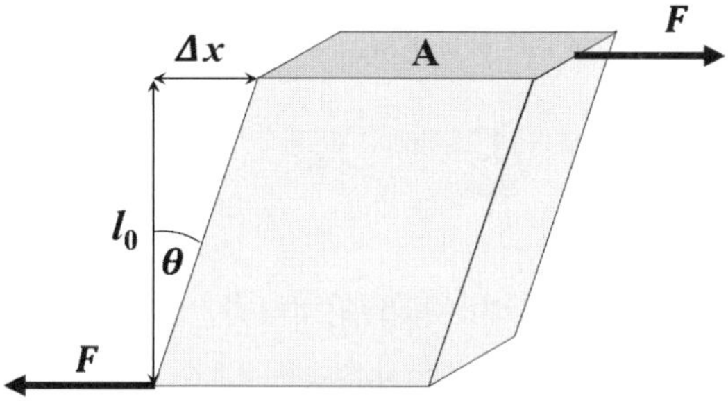

[그림 3.25] 층밀림 탄성률

층밀림 탄성률은 외부의 힘에 저항하여 물체의 모양이 변하기 어려운 정도를 나타내므로 강성률(剛性率, rigidity)이라고도 한다. 따라서 이 값이 작을수록 물체는 작은 힘에도 쉽게 변형이 일어난다. 그 대표적인 예가 유체로서, 유체는 따로 힘을 가하지 않아도 유체를 담는 그릇에 따라 쉽게 모양이 변한다. 따라서 일반적인 유체의 강성률은 0($G_{\text{fluid}} = 0$)이다.

5) 탄성계수의 상호 연관성

영률(E), 푸아송 비(μ), 부피탄성률(K), 강성률(G) 사이에는 다음과 같은 관계를 가지고 있기 때문에 이 중 두 개만 알면 나머지를 구할 수 있다.

$$
\begin{aligned}
E &= 2G(1+\mu) = 3K(1-2\mu) \\
G &= \frac{E}{2(1+\mu)} = \frac{3K(1-2\mu)}{2(1+\mu)} \\
K &= \frac{E}{3(1-2\mu)} = \frac{2G(1+\mu)}{3(1-2\mu)} \\
\mu &= \frac{E}{2G} - 1 = \frac{3K-2G}{2(3K+G)}
\end{aligned}
$$

유체를 예로 들면, 앞에서 유체의 강성률은 $G=0$ 이라 하였으므로, 네 번째 식으로부터 푸아송 비는 $\mu=1/2$이 되고, 세 번째 식으로부터 부피탄성률은 무한대($K=\infty$)가 되어 비압축성임을 알 수 있다.

3.6.2 탄성파

(1) 탄성파의 종류

탄성을 지닌 매질의 진동으로 에너지가 퍼져나가는 파동을 탄성파(彈性波, elastic wave)라 한다. 탄성파는 매질이 필요한 역학적 파동으로 소리, 물결파, 지진파 등을 예로 들 수 있다. 이에 비해 전자기적 파동인 전자기파는 매질 없이 전파되는 비탄성파라 할 수 있다. 이때 탄성파는 일반적으로 elastic wave라 쓰지만, 지구물리학에서 지진 발생으로 전파되는 탄성파인 지진파는 seismic wave라 쓰고 있으며, 물리탐사에서도 탄성파는 seismic wave, 탄성파 탐사는 seismic method라고 쓴다.

그럼 지금부터 지진에 의한 지진파 즉, 탄성파의 특성에 대해 알아보자. 미국 지진학자인 해리 리드(Harry Reid, 1859~1944)의 탄성반발설(彈性反撥說, elastic rebound theory)에 따르면, 지진(earthquake)은 땅속에서 오랫동안 축적되어 있던 탄성 에너지가 지층이 버틸 수 있는 한계를 넘어설 때, 단층면을 따라 급격하게 방출되면서 지구가 진동하는 현상이다. 이때 탄성 변형(elastic deformation)이 일어나면서 에너지가 지진파로 전달된다. 지진파에는 땅속을 통과하는 실체파(實體派, body wave)인 P파와 S파가 있다. 탄성파 탐사에도 등장하는 P파와 S파이다. 그런데 이 P파는 지진이 발생했을 때 지진계에 가장 먼저 들어오는 파(primary wave)이며, S파는 두 번째로 도달하는 파(secondary wave)이다(그림 3.26).

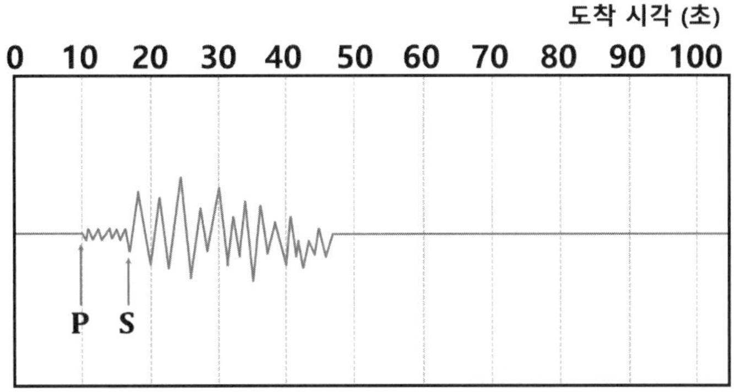

[그림 3.26] 지진계에 도달한 P파와 S파

P파는 어떤 매질을 통과할 때 압축과 팽창으로 인해 매질의 부피 변화를 일으키며, 이때 P파의 진행 방향과 매질 속 입자의 진동 방향은 평행하다. 따라서 P파는 세로파[종파(longitudinal wave), 소밀파(疏密波, dilatational wave), 압축파(compressional wave)]의 일종이다.

P파의 속도 α는 다음과 같다.

$$\alpha = \sqrt{\frac{K + 4G/3}{\rho}}$$

S파는 매질의 층밀림 변형과 회전 변형을 일으키며, 이때 입자의 진동 방향은 S파의 진행 방향과 수직이다. 따라서 S파는 가로파[횡파(transverse wave), 층밀림파(shear wave), 회전파(rotational wave)]의 일종이다. 그리고 S파는 파의 진행 방향과 수직인 면 가운데 지면에 평행한 SH파(horizontal S-wave)와 지면과 수직인 SV파(vertical S-wave)로 나눌 수 있다.

S파의 속도 β는 다음과 같다.

$$\beta = \sqrt{\frac{G}{\rho}}$$

일반적으로 P파의 속도는 S파 속도의 약 1.7배 빠르다. 유체는 앞에서 보았던 것처럼 $G = 0$이므로 S파는 전파하지 못한다.

지진파 중에는 땅속을 전파하는 실체파와 달리 지표면을 따라 이동하는 표면파(表面波, surface wave)가 있다. 표면파 중 레일리 파(Rayleigh wave)는 P파와 SV파의 합성형으로서, 입자(매질)의 운동은 파의 진행 방향에 수직인 면에 한정되어 있으면서 타원 역행 운동(elliptical retrograde motion)을 한다(그림 3.27). 이때 매질은 수직 방향이 수평 방향보다 약 1.5배 정도 큰 타원을 그리며 움직이고, 그 진폭은 깊이에 따라 지수 함수적으로 감소한다. 레일리파의 속도는 대략 $V_R = 0.9194\beta$이다. 그리고 탄성파 탐사에서는 일명 땅구름파(ground roll)라 부른다.

또 다른 표면파로 지구 표면에 수평하며 진행 방향에 수직인 진동 방향(SH 운동)을 보이는 러브 파(Love wave)가 있다(그림 3.27). 그 외에도 항상 고체-액체 경계면에서 생성되는 표면파인 스톤리 파(Stoneley wave)가 있는데, 시추공 벽과 액체 사이의 경계면을 따라 전파하는 진폭이 크고 진동수가 낮은 표면파(스톤리 파)를 튜브파(tube wave)라고도 한다.

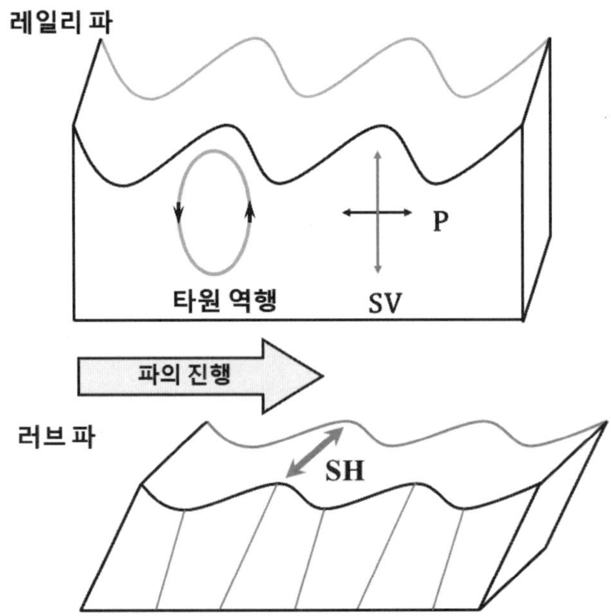

[그림 3.27] 레일리 파와 러브 파

표면파는 넓은 진동수 영역에 걸쳐 전파하는 파동으로서, 진동수에 따라 다른 전파 속도를 갖는 분산(dispersion) 특성이 있다. 이와 같이 지표면을 따라 전파하는 표면파의 분산 특성에 기초하여 매질의 층밀림파(S파) 속도 분포를 파악하는 표면파 탐사법도 있다(김빛나래 외, 2019).

(2) 탄성파 속도

앞에서 보았듯이 P파와 S파의 탄성파 전파속도는 다음과 같다.

$$V_p = \sqrt{\frac{K+4G/3}{\rho}}, \qquad V_S = \sqrt{\frac{G}{\rho}}$$

위 식을 보면 매질의 밀도(ρ)가 클수록 속도는 감소한다. 그러나 실제 관측 결과에 의하면 밀도가 커짐에도 불구하고 속도가 오히려 증가하는 경향을 띤다. 그것은 밀도가 커짐에 따라 탄성계수가 더 커지기 때문이다. 따라서 암석의 속도는 밀도보다 암석의 종류나 상태에 좌우되는 탄성계수의 영향을 더 크게 받는다는 것을 알 수 있다. 예를 들어 퇴적암은 자신을 덮고 있는 위 지층의 무게에 의해 다져지면서(compaction) 공극률이 감소하고 이에 따라 부피 밀도는 증가하지만, 이 부피 밀도보다 탄성계수가 더 빨리 증가하여 결과적으로 탄성파 속도가 빨라진다.

3.6.3 탄성파 탐사 원리 기초

탄성파 탐사란 탄성파가 땅속을 전파하면서 가져온 정보를 수집하고 이를 분석함으로써 땅속에 무엇이, 얼마나, 어떻게 들어있는지를 알아내는 것을 말한다. 따라서 우리가 샘에서 파동을 발생시키면 앞서 설명한 파동의 전파 원리 즉, 호이겐스의 원리나 페르마의 원리 등을 따라 반사도 하고 굴절도 하면서 땅속을 통과해온 탄성파를 받아 땅속의 정보를 캐내는 것이다. 이것이 바로 탄성파 탐사의 원리이다.

(1) 탄성파의 전파

1) 모드 전환

탄성파는 다른 파동과 마찬가지로 지층의 경계면에서 반사와 굴절이 일어난다. 하지만 세로파인 소리나 가로파인 전자기파와는 달리, 탄성파는 가로파와 세로파의 속성을 모두 갖고 있어 경계면에서 반사될 때 파의 모드가 바뀌는 경우가 있는데 이를 모드 전환(mode conversion)이라 한다. 다시 말하면 P파(S파)로 입사한 파가 S파(P파)로 반사되거나 굴절되는 현상을 모드 전환이라 한다. 즉

P → S 또는 S → P : 모드 전환

따라서 평면에 P파가 비스듬히 입사한다면 반사 P파, 반사 S파, 굴절 P파, 굴절 S파 등 4가지 형태의 파가 생성될 수 있다(그림 3.28).

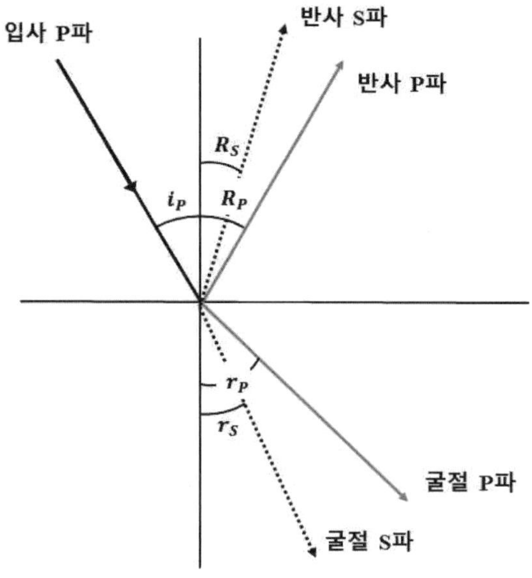

[그림 3.28] 모드 전환

모드 전환이 일어난다면 반사나 굴절의 법칙도 그에 따라 파의 형태를 바꾸어 주어야 한다. 속도 차이가 나는 경계면에서 일어나는 반사나 굴절의 법칙을 일반화하면 다음과 같이 쓸 수 있다.

$$\frac{\sin\theta_i}{\sin\theta_r} = \frac{V_i}{V_r}$$

여기서, i는 입사파, r은 반사파 또는 굴절파, θ_i는 입사파의 입사각, θ_r은 반사파(굴절파)의 반사각(굴절각), V_i는 입사파의 전파속도, V_r은 반사파 또는 굴절파의 전파속도이다. 예를 들어 P파로 입사하여 S파로 굴절하였다면 그림 3.28로부터 굴절의 법칙은 다음과 같이 바꿔 쓸 수 있다.

$$\frac{\sin\theta_{i_P}}{\sin\theta_{r_S}} = \frac{V_{i_P}}{V_{r_S}}$$

여기서 알아두어야 할 것은 SH 파는 모드 전환이 일어나지 않는데, 그 이유는 입자의 운동이 수평면(속도의 연속면, velocity continuity)에 한정되기 때문이다. 다시 말하면 수평 변형력만 작용하기 때문이다.

SH → SH

2) 임계 굴절과 머리파

임계 굴절(臨界屈折, critical refraction)은 속도가 낮은(굴절률이 높은) 위층에서 속도가 높은(굴절률이 낮은) 아래층으로 입사한 파가 층의 경계면에서 평행하게 굴절하는 것을 말한다. 그리고 굴절각이 90°가 될 때의 입사각을 임계각(critical angle)이라 한다. 굴절의 법칙에 따라 다음과 같이 임계각 i_c를 유도할 수 있다.

$$\frac{\sin i_c}{\sin 90^0} = \frac{V_1}{V_2} \qquad (V_1 < V_2)$$

$$\therefore \ \sin i_c = \frac{V_1}{V_2} \ \Leftrightarrow \ i_c = \sin^{-1}\frac{V_1}{V_2}$$

그런데 임계각으로 입사한 파는 경계면을 따라 진행하다가 다시 임계각으로 굴절되어 나오는데 이러한 굴절파를 머리파(先頭波, head wave)라 한다. 탄성파 탐사 중 굴절법 탐사는 바로 이 첫 번째로 도달하는 머리파를 이용하는 탐사법이다(그림 3.29).

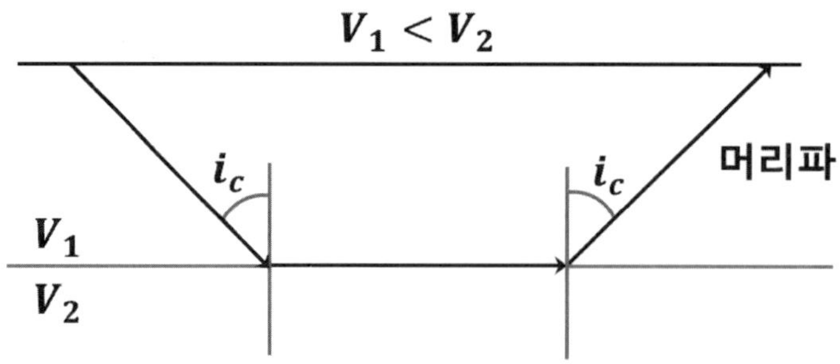

[그림 3.29] 임계 굴절과 머리파

■ **여기서 퀴즈! 임계각으로 입사한 파는 왜 반드시 임계각으로 되돌아오는 것일까?**

기하학적 대칭성을 생각한다면 당연히 임계각으로 굴절되어야 하지만 굴절의 법칙을 이용해서도 이를 증명할 수 있다. 되돌아올 때의 굴절각을 θ 라고 하면 다음과 같이 증명할 수 있다.

$$\sin i_c = \frac{V_1}{V_2}, \quad \frac{\sin 90^0}{\sin\theta} = \frac{V_2}{V_1} \quad \therefore \quad \theta = i_c$$

3) 선반사

탄성파가 속도가 느린 매질에서 속도가 빠른 매질로 들어갈 때 임계각보다 더 큰 각으로 입사한다면 경계면에 도달한 탄성파는 투과하지 못하고 모두 반사하는데 이를 전반사(全反射, total reflection)라 한다(그림 3.30). 빛도 마찬가지로 굴절률(refractive index)이 큰 물질로부터 굴절률이 작은 물질의 경계면으로 진행할 때, 입사각이 임계각보다 크면 역시 전반사가 일어나는데 이를 이용한 대표적인 예가 광섬유(optical fiber)이다. 참고로 어떤 매질의 절대 굴절률(n)은 다음과 같이 정의한다.

$$n = \frac{c}{v}$$

여기서, c, v는 각각 진공과 매질 속에서의 빛의 속력이다.

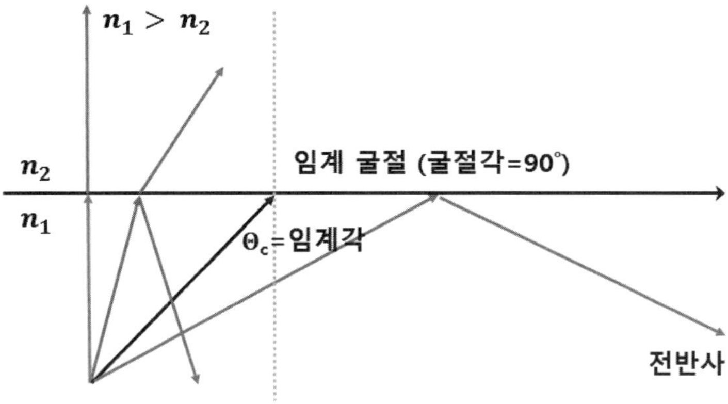

[그림 3.30] 전반사

여기서 굴절과 전반사와 관련된 재미난 기상학적 현상을 들여다보자. 우리는 흔히 신기루(mirage)라는 현상을 경험한다. 신기루는 물체가 실제 위치와 상하 대칭되는 곳에 나타나는 현상으로, 공기의 밀도 차에 따른 빛의 굴절 현상이 주요 원인이다. 페르마의 원리 관점에서 신기루 현상을 본다면, 빛이 지나가는 경로의 길이가 최소가 되도록 빛이 굴절하는 것이라 할 수 있다. 신기루는 위치에 따라 아래 신기루(inferior mirage), 위 신기루 (superior mirage, looming)로 구분한다(그림 3.31). 아래 신기루는 차가운 대기와 지표면 근처의 더운 공기 때문에 만들어지는 신기루로서, 물체의 위치보다 아래쪽에 상이 생기는 현상이다. 기압이 높고 공기가 차가우면 공기의 밀도가 높아지면서 빛의 속도는 약간 더 느려진다. 반대로 기압이 낮고 공기가 따뜻하면 공기의 밀도가 낮아지면서 빛의 속도는 약간 더 빨라져 진공에서의 빛 속도와 더 가까워진다. 따라서 더운 공기가 아래에 깔리고 차가운 공기가 위에 있으면 아래 신기루가 나타난다. 반대로 위 신기루는 지표 부근에서 기온역전 현상이 발생하여 지표의 공기가 매우 차갑고 그 위의 공기가 따뜻할 경우 생기는 현상으로, 차가운 공기가 기압이 높은 아래에 깔리고 더운 공기가 기압이 낮은 위에 있으면, 빛의 굴절은 그 반대가 되어 상이 원래 물체의 위치보다 떠 보이게 된다. 이것이 위 신기루이다.

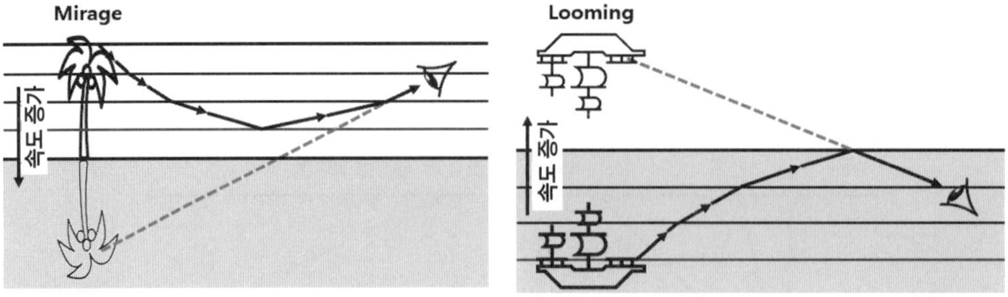

[그림 3.31] (a) 아래 신기루 (b) 위 신기루

사막에서는 그림 3.31 (a)처럼 지표 근처의 온도가 높고 위로 올라갈수록 온도가 낮아진다. 따라서 위층에서 아래층으로 내려올수록 속도가 증가하므로 빛은 그림과 같이 굴절되다가 임계각을 넘게 되면 전반사가 일어나고 다시 위쪽으로 굴절되어 우리 눈으로 들어온다. 우리 눈은 빛이 직진하여 들어오는 것으로 착각하므로 나무는 거울처럼 아래에 상을 맺게 되는 것이다.

여기서 신기루의 어원을 잠깐 살펴보자. 신기루는 한자로 큰 대합조개 또는 이무기를 뜻하는 신(蜃), 기운 기(氣), 다락 루(樓)로 이루어져 있다. 고사에 따르면 신(蜃)이라는 동물이 기운을 토해내어 공중에 누각을 만들었다고 전해진다. 지금은 이 뜻이 여러분도 다 잘 알고 있는 말 그대로 '공중누각(空中樓閣)'이지만, 앞으로의 미래는 정말로 공중에 누각 하나쯤은 짓고 사는 세상이 오지 않을까? 비록 지금은 전혀 현실성이 없는 '신기루'처럼 사라질 얘기지만...

(2) 탄성파 전파시간 곡선

1) 탄성파의 파선 경로

탄성파를 샘(source)에서 발파 등으로 발생시키면 그림 3.32와 같이 여러 파선 경로를 따라 수신하는 곳까지 도달한다.

첫째, 공기파(air wave)는 지표면 바로 위 공기층을 타고 들어온다.

둘째, 직접파(direct wave)는 지표면을 따라 직진하면서 직접 수신기에 도달한다.

셋째, 땅구름파(ground roll)는 레일리파로서 표면파의 형태로 수신기에 도달한다.

넷째, 반사파(reflected wave)는 땅속 지층의 경계면에서 반사하여 수신기로 되돌아온다.

끝으로 지층의 경계면에서 임계 굴절된 머리파(head wave)가 들어온다.

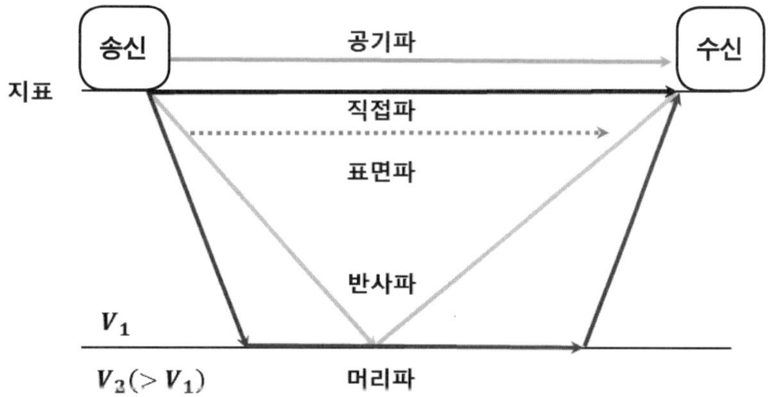

[그림 3.32] 다양한 파선 경로

2) 전파시간 곡선과 전파시간 방정식

앞의 다섯 가지의 경로에 따른 전파시간 방정식을 구하면 다음과 같다.

❶ 전파시간 방정식(travel-time equation)

아래 식에서 T는 시간, x는 거리, V는 전파속도이다. 그리고 괄호 안은 [그림 3.33]의 전파시간 곡선을 나타내었다.

ㅇ 직접파 (⑤)

$$T = \frac{1}{V_1} x$$

ㅇ 굴절파(머리파) (④)

$$T = \frac{1}{V_2} x + t_i \quad (t_i = \text{절편 시간})$$

ㅇ 반사파 (③)

$$T = \frac{(x^2 + 4h^2)^{1/2}}{V_1} \quad (h = \text{1층의 두께})$$

$$\therefore \quad T^2 - \frac{x^2}{V_1^2} = \frac{4h^2}{V_1^2} \quad \left(\text{쌍곡선 방정식} : \frac{y^2}{a^2} - \frac{x^2}{b^2} = 1\right)$$

ㅇ 공기파 (①)

$$T = \frac{1}{V_{air}} x$$

ㅇ 땅구름파 (②)

$$T = \frac{1}{V_R} x \quad (V_R = \text{레일리파의 속도})$$

❷ 전파시간 곡선(time-distance curve)

앞에서 구한 전파시간 방정식을 그래프로 그리면 [그림 3.33]과 같은 전파시간 곡선을 그릴 수 있다.

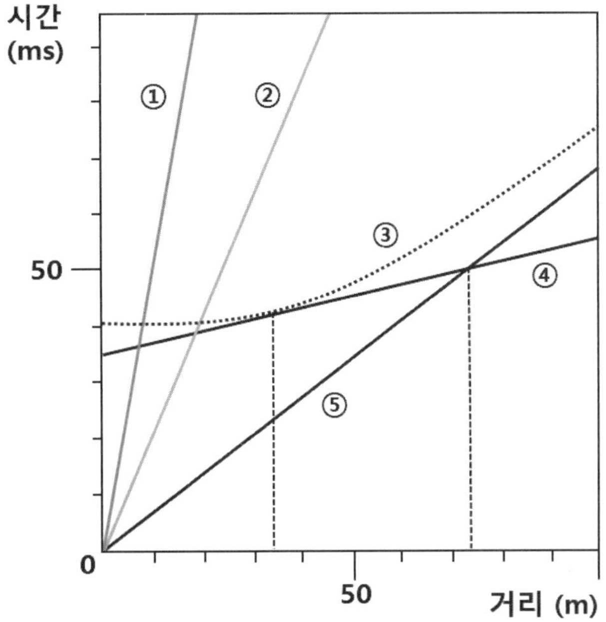

[그림 3.33] 전파시간 곡선

여기서 잠깐!

전파시간 곡선 생각해보기

- 이 곡선의 기울기가 클수록 속도는 커지는가?
- 직접파, 반사파 그리고 머리파 가운데 어느 것이 수신기에 가장 먼저 들어오는가?
- 거리에 따라 달라짐을 확인할 수 있는가?

(3) 파의 감쇠와 진폭

1) 공 모양 발산

발파한 순간의 실체파의 탄성파 에너지 E는 시간이 지남에 따라 공 모양으로 퍼져 나가면서 감소한다. 반지름 r인 구의 표면적은 $4\pi r^2$이므로 새로운 파면의 단위면적당 에너지는 $E/4\pi r^2$이 된다. 따라서 에너지는 $1/r^2$로 감소한다(그림 3.9 참조). 이를 공모양 발산(球形發散, spherical divergence)이라 한다. 그리고 진폭은 에너지의 제곱근에 비례하므로 진폭은 $1/r$로 감소한다.

그런데 실체파와는 달리 표면파에서는 공 모양이 아니라 원통 모양의 발산(圓筒形發散, cylindrical divergence)이 일어나기 때문에 에너지는 $1/r$로, 진폭은 $1/\sqrt{r}$로 감소한다. 이는 구의 단면적처럼 원통의 단면적이 얼마인지를 알면 이해할 수 있다. 즉, 표면파가 지표면을 휩쓸고 가는 모양을 두께 h, 반지름 r인 원통이 굴러간다고 생각하면 원통의 표면적이 $2\pi rh$이다. 이로부터 앞의 결과가 나왔음을 쉽게 알 수 있다.

2) 감쇠 또는 흡수

탄성파가 전파되는 과정에서 마찰에 의한 열로 탄성파 에너지가 매질에 흡수(absorption)된다. 이처럼 마찰열로 인한 흡수로 에너지가 감쇠(attenuation)되는 것을 식으로 나타내면 다음과 같다.

$$I = I_0 \exp^{-\alpha r}$$

여기서, I는 발파점에서 거리 r되는 지점에서의 에너지 세기(energy intensity), I_0는 발파점에서의 에너지 세기, α는 감쇠계수(attenuation coefficient)이다.

일반적으로 진동이 많이 일어날수록 감쇠가 커질 것이므로 낮은 진동수보다 높은 진동수의 파동이 훨씬 많은 감쇠가 일어난다. 따라서 탄성파가 지구를 통과할 때는 높은 진동수보다 낮은 진동수의 파를 통과시키기 때문에 지구 땅덩어리는 저주파 통과 필터(low-pass filter) 역할을 한다고 볼 수 있다.

3) 에너지 분할

입사한 P파의 진폭이 주어지면, 경계면에서 에너지 분할(energy partitioning)을 나타내는 제프리츠 방정식(Zoeppritz equations)을 이용하여 반사파 또는 굴절파의 진폭을 계산할 수 있다. 만약 P파가 수직 입사(normal incidence)한다면 S파는 발생하지 않고 제프리츠 방정식도 매우 간단하게 된다. 입사 에너지의 진폭을 A_i, 반사와 투과 에너지의 진폭을 각각 A_r, A_t라고 할 때 반사계수(reflection coefficient, R)와 투과계수(transmission coefficient, T)는 각각 다음과 같다.

$$R = \frac{A_r}{A_i} = \frac{\rho_2 V_2 - \rho_1 V_1}{\rho_2 V_2 + \rho_1 V_1} \quad \& \quad T = \frac{A_t}{A_i} = \frac{2\rho_1 V_1}{\rho_2 V_2 + \rho_1 V_1}$$

여기서, ρ_1, V_1 은 각각 위층의 밀도 및 속도, ρ_2 ,V_2 는 아래층의 밀도 및 속도이다. 그리고 $R+T=1$ 이다.

이 식은 밀도와 탄성파 속도의 곱(ρV)인 음향 임피던스(acoustic impedance) Z를 이용하여 다음과 같이 쓸 수 있다.

$$R = \frac{Z_2 - Z_1}{Z_2 + Z_1} \quad \& \quad T = \frac{2Z_1}{Z_2 + Z_1}$$

여기서, $Z_1 = \rho_1 V_1$, $Z_2 = \rho_2 V_2$ 이다.

에너지에 대한 식으로 나타내면 다음과 같다.

$$\frac{I_r}{I_i} = \left(\frac{Z_2 - Z_1}{Z_2 + Z_1}\right)^2 \quad \& \quad \frac{I_t}{I_i} = \frac{4Z_1 Z_2}{(Z_2 + Z_1)^2}$$

반사계수는 $-1 \leq R \leq 1$ 의 값을 가지며, (+)값은 자유단 반사(느린 매질 → 빠른 매질)처럼, 임피던스가 낮은 매질에서 높은 매질로 탄성파가 진행하는 것을 뜻한다. 이때는 위상 변화가 없기 때문에 압축(compression)은 압축으로 반사한다. 즉, 미는 파형(push, 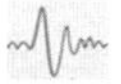)은 그대로 미는 파형으로 반사되는 것을 뜻한다. 반대로 반사계수가 (-)일 때에는 고정단 반사(빠른 매질 → 느린 매질)처럼, 임피던스가 높은 매질에서 낮은 매질로 탄성파가 전파하며, 이때에는 π 만큼 위상 변화가 있어 압축이 인장(tension) 또는 팽창(rarefaction)으로 반사된다. 즉, 미는 파형은 끄는 파형(pull, 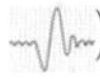)으로 반사됨을 나타낸다.

투과계수는 $0 \leq T \leq 2$ 의 값을 가지며 투과계수가 1보다 큰 값을 가지면 투과파의 진폭이 입사파의 진폭보다 크다는 것을 뜻한다. 그런데 투과파의 에너지는 입사파의 에너지보다 클 수 없기 때문에 이런 일은 일어날 수 없다고 생각할 수 있다. 하지만 이런 일은 발생한다. 그럼 그 이유는? 이를 밝히기 위해 하나의 예를 들어 보자. 탄성계수가 서로 다른 두 개의 스프링에 같은 힘을 가하면 탄성계수가 작은 스프링이 더 많이 늘어나는 것을 훅의 법칙으로 알고 있다. 똑같은 원리로 탄성계수가 다른 매질에서 측정되는 진폭은 투과 에너지가 비록 적더라도 탄성계수의 차이에 의해 입사파의 진폭보다 투과파의 진폭이 더 크게 될 수 있다. 그렇지 아니한가? 이제 그 이유는 확실하다. 바로 각 진폭의 측정을 서로 다른 매질에서 하는 것으로 가정하였기 때문이다.

■ 그러면 수직 입사한 파의 왕복 투과계수(two-way transmission coefficient)는 얼마나 될까?

결론적으로 말하면 왕복 투과계수는 $1-R^2$ 이다. 왜냐하면 한 경계면에서 위에서 아래로 진행하는 파의 반사계수가 R 이면 투과계수는 1-R 이다. 이 파가 반대로 아래에서 위로 진행한다면 반사계수는 -R 이 되고 따라서 투과계수는 1+R 이 된다. 따라서 왕복하는 파의 투과계수는 $(1-R)(1+R) = 1-R^2$ 이 된다.

3.6.4 탄성파 굴절법 탐사의 기본 원리

탄성파 탐사는 크게 나누어 굴절파를 이용하는 굴절법 탐사(seismic refraction method)와 반사파를 이용하는 반사법 탐사(seismic reflection method)가 있다.

탐사 과정은 일반적으로 자료 획득(data acquisition) ⇒ 자료 처리(data process ing) ⇒ 자료 해석(data interpretation)의 세 과정을 거친다. 하지만 이 책에서는 이런 순서에 따르기보다는 탄성파 탐사에서 가장 먼저 기본적으로 알아야 할 부분만 다루고자 한다. 따라서 이 과정에 포함되어야 할 상당 부분이 빠져 있음을 이해해주기 바란다.

탄성파 굴절법 탐사는 샘(source)에서 충격이나 발파 등으로 발생시킨 탄성파(P파, S파)가 속도(정확히 말하면 음향 임피던스)가 다른 지층 경계에서 굴절되어 되돌아오는 굴절파(머리파)를 측정하여 땅속의 정보(탄성파 전파속도, 지층의 두께, 밀도, 단단하고 연약함 등)를 알아내는 탐사법이다.

(1) 전파시간 곡선

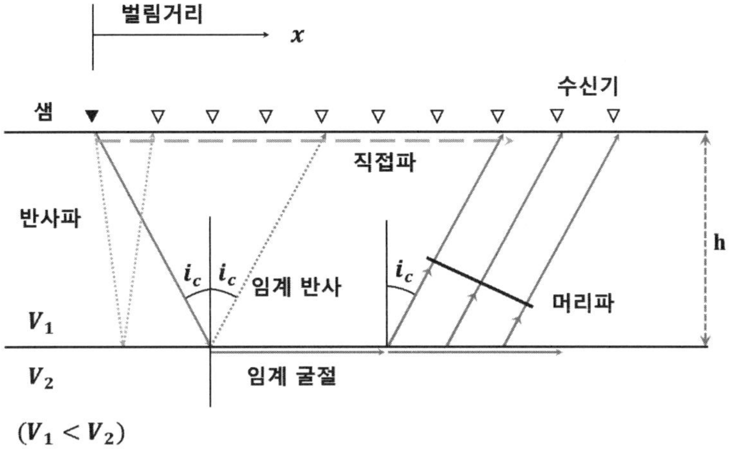

[그림 3.34] 굴절법 탐사 개념도(레이놀즈 지음, 김지수 외 옮김, 2014)

그림 3.34는 탄성파 굴절법 탐사의 기본 개념도이다. 샘에서 발생한 탄성파는 앞의 그림 3.32에서 보았듯이 5가지의 경로로 수신되나 탄성파 탐사에서 중요한 것은 지표면을 따라 진행하는 직접파(direct wave), 경계면에서 반사되는 반사파(reflection wave), 굴절면을 따라 진행하는 임계 굴절파(critical refraction wave) 즉 머리파(head wave)로서, 특히 이 머리파가 굴절법 탐사의 핵심이다. 머리파처럼 임계 굴절이 일어나려면 지층의 경계면이 깊어질수록 속도가 빨라져야만 한다. 그런데 만약 2층 구조에서 아래 지층의 속도(V_2)가 위 지층의 속도(V_1)보다 느리다면 앞서 설명한 임계 굴절이 일어나지 않아 굴절된 파는 지표로 오지 않게 된다. 이러한 경우($V_1>V_2$)처럼 속도가 뒤집힐(velocity inversion) 때에는 굴절법 탐사로써 아래 지층의 정보를 얻을 수 없게 된다.

굴절법 탐사에서는 그림 3.34와 같이 지표에 여러 개의 수신기를 배열하고 각 수신기를 통해 들어오는 탄성파 자료(트레이스, trace)를 얻는다. 수신기에는 여러 경로의 P파, S파 등이 차례대로 도달한다. 이 가운데 맨 처음 도달한 파동을 첫도달파(first arrival)라고 한다. 그러면 송신점과 수신점 사이의 거리 즉, 벌림거리(offset distance)를 가로축, 첫도달파의 전파 시간(travel time)을 세로축으로 하는 전파시간 곡선(travel time curve) 또는 거리-시간 곡선(time-distance curve)을 그릴 수 있다(그림 3.35).

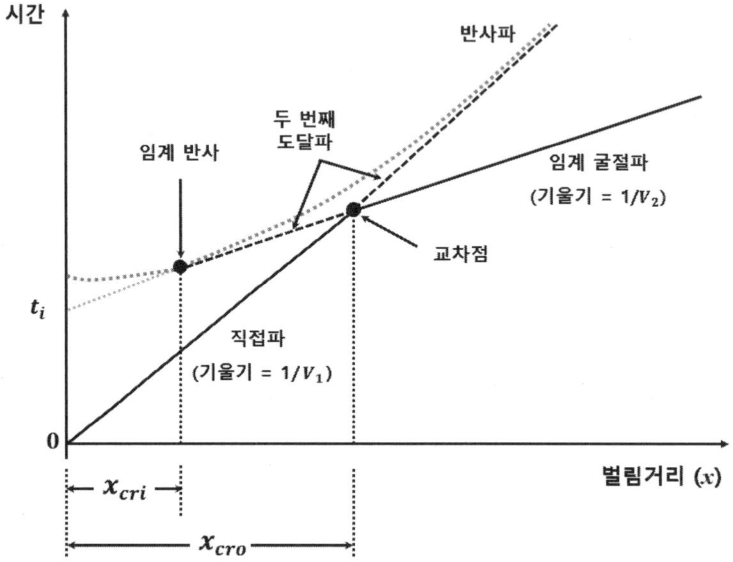

[그림 3.35] 전파시간 곡선. t_i = 절편 시간, x_{cri} = 임계 거리, x_{cro} = 교차 거리. (레이놀즈 지음, 김지수 외 옮김, 2014)

수신기에 들어오는 파동 가운데 송신점과 가까운 지점에서는 지표면을 따라 들어오는 직접파가 가장 먼저 도달한다. 따라서 원점에서 그려진 첫 번째 직선의 기울기는 위층(표토층) 속도의 역수($1/V_1$)가 된다. 그 다음 벌림거리가 점점 커질수록 속도가 빠른 아래층을 따라 전파하는 임계 굴절파가 직접파를 따라잡게 된다. 이때 임계 굴절파와 직접파의 도달 시간이 서로 일치하는 교차점(crossover point)까지의 거리를 교차 거리(crossover distance, x_{cro})라 한다. 따라서 이 교차점 이상의 거리에서는 속도가 빠른 아래층을 따라 전파하다 지표로 되돌아오는 임계 굴절파가 첫도달파가 되므로 두 번째 직선의 기울기는 아래층(기반암) 속도의 역수($1/V_2$)가 된다.

그리고 첫 번째 임계 굴절파는 반사파와 경로가 같으므로 두 파의 전파시간은 당연히 같다. 이와 같이 반사각이 임계각과 같아지는 거리를 임계 거리(critical distance,

x_{cri})라 한다. 또한 임계 굴절파의 직선을 연장하여 시간 축과 만나는 점을 절편 시간(intercept time, t_i)이라 부른다.

이러한 전파시간 곡선으로부터 얻어진 각 층의 속도(V_1, V_2), 교차 거리(x_{cro}) 및 임계 거리(x_{cri}) 그리고 절편 시간(t_i)를 이용하여 지층의 속도와 두께를 구할 수 있다.

(2) 수평 2층 구조에서 전파시간 방정식 구하기

방법 1)

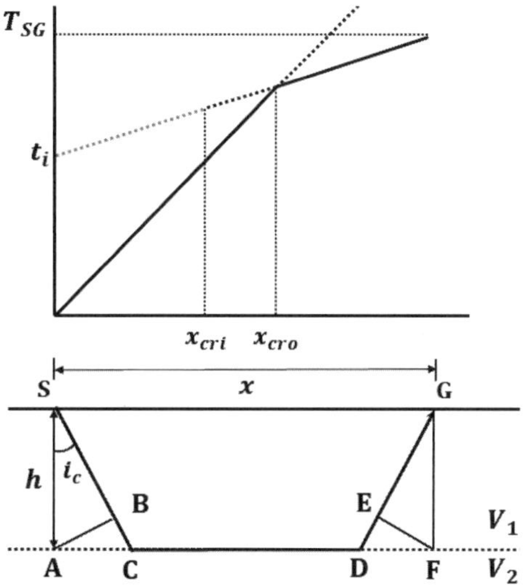

[그림 3.36] 수평 2층 구조와 전파시간 곡선

그림 3.36처럼 발파점 S에서 발생한 신호는 C→D를 거쳐 수신기 G에 도달한다. 이 경로를 지나는 총 전파시간(T_{SG})을 구하면 다음과 같다.

$$T_{SG} = \frac{SC}{V_1} + \frac{CD}{V_2} + \frac{DG}{V_1} = \frac{SB + BC}{V_1} + \frac{CD}{V_2} + \frac{DE + EG}{V_1}$$

그리고 다음과 같은 식이 성립함을 알 수 있다.

$$\sin i_c = \frac{V_1}{V_2}$$

$$SB = EG = h\cos i_c \ ,$$
$$BC = AC\sin i_c \ , \ \ DE = DF\sin i_c$$

따라서

$$\frac{BC}{V_1} = \frac{AC}{V_1}\frac{V_1}{V_2} = \frac{AC}{V_2} \ \text{그리고} \ \frac{DE}{V_1} = \frac{DF}{V_2}$$

이다. 그러면 총 전파시간은 다음과 같이 쓸 수 있다.

$$T_{SG} = \frac{SB + EG}{V_1} + \frac{AC + CD + DF}{V_2}$$

따라서 전파시간 방정식은 다음과 같이 구할 수 있다.

$$T = \frac{2h\cos i_c}{V_1} + \frac{x}{V_2} = \frac{2h\,[1 - (V_1^2/V_2^2)]^{1/2}}{V_1} + \frac{x}{V_2}$$
$$\therefore \ T = \frac{2h(V_2^2 - V_1^2)^{1/2}}{V_2 V_1} + \frac{x}{V_2}$$

방법 2)

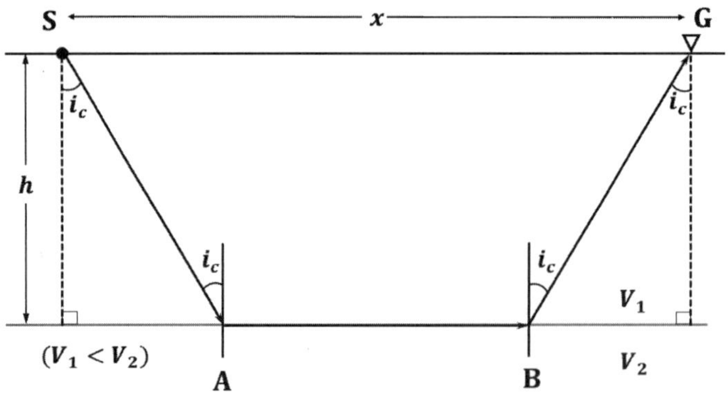

[그림 3.37] 수평 2층 구조의 파선 경로(레이놀즈 지음, 김지수 외 옮김, 2014)

다른 방법으로 총 전파시간(T_{SG})을 다음과 같이 구할 수도 있다(그림 3.37).

$$T_{SG} = T_{SA} + T_{AB} + T_{BG}$$

여기서,

$$T_{SA} = T_{BG} = h/(V_1 \cos i_c), \quad T_{AB} = (x - 2h\tan i_c)/V_2$$

이므로

$$T_{SG} = \frac{h}{V_1 \cos i_c} + \frac{x - 2h\tan i_c}{V_2} + \frac{h}{V_1 \cos i_c}$$

이다. 그런데

$$\frac{2h}{V_1 \cos i_c} - \frac{2h\tan i_c}{V_2} = \frac{2h}{V_1 \cos i_c} - 2h\frac{\sin i_c}{\cos i_c} \times \frac{\sin i_c}{V_1} = \frac{2h\cos i_c}{V_1}$$

이므로 총 전파시간 T_{SG}는 다음과 같이 구할 수 있다.

$$T_{SG} = \frac{x}{V_2} + \frac{2h\cos i_c}{V_1}$$

따라서 전파시간 방정식은 방법 1)과 같은 식이 얻어진다.

(3) 두께 구하기

1) 절편 시간(t_i) 이용

그림 3.36처럼 절편 시간은 임계 굴절파 직선을 원점까지 연장한 지점이므로, 전파시간 방정식으로부터 $x = 0$ 에서 절편 시간 t_i는 다음과 같다.

$$t_i = \frac{2h(V_2^2 - V_1^2)^{1/2}}{V_2 V_1}$$

따라서 층의 두께 h는 다음과 같이 구할 수 있다.

$$h = \frac{t_i}{2} \frac{V_2 V_1}{(V_2^2 - V_1^2)^{1/2}}$$

2) 교차 거리(x_{cro}) 이용

그림 3.36처럼 교차점에서는 직접파의 도달 시간과 굴절파의 도달 시간이 같다. 따라서

$$\frac{x_{cro}}{V_1} = \frac{2h(V_2^2 - V_1^2)^{1/2}}{V_2 V_1} + \frac{x_{cro}}{V_2}$$

이다. 이를 정리하면 두께는 다음과 같다.

$$h = \frac{x_{cro}}{2}\left(\frac{V_2 - V_1}{V_2 + V_1}\right)^{1/2}$$

3) 임계 거리(x_{cri}) 이용

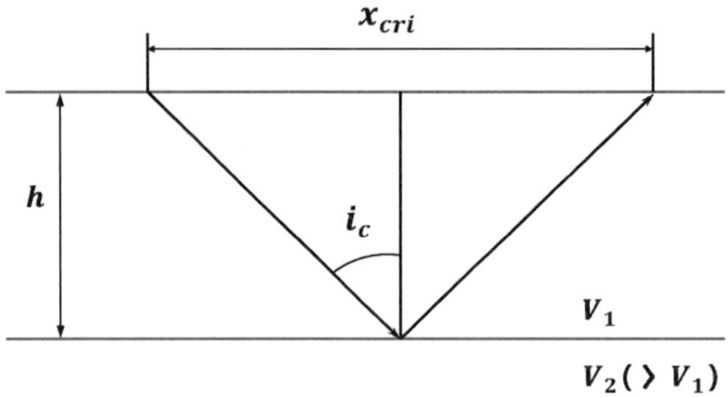

[그림 3.38] 임계 거리와 두께

그림 3.38로부터 임계 거리를 이용하면 다음과 같이 쓸 수 있다.

$$\tan i_c = \frac{x_{cri}}{2h} \quad \text{and} \quad \sin i_c = \frac{V_1}{V_2}$$

따라서 다음과 같이 층의 두께를 구할 수 있다.

$$x_{cri} = 2h\tan i_c = \frac{2h\sin i_c}{\cos i_c} = \frac{2h\sin i_c}{\sqrt{1-\sin^2 i_c}}$$

$$= \frac{2h}{\sqrt{1/\sin^2 i_c - 1}} = \frac{2h}{\sqrt{(V_2/V_1)^2 - 1}} = \frac{2h V_1}{\sqrt{V_2^2 - V_1^2}}$$

$$\therefore\ h = \frac{x_{crit}}{2} \cdot \frac{\sqrt{V_2^2 - V_1^2}}{V_1}$$

3.6.5 탄성파 반사법 탐사의 기본 원리

(1) 탄성파 반사법 탐사

탄성파 샘(seismic source)에서 발생한 탄성파가 땅속의 지층 경계면을 만나면 일부는 투과하고 일부는 반사하여 지표로 되돌아오는데 이러한 반사파를 이용하여 지하 정보를 파악하고 해석하는 탐사법이 탄성파 반사법 탐사(seismic reflection method)이다. 이때 지층 경계면은 음향 임피던스(acoustic impedance)가 달라지는 경계면을 뜻하며, 음향 임피던스의 비가 큰 경계면일수록 반사파의 진폭은 커진다. 그리고 반사파의 진폭은 앞(3.6.3절)에서 설명한 반사계수로 구할 수 있다.

탄성파 굴절법에서 머리파(head wave)의 전파시간(travel time)을 이용하듯이, 탄성파 반사법 탐사에서는 반사파가 탄성파 샘에서 출발하여 수신기에 도달하는 데까지 걸린 시간(왕복 전파시간, two-way travel time)을 이용한다. 따라서 탄성파 반사법은 이러한 왕복 전파시간 자료를 얻은 다음, 자료 처리하여 시간 단면(seismic time section)을 작성하고, 반사 시간을 반사 깊이로 변환하는 깊이 변환(depth conversion) 과정을 거쳐 시간 단면을 깊이 단면(depth section)으로 바꾼다. 이와 같이 왕복 전파시간을 분석하고, 이를 깊이 단면으로 영상화함으로써 땅속 정보를 얻는 탐사법이 탄성파 반사법이라 할 수 있다.

여기서는 수평 2층 구조에 대해 반사법을 적용했을 때, 전파시간 방정식과 곡선을 유도하고 이와 관련된 기본적인 사항을 알아본다. 그리고 가장 기본적인 개념으로 반드시 알아야 할 수직시간차(NMO), 겹쌓기, 곱말기와 곱풀기 등에 대해 알아보기로 한다. 더 자세한 사항은 물리탐사 관련 책을 참고해주기 바란다.

(2) 수평 2층 구조 반사법 탐사

1) 전파시간 방정식

앞의 그림 3.35에서 반사파에 대한 전파시간 곡선을 보면 쌍곡선으로 나타나 있다. 탄성파 반사법을 이해하기 위해서는 먼저 전파시간 곡선이 왜 쌍곡선으로 나오는지부터 알아야 한다. 이를 위해 가장 간단한 수평 2층 구조에 대해 전파시간 방정식을 구해보자. 이 이상의 다층 구조나 경사 구조 등에 대한 고찰은 여기서는 생략한다.

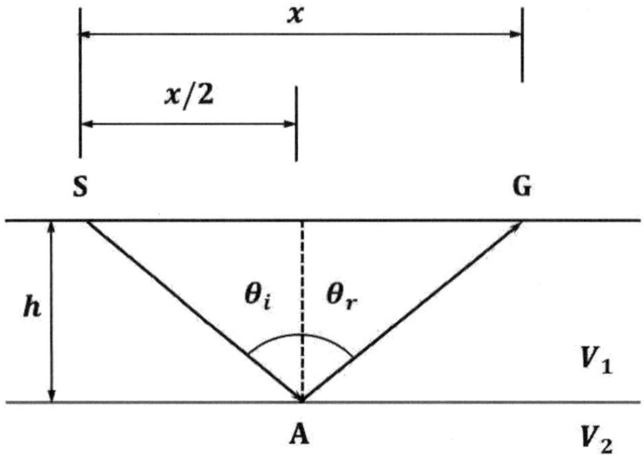

[그림 3.39] 수평 2층 구조와 반사파 전파 경로

그림 3.39와 같은 수평 2층 구조에서 반사파의 왕복 전파시간(t)은 다음과 같다.

$$t = \frac{SA + SG}{V_1}$$

그리고

$$SA = AG = [(\frac{x}{2})^2 + h^2]^{1/2}$$

이므로 전파시간 방정식(travel time equation)은 다음과 같이 구할 수 있다.

$$t = \frac{(x^2 + 4h^2)^{1/2}}{V_1}$$

$$\therefore\ t^2 = \frac{x^2 + 4h^2}{V_1^2} = \frac{1}{V_1^2}x^2 + \frac{4h^2}{V_1^2} \left(\rightarrow\ t^2 - \frac{1}{V_1^2}x^2 = \frac{4h^2}{V_1^2} \right)$$

이 식은

$$\frac{y^2}{a^2} - \frac{x^2}{b^2} = 1$$

형태의 쌍곡선(hyperbola) 방정식이다. 따라서 반사파의 전파시간 곡선은 쌍곡선이다.

2) 수직시간차(NMO)

반사파의 왕복 전파시간은 송신점과 수신점 사이의 벌림거리(offset distance, x)가 멀어질수록 당연히 길어진다. 여기서 송신점과 수신점이 같을 때, 즉 벌림거리가 0(x = 0)일 때의 반사파의 왕복 전파시간을 t_0 라고 하면, 벌림거리가 x일 때의 왕복 전파시간 t_x에서 t_0를 빼준 값을 수직시간차(NMO, normal moveout, T_{NMO})라 한다. 즉 T_{NMO}는 다음과 같이 구할 수 있다.

$$T_{\mathrm{NMO}} = \Delta T = t_x - t_0 = \frac{[x^2 + 4h^2]^{1/2}}{V_1} - \frac{2h}{V_1}$$

이 수직시간차 때문에 수평 지층이 쌍곡선 모양으로 휜 지층으로 나타나는데 이를 원래의 수평 지층으로 되돌려 놓는 작업을 수직시간차 보정(NMO correction)이라 한다(그림 3.40)(한국지구물리·물리탐사학회, 2011).

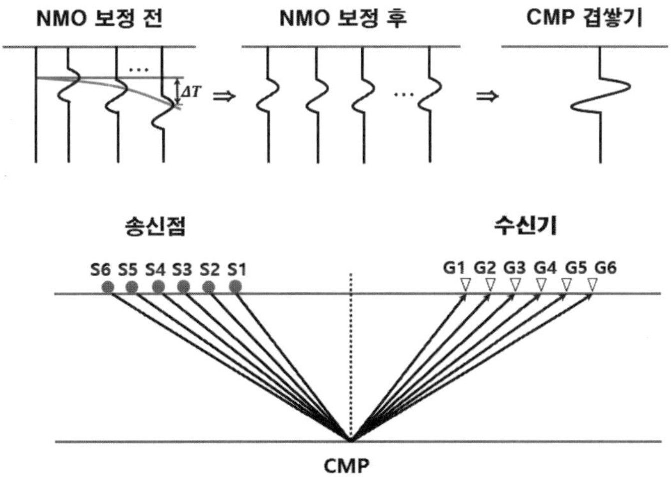

[그림 3.40] 수직시간차(NMO) 보정과 CMP 겹쌓기

이러한 수직시간차(NMO) 보정은 공통중간점 겹쌓기(CMP stacking)를 하기 전에 반드시 처리하여야 한다. 현장에서 얻어진 자료는 기본적으로 같은 자료끼리 모으는 작

업을 하는데 송신점과 수신점 사이의 중간점(공통 중간점, common mid-point, CMP)이 같은 자료들끼리 모으는 것을 공통중간점 모음(CMP gather)이라 하고, 이들 자료를 벽돌 쌓듯이 자료를 더하는 자료 처리 과정을 공통중간점(CMP) 겹쌓기라 한다(그림 3.40). 물론 겹쌓기는 신호대잡음 비(S/N 비, signal to noise ratio)를 향상시키기 위한 기본적인 자료 처리 과정이다.

3) 탄성파 전파속도와 두께 결정

전파시간 방정식

$$t^2 = \frac{x^2 + 4h^2}{V_1^2} = \frac{1}{V_1^2} x^2 + \frac{4h^2}{V_1^2}$$

을 이용하여 $x=0$ 에서의 왕복 전파시간 t_0 로부터 다음과 같이 위층의 두께를 구할 수 있다.

$$t_0^2 = \frac{4h^2}{V_1^2} \rightarrow t_0 = \frac{2h}{V_1}$$

$$\therefore \quad h = \frac{t_0 V_1}{2}$$

한편, 위의 전파시간 방정식을 x^2 - t^2을 축으로 하는 그래프를 그리면 기울기가 $m=1/V_1^2$ 인 $y=mx+n$ 형태의 직선의 방정식이 된다. 따라서 이 직선의 기울기로부터 탄성파 전파속도 V_1 을 구할 수 있다.

(3) 곱말기와 곱풀기 알아보기

탄성파 반사법 탐사는 지층 경계면에서 반사되어 오는 파를 분석하는데, 이때 반사파는 경계면의 음향 임피던스에 따라 파형이 달라진다. 지구가 지진파에 대해 저주파 통과 필터 역할을 하듯이 탄성파와 지층 경계면은 필터링 작업을 거치며 파형이 왜곡된다. 따라서 지층을 제대로 파악하기 위해서는 땅속에서 어떠한 일이 일어났는지를 알지 않으면 안 된다. 이를 위해 여기에 곱말기(convolution)와 그 역 과정인 곱풀기(deconvolution)에 대해 간략히 설명하고자 한다.

이를 위해, 객차에 몸을 싣고 동해안을 따라 대관령 동쪽(관동)의 관동팔경(關東八景)을 둘러보면서 기차 여행을 하는 메타버스(Metaverse)의 세계로 들어가 보자. 이왕 나선 김에 송강(松江) 정철(鄭澈, 1536~1593)의 가사 관동별곡(關東別曲)을 읊으며 가보기로 하자. 관동별곡은 1580년(선조 13) 정철이 강원도 관찰사로 부임하여 금강산과 관동팔경을 두루 유람한 후 여정을 읊은 노래로 이를 살펴보면 다음과 같다. 다만 관동팔경의 부분만 따로 가져와 편집하였음을 밝혀둔다.

> 금란굴(金蘭窟) 돌아들어 총석정(叢石亭) 올라가니,
> 백옥루(白玉樓) 남은 기둥 다만 넷이 서 있구나.
> ……
> 고성(高城)을 저만치 두고 삼일포(三日浦)를 찾아가니,
> 붉은 글자 완연하되 사선(四仙)은 어데 갔나.
> 선유담(仙遊潭), 영랑호(永郎湖) 거기에 가 있는가.
> 청간정(淸澗亭), 만경대(萬景臺) 몇 곳에서 앉아 놀았던고.
> ……
> 이화(梨花)는 벌써 지고 소쩍새 슬피 울 때,
> 낙산사(洛山寺) 동쪽의 의상대(義湘臺)에 올라 앉아
> 일출(日出)을 보리라.
> ……
> 석양 비낀 현산(峴山)의 철쭉꽃을 이어 밟으며,
> 신선이 타는 수레(羽蓋芝輪) 타고 경포(鏡浦)로 내려가니,
> 십리 흰 비단(같은 호수) 장송(長松) 숲 속에 한껏 펼쳤으니.
> ……
> 진주관(眞珠館) 죽서루(竹西樓) 오십천(五十川)에 내린 물이,
> 태백산(太白山) 그림자(아름다운 풍경)를 동해(東海)로 담아 가니,
> 차라리 한강(漢江)의 목멱(남산, 木覓)에 닿았으면.
> ……
> 하늘 끝(天根)을 (내내) 보지 못해 망양정(望洋亭)에 오르니,
> 바다 밖(수평선 너머)은 하늘인데 하늘 밖은 무엇인고.
> - 송강의 관동별곡 중에서

관동팔경은 위로부터 ▶ 통천 총석정(叢石亭)에서 출발하여 ▶ 고성 삼일포(三日浦) ▶ 그 아래 청간정(淸澗亭) ▶ 그리고 양양 낙산사(洛山寺) ▶ 강릉 경포대(鏡浦臺) ▶ 삼척의 죽서루(竹西樓) ▶ 울진 망양정(望洋亭)을 거쳐 ▶ 평해 월송정(越松亭)에 이른다. (정철은 청간정은 언급만 했을 뿐이고, 월송정은 아예 가지 않고 언급도 하지 않았다). 여기서는 각각의 명소를 역으로 상정한다. 각 역은 저마다 특색이나 상징을 지니고 있다. 총석정은 백옥루, 삼일포는 사선, 낙산사는 의상대 일출, 경포대는 비단 같은 호수, 죽서루는 태백산의 아름다운 풍경. 끝으로 망양정은 바다 밖 수평선이 그것이다. 우리가 역을 지날 때마다 그 역에서 느낀 소감을 한지에 예쁘게 적어 두루마기처럼 돌돌 말아 소중히 간직하고 있다가 훗날 이 두루마리를 펼쳐 본다면 스쳐 지나온 역마다 그 추억이 생생하게 떠오르지 않을까?

이제 본론으로 돌아와 이 관동팔경 기차 여행 얘기로부터 우리가 하고자 했던 곱말기의 뜻을 헤아려보자. 적당한 비유인지 알 수 없지만, 우리가 탄 기차는 3개의 객차를 연결하였으며 각 객차에는 한 사람씩 타고 있다고 하자, 그러면 이 기차는 탄성파의 입력 파형(input)이라 할 수 있고, 객차에 타는 사람의 개성에 따라 기차의 특성은 달라질 수 있으나, 일단 사람이 타 출발한 순간부터 고정된다고 할 수 있다. 이와 같이 입력 파형도 주어진다. 그리고 지나는 각 역의 특색이나 상징은 지층의 특성으로 볼 수 있고, 탄성파 탐사에서는 이를 반사계수(reflectivity)로 표현한다. 우리가 각 역을 지나가면서 느꼈던 소감은 입력 파형과 지층의 반응(response)이라 할 수 있다. 우리가 역마다 그 소감을 시간별로 기록하듯이, 지층도 입력 파형이 지나가는 시간에 따라 반응하므로 반사계수를 반사계수 시계열(time series)이라 할 수 있다. 끝으로 우리가 돌돌 말아 간직해두었던 두루마리 기록은 출력 파형에 해당한다. 이 과정이 바로 곱말기이다. 그런데 훗날 이 기록 속에 적혀 있는 각 역의 특징과 느낌을 다시 보려면 돌돌 말려있는 두루마리를 거꾸로 풀어야만 하고 이를 곱풀기라 한다.

☞ 그럼 이제 관동팔경 기차 여행을 생각하면서 곱말기와 곱풀기의 수학적 과정을 한번 살펴보도록 하자.

1) 곱말기

탄성파 샘에서 발생한 샘 요소파(source wavelet) W는 서로 다른 음향 임피던스를 갖는 지층(반사계수 시계열, reflectivity time series, R)을 통과하면서 필터링 되어 탄성파 탐사 기록계에는 변형된 파형 S로 나타난다. 이 과정을 곱말기(convolution)라 하며 다음과 같이 표현한다.

$$S = W * R$$

여기서, $*$는 곱말기 연산을 뜻한다. 이 과정의 원리는 그림 3.41에 설명하였다.

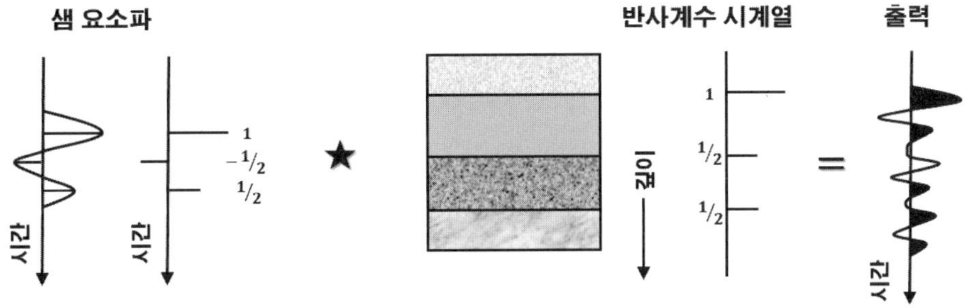

[그림 3.41] 곱말기. 여기서 ★는 곱말기 연산자 표시임. (레이놀즈 지음, 김지수 외 옮김, 2014)

이제 곱말기의 수학적 과정을 살펴보자. 곱말기는 시간(t)의 함수로 다음과 같이 표현한다.

$$S(t) = W(t) * R(t)$$

여기서, $S(t)$는 탄성파 트레이스로 출력 파형, $W(t)$는 샘 요소파로 입력 파형, $R(t)$는 반사계수로 필터 함수(filter function)이다. 이때 곱말기 과정은 다음과 같은 식으로도 표현할 수 있다. 즉

$$S_k = \sum_{i=0}^{m} W_i R_j \qquad (j = k - i)$$

위의 예에서는 $i, j = 0, 1, 2$이므로 $W(t)$와 $R(t)$는

$$W_i = (W_0, W_1, W_2) = (1, -1/2, 1/2), \quad R_j = (R_0, R_1, R_2) = (1, 1/2, 1/2)$$

이 되고 $S(t)$는 다음과 같이 쓸 수 있다.

$$S_k = \sum_{i=0}^{2} W_i R_{k-i}$$

이제 곱말기 과정을 거쳐 출력을 얻어 보자.

1단계: 샘 요소파의 첫 번째 샘플(1)과 반사계수 시계열의 첫 번째 성분 1을 곱하여 첫 번째 출력 1을 얻는다. 즉,

$$S_0 = W_0 R_0 = 1 \times 1 = 1$$

2단계: 샘 요소파를 한 샘플만큼 이동하여 계산한다.

$$S_1 = W_0 R_1 + W_1 R_0 = 1 \times (1/2) + (-1/2) \times 1 = 0$$

3~5단계: 차례대로 한 샘플씩 이동하여 계산한다.

$$S_2 = W_0 R_2 + W_1 R_1 + W_2 R_0 = 1 \times 1/2 + (-1/2) \times 1/2 + 1/2 \times 1 = 3/4$$

$$S_3 = W_1 R_2 + W_2 R_1 = (-1/2) \times 1/2 + 1/2 \times 1/2 = 0$$

$$S_4 = W_2 R_2 = 1/2 \times 1/2 = 1/4$$

최종적인 출력 결과는 다음과 같다.

$$S_k = (S_0, S_1, S_2, S_3, S_4) = (1, 0, 3/4, 0, 1/4)$$

위의 결과는 다음 그림 3.42와 같은 방법으로도 쉽게 구할 수 있다. 그림과 같이 순서대로 가로-세로에 나열한 다음 가로x세로 값을 채워서 점선처럼 대각선으로 합하면 곱말기에 의한 출력을 얻을 수 있다.

	1	$\frac{1}{2}$	$\frac{1}{2}$
1	1	$\frac{1}{2}$	$\frac{1}{2}$
$-\frac{1}{2}$	$-\frac{1}{2}$	$-\frac{1}{4}$	$-\frac{1}{4}$
$\frac{1}{2}$	$\frac{1}{2}$	$\frac{1}{4}$	$\frac{1}{4}$

[그림 3.42] 곱말기 계산. 대각선 방향으로 합 $(1, 0, \frac{3}{4}, 0, \frac{1}{4})$

2) 곱풀기

펄스 형태로 발생한 송신 파형도 수신기에 도달하기까지 지층에 의한 필터 효과, 수신기나 측정 장치의 특성 등의 영향을 받아 변형되는데, 측정된 파형으로부터 이러한 효과들을 제거함으로써 원래의 펄스에 가까운 파형으로 변환하는 처리를 곱풀기라고 부른다(한국지구물리·물리탐사학회, 2011).

앞에서 탄성파 기록 $S(t)$는 샘 요소파의 초기 파형 $W(t)$와 지층의 반사계수 시계열 $R(t)$의 곱말기로 주어졌다. 이때 $W(t)$는 이미 알고 있고, $S(t)$는 수신된 탄성파 기록이므로 미지수는 $R(t)$ 뿐이다. 따라서 지반의 특성을 나타내는 시계열 $R(t)$를 구하기 위해서는 탄성파 기록 $S(t)$를 풀어내는 곱말기의 역 과정을 거쳐야 하는데, 이를 곱풀기(deconvolution)라 한다. 따라서 곱풀기는 곱말기로 생겼던 이전의 필터링 효과를 제거하는 과정으로서, 반사계수 시계열, 즉 지층의 지질학적 정보를 얻는 역 필터링(inverse filtering) 과정으로 볼 수 있다.

이제 곱풀기의 수학적 과정을 살펴보자.

곱풀기는 탄성파 기록 $S(t)$에서 일련의 반사계수 시계열 $R(t)$를 구하는 것으로 다음과 같이 표현할 수 있다.

$$R(t) = S(t) * W^{-1}(t)$$

이 식을 유도하는 과정은 다음과 같다. 곱풀기 연산자, 즉 역필터(inverse filter) $W^{-1}(t)$는 $W(t)$와 곱말기 할 때, 그 출력이 송곳파(spike)인 디랙 델타(Dirac delta) 함수, $\delta(t)$가 되도록 설계한다.

$$W^{-1}(t) * W(t) = \delta(t)$$

여기서 디랙 델타 함수는 4.2.1절 [벡터와 벡터마당]에서 등장하는 크로네커 델타 함수를 연속적인 수에 대하여 비슷한 성질을 가지도록 확장한 것으로 다음과 같이 정의한다.

$$\delta(t) = \begin{cases} \infty, & t = 0 \\ 0, & t \neq 0 \end{cases}$$

$$\int_{-\infty}^{\infty} \delta(t)\,dt = 1$$

이제 곱풀기의 목적인 반사계수 시계열 $R(t)$를 얻기 위해서 다음과 같은 과정을 거친다.

$$W^{-1}(t) * S(t) = W^{-1}(t) * W(t) * R(t)$$
$$= \delta(t) * R(t) = R(t)$$
$$\therefore \quad R(t) = S(t) * W^{-1}(t)$$

참고로 디랙 델타 함수 $\delta(t)$는 곱말기 정의로부터 다음과 같은 관계가 성립한다.

$$f(t) * g(t) = \int_{-\infty}^{+\infty} f(\tau) g(t-\tau) d\tau$$

$$\delta(t) * g(t) = \int_{-\infty}^{+\infty} \delta(\tau) g(t-\tau) d\tau = g(t)$$

여기서 푸리에 변환(FT, Fourier transform)을 사용하여 시간 영역(t)을 진동수 영역(ω)으로 바꾸면 곱말기와 곱풀기는 다음과 같이 곱의 형태를 가진다.

$$\mathrm{FT}[S(t)] = \mathrm{FT}[(W(t) * R(t)]$$
$$S(\omega) = W(\omega) \times R(\omega)$$
$$\therefore \quad R(\omega) = S(\omega) \times W^{-1}(\omega)$$

3.6.6 탄성파 탐사의 원리 요약

탄성파 탐사는 송신 샘(source)에서 땅을 진동시켜 탄성파를 발생시키면 이 파동이 땅속을 전파하면서 일으킨 지층과의 반응을 수신점(geophone)에서 측정하여 지질구조를 해석하는 탐사법이다.

먼저 송신 샘은 땅을 인위적으로 진동시키는 작업이 이루어지는 지점으로 물리적인 충격(예를 들어 큰 망치로 두드림)을 주거나 다이너마이트 같은 폭약을 써 발파하기도 한다. 그래서 이런 경우 흔히 송신 샘을 발파점(shot point)이라 부른다.

일반적으로 탄성파는 지층을 통과한다. 다시 말하면 탄성파는 이 지층으로 이루어진 지질구조를 통과하면서 지층의 경계면에서 파동의 특성인 반사, 굴절, 에돌이 등이 일어나면서 원래의 입력(input) 파형은 왜곡되고 변형되어 수신점으로 올라간다. 이것이 출력(output) 파형으로 기록된다. 그런데 여기서 말하는 지층의 경계면은 지질적인 지층의 경계가 아니라 물리량이 다른 지층의 경계면을 말한다. 탄성파 탐사에서의 주요 물리량은 지층의 밀도와 지층의 속도의 곱인 음향 임피던스(acoustic impedance)이다.

수신점에서는 해상과 육상에 따라 다르지만 해상에서는 하이드로폰(hydrophone)이, 육상에서는 지오폰(geophone)이라는 수신기가 사용된다. 하이드로폰은 압전(piezoelectricity) 현상을 이용하고, 지오폰은 전자기유도(EM induction) 원리가 적용된 수신기이다.

이러한 일반적인 탄성파 탐사 과정에서 어떤 경로를 타고 오는 파를 이용하느냐에 따라 반사법과 굴절법으로 나뉘게 된다. 당연한 말이지만 반사법은 지층의 경계면에서 반사되어 돌아오는 반사파를 이용하는 것으로, 반사파의 특성상 아주 깊은 곳으로부터의 반사도 가능하므로 석유와 같이 탐사 목적 대상체가 깊은 곳에 있을 때는 반사법의 적용이 효율적이라 할 수 있다. 반면에 굴절법은 지층의 경계면에서 임계 굴절하여 수신기로 돌아오는 굴절파 즉 머리파(head wave)를 이용한다. 굴절파의 특성상 깊은 곳을 탐사하기에는 아주 넓은 탐사 지역이 필요하므로 비효율적이라 할 수 있다. 따라서 토목이나 건설 등 비교적 얕은 곳의 지질 조사에 적합하다고 할 수 있다. 대부분의 우리나라 지반 조사에는 이 굴절법이 적용되고 있다.

Chapter 3.7 초음파와 초음파 영상

이 장에서는 초음파 영상을 간략히 소개하고자 한다. 원래 뒤 6장에서 소개하는 의학 영상의 일부이나 소리와 관련된 것이라 여기서 함께 설명하는 것이 나을 듯하여 이곳에 적었다.

3.7.1 초음파 영상의 기본 원리

(1) 기본 원리

초음파(ultrasound)는 사람이 들을 수 있는 영역(20 Hz~20 kHz)보다 높은 진동수, 즉 20 kHz 이상의 음파로서, 의료용에 사용되는 진동수 영역은 1~30 MHz이다. 초음파 영상(ultrasound imaging)이란 펄스 파(pulse wave)를 인체 속으로 투과시켜 (음향 임피던스 차이가 있는) 조직에서 반사되어 되돌아오는 에코(echo) 신호를 수신하여 영상화하는 것을 말한다. 이제 그 원리에 대해 간략히 알아보자.

초음파 신호는 탐촉자(探觸子)라고 부르는 프로브(probe, transducer)에 의해 생성된다. 그 앞부분에는 압전 효과(piezoelectric effect)를 일으키는 티탄산지르콘산납(PZT, lead zirconate titanate)과 같은 압전 물질로 구성되어 있다. 압전 물질은 기하학적 형태로 배열된 수많은 쌍극자로 형성되어 있는데, 이러한 압전 물질에 순간적인 전압을 가하면 압전 물질의 두께가 수축과 팽창을 하면서 진동함으로써 초음파를 발생시킨다. 거꾸로 초음파와 같은 파동(wave motion) 에너지로 압전 물질에 압력을 가하면 전기쌍극자의 분극 현상에 의해 전기적 신호가 발생한다. 따라서 탐촉자는 초음파 펄스를 발생시켜 몸속으로 보내기도 하고, 동시에 반사된 음파(에코, echo)를 수신하여 전기 신호로 바꾸어주는 역할도 한다. 초음파 영상을 얻기 위해서는 먼저 신체 피부와 공기와의 직접적인 접촉을 피하기 위해 젤(gel)을 탐촉자에 바른다. 그 다음 탐촉자를 신체 부위와 접촉시키고 펄스 형태의 짧은 음파를 발생시킨다. 몸속으로 전달된 음파는 조직 표면이나 작은 산란체들에서 반사된다. 이렇게 반사되어 탐촉자로 되돌아온 음파는 다시 전기 신호로 변환, 증폭, 저장된다. 이와 함께 음파가 되돌아오는데 걸린 시간을 거리로 환산하여 위치 정보도 얻게 된다. 이와 같이 몸속의 반사체에서 되돌아온 초음파의 세기와 위치 자료로써 인체의 해부학적 정보를 명암(grey scale) 기반(점의 밝기)으로 화면을 통해 영상으로 보여주는 것이 초음파 영상 기술이다.

초음파 영상 기술에 등장하는 주요어가 압전 효과이다. 그래서 잠깐 압전 효과 및 압전 효과를 이용한 에너지 수확 기술에 대해 살펴보도록 하자.

(2) 압전 효과와 에너지 수확 기술

버려지는 '자투리' 에너지를 수집해 전기로 바꿔 쓰는 기술을 '에너지 수확(energy harvesting)'이라 한다. 이 기술에는 누름(압력)으로써 운동에너지를 전기에너지로 변환시키는 압전 효과(piezoelectric effect), 빛으로 전기를 만드는 광전 효과(photoelectric effect), 버려지는 열로부터 전기를 얻는 열전 효과(thermoelectric effect), 그리고 전자기유도(EM induction) 현상 등을 이용해서 전기를 생산하는데 여기서는 압전 효과에 대해서만 설명한다.

압전(piezoelectricity)이란 가해진 외부 변형력(stress)에 대응하여 특정 고체 물질(결정)에 축적되는 전하를 말한다. 여기에 사용된 'piezo'는 '누르다'는 뜻의 그리스어인 'piezein'이 그 어원이다. 그리고 압전 효과는 1880년 피에르 퀴리(Pierre Curie, 1859~1906)와 자크 퀴리(Jacques Curie, 1856~1941) 형제에 의해서 처음 발견되었다.

그렇다면, 압전 효과는 어떻게 발생하는 것일까? 자연계의 대부분 물질은 전체적으로 양(+)전하량과 음(-)전하량이 같은 중성을 띄고 있다. 하지만 퀴리 형제는 수정을 포함한 일부 결정들은 압력을 받아 변형이 일어나면 전압이 발생하는 현상을 발견한 것이다. 일반적으로 결정은 대칭적으로 원자들이 분포하여 압력을 가하더라도 음(-)전하와 양(+)전하의 균형이 깨어지지 않는다. 하지만 대칭성이 없는 결정들은 압력을 받으면 전하의 균형이 쉽게 무너진다. 이와 같이 압전 물질은 외부에서 변형력을 받으면, 결정 구조가 찌그러지면서 양(+)전하와 음(-)전하가 나뉘는 '유전 분극'이 일어나고, 이때 표면의 전하밀도가 변하면서 전기가 흐르는 '압전 효과'가 발생한다.

이와 반대로 압전 물질에 특정 방향으로 전압을 걸어주면 외부의 전기적 힘에 의해 전기쌍극자가 변화하게 되는데, 이는 궁극적으로 압전 물질의 물리적인 변형(deformation)을 불러오게 되면서 역 압전 효과를 일으키게 된다.

앞의 설명들을 다시 요약하면, 압전 효과란 압전 물질 내에서 기계적 에너지와 전기적 에너지가 상호 변환되는 현상을 말한다. 이를 다시 둘로 나누면, 압전 물질에 압력이나 진동을 주면 전기가 생기는 현상을 1차 압전 효과라 하고, 반대로 전기를 가하면 진동이 생기는 현상을 2차 압전 효과 또는 역 압전 효과(converse piezoelectric effect)라고 한다.

이러한 압전 효과를 이용하면 진동 에너지를 전기 에너지로 바꾸는 에너지 수확 기술에 적용할 수 있다. 예를 들면 신발 깔창에 압전소자를 붙여 전기를 생산해내는 신발 발전기를 만들 수 있고, 사람들이 많이 다니는 지하철역이나 학교 바닥에 압전소자를 깔아 전력을 생산해 낼 수도 있다. 또한 심장의 박동을 이용하여 심장박동기의 전력을 공급하는 것처럼 생체 내 이식 장치나 웨어러블 디바이스(wearable devices)에 별도의 전력 공급 장치가 필요 없이 몸 자체의 움직임만으로도 전력을 얻을 수 있다.

3.7.2 초음파 물리

(1) 초음파의 전파속도

초음파는 음파(sound wave)이기 때문에 매질을 구성하는 미세한 입자들이 파의 진행 방향과 같은 방향으로 압축과 팽창을 함으로써 생성되는 세로파이다. 초음파의 속도(V)는 매질의 특성에 따라 달라지는데 다음 식과 같이 매질의 밀도(density, ρ)에 반비례하고 부피탄성률(bulk modulus, K)에 비례한다.

$$V = \sqrt{\frac{K}{\rho}}$$

인체 조직에서의 초음파 전달 속도는 인체 조직의 주 구성 요소가 물이기 때문에 물에서의 전파속도인 1,540 m/s와 비슷한 값을 가진다. 그리고 대부분이 공기로 채워진 폐 조직에서 가장 낮은 음속(331 m/s)을 나타내는 반면 골 조직에서 가장 높은 4,080 m/s를 나타낸다(신상진, 정병진, 2013).

(2) 반사

음파는 입자의 변위를 시간으로 미분한 입자의 속도로 표현하지만, 국소 부위에서의 부피의 압축과 팽창은 실질적으로 해당 부위 매질에 주어지는 압력이라고 표현할 수도 있다. 이때 이를 음향 압력(acoustic pressure)이라 한다(프린스와 링크스 지음, 김동윤 외 옮김, 2016). 음향 압력은 음파가 존재하지 않는 경우 0이며, 세로파에서는 음향 압력 P와 입자의 속도 v는 다음의 선형적 관계를 가진다.

$$P = Zv$$

여기서, Z는 음향 임피던스(acoustic impedance)로 탄성파와 마찬가지로, 음파에 대한 매질의 저항을 뜻하며, 매질의 밀도(ρ, kg/m^3)와 음파의 속도(V, m/sec)의 곱으로 나타낸다.

$$Z = \rho V$$

음향 임피던스의 단위는 kg/m^{2}s 또는 rayls이며, 1 rayl=1 kg/m^{2}s이다. 여기서 rayl은

우리에게 레일리 파 또는 레일리 산란 등으로 잘 알려져 있는 영국의 물리학자 John William Strutt Rayleigh(1842~1919)에서 따왔다.

음향 임피던스의 차이가 클수록 반사가 많아지는데 두 매질 간의 밀도차가 클수록 음향 임피던스의 차이가 큰 경계면을 형성하기 때문에 반사파가 증가한다. 예를 들어 연부 조직과 공기와의 반사력이 가장 크다고 알려져 있는데 그것은 공기의 음향 임피던스가 0.0004 g/cm^{2}s 이며 연부 조직의 평균 음향 임피던스 값이 1.54 g/cm^{2}s 로 두 매개체 사이에 음향 임피던스 값 차이가 크기 때문이다. 초음파 검사(ultrasonography)를 할 때 피부와 탐촉자 사이에 젤(gel)을 바르는 이유도 탐촉자와 피부 사이의 공기를 제거하여 공기와의 음향 임피던스를 최대한 감소시키기 위함이다(신상진, 정병진, 2013).

(3) 압력 반사율과 압력 투과율

입사파는 경계면에서 반사와 투과가 일어나는데, 이때 입사파에 의해 유도된 입자속도 성분과 반사파 및 투과파에 의해 유도된 입자속도 성분이 일치한다(프린스와 링크스 지음, 김동윤 외 옮김, 2016). 즉 다음과 같은 식이 성립한다.

$$v_i \cos\theta_i = v_r \cos\theta_r + v_t \cos\theta_t$$

여기서, θ_i, θ_r, θ_t 는 각각 입사각, 반사각, 투과각이다. 이 식에 앞의 음향 압력(P)과 음향 임피던스(Z) 식을 대입하면 다음과 같이 쓸 수 있다.

$$\frac{\cos\theta_t}{Z_2} P_t + \frac{\cos\theta_r}{Z_1} P_r = \frac{\cos\theta_i}{Z_1} P_i$$

여기서, P_i, P_r, P_t 는 각각 입사, 반사 투과 음향 압력이고, $Z_i = \rho_i V_i$ 는 1층과 2층의 음향 임피던스이다. 그리고 경계면에서 압력은 연속적이어야 하므로

$$P_t + P_r = P_i$$

이다. 이 식들로부터 압력 반사율(pressure reflectivity) R 과 압력 투과율(pressure transmittivity) T 를 다음과 같이 정의할 수 있다. (이는 탄성파의 반사계수와 투과계수의 정의와 유사하다.)

$$R = \frac{P_r}{P_i} = \frac{Z_2 \cos\theta_i - Z_1 \cos\theta_t}{Z_2 \cos\theta_i + Z_1 \cos\theta_t}$$

$$T = 1 - R = \frac{2 Z_1 \cos\theta_t}{Z_2 \cos\theta_i + Z_1 \cos\theta_t}$$

그리고 세기(intensity) $I = P^2/Z$ 를 이용하면 음파의 세기 반사율(intensity reflectivity) R_I는

$$R_I = \frac{I_r}{I_i} = \left(\frac{Z_2 \cos\theta_i - Z_1 \cos\theta_t}{Z_2 \cos\theta_i + Z_1 \cos\theta_t} \right)^2$$

이 되며, 세기 투과율(intensity transmittivity) T_I는 다음과 같이 된다.

$$T_I = \frac{I_t}{I_i} = \frac{4 Z_1 Z_2 \cos\theta_i \cos\theta_t}{(Z_2 \cos\theta_i + Z_1 \cos\theta_t)^2}$$

(4) 감쇠

감쇠(attenuation)란 흡수(absorption, 음파 에너지가 열에너지로 변환되는 것), 산란(scattering) 등을 포함한 모든 형태의 작용으로 진폭이 감소하는 것을 말한다.

거리 r 지점에서의 실제 진폭 A_r은 다음과 같이 쓸 수 있다.

$$A_r = A_0 e^{-\alpha r}$$

여기서, A_0는 초기 진폭, α는 감쇠계수(attenuation coefficient)이다.

매질에서의 감쇠계수는 진동수에 따라 달라지며 일반적으로 진동수가 높을수록 증가한다. 그리고 진동수가 증가하면 투과 깊이(depth of penetration)는 감소하게 된다. 따라서 감쇠로 인하여 초음파 영상 시스템에서 깊이 방향으로의 정보를 얻는 데에도 한계를 가지게 된다.

(5) 산란

표면이 불규칙한 반사면에 부딪히면 초음파 빔이 여러 방향으로 흩어지는 산란이 일어난다. 그리고 몸속 많은 반사체들은 초음파의 파장에 비해 아주 작다. 이러한 반

사체는 입사된 평면파에 의하여 작은 구면체로 진동하면서 이것을 중심으로 구면파가 확산된다. 이러한 산란은 산란체의 크기가 작을수록, 진동수가 높을수록 많이 발생하는데, 산란 세기는 파장의 4제곱에 반비례한다.

(6) 도플러 효과

도플러 효과(Doppler effect)는 1842년 오스트리아 물리학자 도플러(Christian Doppler, 1803~1853)가 발표한 이론으로 관측자가 정지해 있을 때, 음원이 관측자에 가까워지면 진동수가 증가하고, 음원이 관측자에서 멀어지면 진동수가 감소한다는 것이다. 초음파 영상에서도 도플러 효과에 의해 반사된 음파의 진동수가 변화하는 것을 이용하여 물체가 탐촉자에 접근하고 있는지 멀어지고 있는지를 판정해 영상으로 나타낼 수 있다. 의료용 장비에서는 적혈구가 반사체에 해당하며, 혈류에서 적혈구가 다가오는지 멀어지는지를 판단할 수 있는데, 혈류의 방향이 탐촉자를 향해 흐르면 빨간색, 탐촉자에서 멀어지면 파란색을 나타내도록 설정되어 있다.

3.7.3 초음파 영상 표시법

초음파 영상(ultrasound imaging)은 이를 표시하는 방법에 따라 진폭 표시법(amplitude mode)인 A-모드(A mode), 밝기 표시법(brightness mode)인 B-모드(B-mode), 움직임 표시법(motion mode)인 M-모드(M-mode) 그리고 도플러 모드(Doppler mode, D-mode)로 나눌 수 있다.

진폭(A) 모드는 반사파의 세기를 뜻하는 반사폭의 진폭을 영상으로 나타내는 방법이고, 이 진폭의 크기를 점의 밝기로 나타내는 것이 밝기(B) 모드이다. 그리고 A-모드가 반사파의 위치에 따른 진폭의 변화를 나타내지만, M-모드는 움직이는 반사체의 거리를 시간에 따라 표시하는 방법이다. 끝으로 도플러(D) 모드는 혈관 내 적혈구 흐름을 감지하여 혈류를 측정하는 모드로, 적혈구가 탐촉자 쪽으로 다가오면 진동수가 높아지고(파장이 짧아지고), 멀어지면 진동수가 작아지는(파장이 길어지는) 도플러 효과를 이용한 방법이다. 이때 혈류 흐름을 표시하는 방법에 따라 컬러 모드(color Doppler), 파워 모드(power Doppler), 빛띠 모드(spectral Doppler)가 있다.

최근에는 초음파 기술이 발전되어 3차원으로 몸속의 장기나 태아를 보여주는 3D 초음파 검사가 널리 행해지고 있으며, 3차원 영상의 움직임까지 표현되는 4D 초음파 검사(4D ultrasonography)도 이용되고 있다(대한초음파의학회, 2021).

PART 4

전자기 힘과 전기 및 전자 탐사

전자기 힘은 전기력과 자기력을 하나로 묶은 힘이다. 그래서 이 장에서는 전기와 자기로부터 어떻게 전자기로 발전하는지 그 역사적 과정을 먼저 살펴본다. 그리고 전자기학은 뉴턴 역학과 함께 고전 물리학을 이끄는 핵심축으로서 많은 물리학자들의 실험과 연구로 이어져 마침내 맥스웰에 의해 4개의 방정식으로 집대성되었다. 이 맥스웰 방정식을 통해 전자기 이론을 들여다보고자 한다.

전자기학은 전자기파를 탄생시켰고, 전자기파는 우리에게 빛으로 다가왔다. '빛은 무엇인가?' '빛은 입자인가? 파동인가?' 수백 년 동안 이어져 내려온 이 빛의 논쟁 속으로 우리도 잠깐 들어갔다가 양자역학이라는 현대 물리학을 한번 맛보기로 하자.

이렇게 물리적 개념으로서의 전자기 힘을 알아보고 난 다음 이를 이용하는 전기 탐사와 전자 탐사의 원리에 대해 살펴보고자 한다. 먼저 전기력을 이용하는 전기 탐사로서 전기비저항 탐사를 다루고, 그다음 전자기유도 현상과 전자기파를 이용하는 전자 탐사에 대해 설명한다. 전기 탐사 중 분극 현상을 이용하는 자연전위(SP) 탐사와 유도분극(IP) 탐사는 다음 5장에서 다루기로 한다.

Chapter

4.1 자기와 전기 그리고 전자기

1687년에 뉴턴(Isaac Newton, 1642~1727)은 ≪자연철학의 수학적 원리, Philosophiae Naturalis Principia Mathematica, 줄여서 프린키피아≫를 발표했다. 뉴턴의 새로운 역학은 물리학은 물론 화학이나 생물학의 발전에도 큰 영향을 주어 과학이 크게 발전하는 계기를 제공했다. 과학사에서는 뉴턴 역학을 기초로 한 18세기와 19세기의 200년 동안의 과학을 근대과학이라고 한다(곽영직, 2010). 여기서도 근대과학에 초점을 맞추어 자기와 전기의 통합과 분리 그리고 다시 재통합하는 과정의 역사를 알아보기로 한다.

☞ 먼저 자기와 자기마당에 대해 알아보자.

막대자석 또는 전류가 흐르는 도선 주위에 나침반을 가까이 가져가면 나침반의 바늘이 힘을 받아 움직이는 것을 볼 수 있다. 막대자석에서는 나침반의 N극이 막대자석의 S극을 향하도록 항상 움직이고, 전류가 흐르는 전선 주위에서는 나침반의 N극이 동심원을 그리며 정렬한다. 이것은 자석이나 움직이는 전하 사이에 자기력(magnetic force)이 작용하기 때문이다. 그리고 이러한 자기력이 작용하는 마당(field)이 형성되는데 이것이 자기마당(magnetic field)이다. 이 자기마당의 방향이나 세기를 시각적으로 표현하기 위하여 자기력선을 이용한다. 예를 들어 막대자석의 자기력선은 N극에서 나와서 S극으로 들어가는 방향을 갖는 연속선으로 표시하고, 그 세기는 자기력선의 밀도로 표현하는데, 자기력선이 빽빽한 곳이 듬성듬성한 곳보다 상대적으로 센 자기마당을 나타낸다.

이처럼 자기력으로 쇠붙이 등이 자석에 달라붙는 현상이나 그러한 성질을 자기(magnetism) 또는 자성이라 부른다. 자기의 어원은 기원전 6세기경 쇠붙이를 끌어당기는 성질을 가진 자철광(magnetite)이 많이 산출되었던 그리스 북부 지역 마그네시아(Magnesia)에서 유래된 것으로 전해진다. 중국에서도 오래전부터 나침반을 만들어 사용해 왔으며 중국으로부터 유럽에 전해진 나침반이 15세기 콜럼버스의 신대륙 발견 등 유럽의 대항해 시대를 여는 데 중요한 역할을 했다는 것은 잘 알려진 사실이다.

자기마당은 보통 크기와 방향을 갖는 $\vec{B}$로 나타내며 단위는 테슬라(tesla, T)이다. 자기마당 $\vec{B}$ 안에서 속도 $\vec{v}$로 움직이는 전하 q가 받는 자기력을 로렌츠 힘(Lorentz force)이라고 하며 다음과 같다.

$$\vec{F} = q(\vec{v} \times \vec{B})$$

여기서, 전하 q의 단위는 C(Coulomb), 속도 $\vec{v}$는 m/s, 그리고 힘 $\vec{F}$의 단위는 N(Newton)이므로, 1 T=1 Ns/(Cm)에 해당한다. 이 식에 따르면 1 T의 자기마당은 1 C의 전하를 띠는 입자가 1 m/s의 속도로 그 자기마당에 수직 방향으로 입사해 들어갔을 때 1 N의 힘을 받게 하는 크기임을 알 수 있다.

☞ 그 다음으로 전기와 전기마당에 대해 알아보자.

전기는 자연적, 인위적으로 만들어진 전하의 흐름을 말한다. 자연에 전기나 자기 현상이 존재한다는 사실은 매우 오래전부터 알고 있었다. 철학의 아버지라고 불리는 고대 그리스의 탈레스(Thales)는 호박(琥珀, amber)을 양가죽으로 문질렀을 때 생기는 정전기 현상을 잘 알고 있었으며, 이 때문에 전기를 뜻하는 'electricity'는 그리스어로 호박을 뜻하는 'elektron'에서 유래하게 되었다.

전기력(electric force)은 전하를 띤 입자들 사이에 작용하는 기본 힘으로서, 정전기(Q) 주위에 전하(q)를 띤 물체를 놓으면 쿨롱의 법칙에 따라 힘을 받는다. 이 힘이 전기력($\vec{F}$)이며, 단위전하가 받는 전기력을 전기마당(electric field, $\vec{E}$)이라 한다. 즉,

$$\vec{E} = \frac{\vec{F}}{q}$$

전기마당의 단위는 N/C이다. 그리고 전기마당은 전하 q가 있는 위치마다 각기 다른 값을 가질 수 있으므로 위치 $\vec{r}$에 따른 벡터 함수 즉, $\vec{E}(\vec{r})$이 된다. 그리고 이 전기마당은 전하 Q의 분포에 따라 공간상에 이미 생성되어 있으므로 전하 q가 이 마당으로 들어오면 $q\vec{E}$의 힘을 받는다는 것을 알 수 있다.

전기마당의 방향은 양(+)의 단위전하를 기준으로 한다. 따라서 양(+)전하에서 음(-)전하로 향하는 전기마당이 형성되며, 이를 전기력선으로 나타내면 (+)전하에서는 밖으로 나가는 방향으로, (-)전하에서는 안으로 들어가는 방향으로 표현하게 된다.

여기서 앞에서 설명한 자기마당, 전기마당 그리고 중력마당 등에 사용되는 마당(field)에 대해 잠깐 덧붙여 설명하고 넘어가도록 하자. 예를 들어 여기 운동장에 수많은 사람들이 모여 보이지 않는 끈으로 서로 연결된 상태로 각자의 운동을 하고 있다고 치자. 운동장은 그들이 운동하고 쉬는 마당이기도 하지만 또한 그들 각자의 운동은 연결 끈의 작용으로 다른 사람에게도 영향을 미친다. 어쨌든 운동장 위에서는 시시각각으로 운동 상태가 변한다. 이를 운동장 상공에서 드론으로 매초마다 촬영했다고 상상해보자. 그러면 드론이 찍은 한 컷 한 컷에 담긴 모습은 위치마다 시각마다 사람들의 운동 모습이 다르게 표현되어 있을 것으로 짐작할 수 있다. 한 사람 한 사람이 하는 운동 모습을 보면 그 사람의 운동 세기와 운동 방향이 각기 다르게 나타나게 될 것이며 이를 우리가 수학적으로 표현한다면 벡터가 된다. 이 수많은 벡터들이 벡터마당(vector field)이라는 하나의 마당을 이루며 표현되고 있음을 알 수 있다. 여기 등장하는 벡터를 자기력이나 전기력 또는 중력으로 바꾼다면 그에 따라 자기마당, 전기마당 그리고 중력마당이 된다(4.2.1절 [벡터와 벡터마당] 참조).

그리고 여기서 우리가 알아야 할 또 하나의 중요한 작용이 있다. 바로 각자의 운동이 다른 사람들과 상호작용한다는 것이다. 한참 멀리 떨어져 있는 태양과 지구 사이에 어떻게 만유인력이라는 힘이 작용할까? 뉴턴은 이를 원격 힘(action at a distance)

이라고 설명하였지만(2.3절 [뉴턴 역학] 참조), 지금은 거미줄처럼 연결된 중력마당의 개념으로 설명하고 있다. 전기마당도 마찬가지이다. 전기마당은 앞에서 설명한 것처럼 어느 빈 공간에 전하가 하나라도 있으면 생성된다. 그 공간에 다른 전하를 가져다 놓으면 그 전하는 전기마당이라는 마당에서 쿨롱 힘이라는 전기력을 받는다. 이렇게 '마당'이라는 공간을 이용하여 두 물체 사이에 작용하는 힘 또는 상호작용을 설명함으로써, 원격 힘 또는 원격 작용이 가지는 문제(얼마만큼 떨어진 위치까지 작용하는 것인지, 아니면 작용하는 데 얼마나 시간이 걸리는 것인지 등등)를 해결할 수 있었다.

전기마당이 이러하다면 자기마당도 자석만 있으면 그 주위에는 자기마당이 만들어질 것이고, 그 자기마당 속으로 들어온 전하는 로렌츠 힘이라는 자기력을 받을 수밖에 없다는 것은 분명하다.

☞ 이제 끝으로 전자기와 전자기마당에 대해 알아보도록 하자.

실제로 전기와 자기의 성질을 체계적으로 연구하기 시작한 것은 1500년대에 활동했던 영국의 윌리엄 길버트(William Gilbert, 1544~1603)부터라고 할 수 있다. 길버트는 앞서 얘기한 호박(elektron)으로부터 전기(electricity)라는 이름을 짓기도 하였으며, 테렐라(terrella, 작은 지구)라는 구형 자석 모형을 이용해 지구가 하나의 거대한 자석이라는 것을 밝혔다. 실제로 길버트 이전까지는 전기력과 자기력을 '감추어진 힘'이라든가 '공감(sympathia)과 반감(antipathia)' 같은 용어를 사용하여 자기 현상과 호박 현상(정전기 현상)을 함께 다루었었다. 하지만 길버트는 1600년에 출판된 그의 저서 ≪자석에 대하여, De Magnete≫에서 "자기 운동을 일으키는 원인은 호박의 힘과는 크게 다르다."면서 처음으로 자기학과 독립된 전기학을 제창하였다(야마모토 요시타카 지음, 이영기 옮김, 2016). 이렇게 길버트에 의하여 전기학과 자기학으로 나누어진 전자기학은 19세기 초에 가서야 다시 하나로 통합되었다. 길버트의 연구는 요하네스 케플러, 갈릴레오 갈릴레이 등 많은 과학자들에게 큰 영향을 주었고 이로부터 전기와 자기에 대한 연구는 활발하게 전개되었다.

18세기의 전기 연구를 촉진시킨 중요한 발명은 전기를 저장할 수 있는 '라이덴

병(Leyden jar)'으로, 미국의 정치가이자 과학자인 프랭클린(Benjamin Franklin, 1706~1790)은 라이덴병을 이용하여 천둥번개가 전기적 현상임을 증명하기도 하였다. 1784년에 프랑스의 물리학자 쿨롱(Charles Augustin de Coulomb, 1736~1806)은 비틀림 저울(torsion balance)을 이용한 실험을 통해 전하 사이에 작용하는 힘에 대한 정량적인 법칙으로서 전기력은 거리(r)의 제곱에 반비례하고 전기량(q_1, q_2)의 곱에 비례한다는 쿨롱의 법칙(Coulomb's law)을 발견함으로써 전기학의 발전에 중요한 계기를 마련하였다.

$$F = k\,\frac{q_1\,q_2}{r^2}$$

여기서, k는 쿨롱 상수로 $8.987 \times 10^9\ \mathrm{Nm^2/C^2}$이다. 따라서 1 C의 전하를 가진 물체가 1 m 떨어져 있을 때 전하 사이에 작용하는 전기력은 약 90억 N이 된다. 그리고 쿨롱은 전기력과 똑같이 자기력도 두 자석 사이 거리의 제곱에 반비례한다고 하였다. 일반적으로 힘의 크기가 거리의 제곱에 반비례하는 현상을 역제곱 법칙(inverse square law)이라고 하는데, 이로써 전기력이나 자기력도 중력과 마찬가지로 역제곱 법칙이 성립한다는 것을 알게 되었다.

이탈리아의 해부학자 갈바니(Luigi Galvani, 1737~1798)는 기전기(起電機) 옆에 놓은 개구리의 근-신경 표본이 경련하는 것을 발견하고 이 경련이 전기와 관계가 있다는 사실을 알게 되었다. 그러나 이때 작용하는 전기는 뇌에서 발생하여 동물의 근육에 흘러 들어간다고 생각하여 '동물 전기(bioelectricity)'의 존재를 주장하였다. 그러나 동물 전기에 의문을 품은 이탈리아 물리학자 볼타(Alessandro Volta, 1745~1827)는 개구리의 신경 자극은 외부 전기에 의한 것이고, 금속이 전기의 원천이라고 주장하였다. 그는 1800년 구리와 아연판을 교대로 쌓은 '볼타 전지(voltaic cell)'를 완성함으로써 이를 뒷받침하였다. 볼타 전지의 발명은 새로운 시대를 열었다. 특히 정상 전류(定常電流, stationary current)를 연속적으로 제공함으로써 전기 분해와 전기 도금이 행해지는 등 전기 화학 발전에 크게 공헌하였다.

☞ 드디어 19세기 초에 이르러 전기와 자기가 서로 밀접한 관계가 있다는 것이 밝혀지고, 전기와 자기 모두 전하의 작용이라는 것이 밝혀지면서 전기와 자기는 전자기로 통합되는데 그 과학적인 역사를 잠깐 살펴보도록 하자.

'전기와 자기가 상호 연관되어 있을 것이다.'라는 것은 오래전부터 짐작되어왔으나, 그 연관성은 1820년에 덴마크의 물리학자 외르스테드(Hans Christian Oersted, 1777~1851)에 의해 확인되었다. 볼타의 전류 발견에 자극을 받은 그는 철사에 전류를 흘리면 주위에 있는 자침의 극이 회전되는 것을 발견함으로써 전자기학 발전의 단서를 제공하였다. 이 발견은 많은 과학자들의 관심을 불러일으켰는데, 프랑스의 물리학자 아라고(Dominique François Jean Arago, 1786~1853)는 같은 해에 코일에 전류가 흐르면 자석과 같은 성질을 나타낸다는, 즉 전자석이 된다는 것을 알아내었고, 1824년 발견한 '아라고의 원판(Arago's disc)'의 회전 현상으로 나중에 푸코(Jean Bernard Léon Foucault, 1819~1868)가 발견한 맴돌이 전류의 존재를 입증하는 데 중요한 역할을 하였다. 프랑스 물리학자 앙페르(André Marie Ampère, 1775~1836)는 전류(i)가 흐르는 도선 주위에 형성되는 자기마당($\vec{B}$)을 구할 수 있는 비오·사바르의 법칙(Biot-Savart's law)을 공간상의 임의의 경로 C를 따라서 선 적분한 식으로 앙페르 법칙을 만들었다.

$$\oint_C \vec{B} \cdot d\vec{l} = \mu_0 i$$

여기서, μ_0는 진공의 자기투과율(magnetic permeability)로서 $\mu_0 = 4\pi \times 10^{-7}$ H/m이다. 또한 앙페르는 두 개의 평행한 전선에 흐르는 전류 사이에 서로 끌어당기거나 미는 힘이 작용하는 것을 발견하고 이 힘을 수학적으로 표현하였다.

그리고 영국의 과학자 패러데이(Michael Faraday, 1791~1867)는 앞의 과학자들의 발견-외르스테드의 자기 유도, 아라고의 원판으로 보는 맴돌이 전류, 앙페르의 법칙 등-을 토대로 자석을 회전시켜 전기를 유도하는 전자기유도 현상을 발견함으로써 전기마당과 자기마당이 어우러진 전자기마당의 개념을 확립하였다.

이 전자기학(electromagnetism) 이론을 수학적으로 정립한 과학자가 바로 스코틀

랜드의 물리학자인 맥스웰(James Clerk Maxwell, 1831~1879)이다. 맥스웰은 자신의 전자기학 연구를 종합 정리하여 1873년에 ≪전기와 자기에 관한 논문, Treatise on Electricity and Magnetism≫이라는 책으로 출판하였는데, 뉴턴 역학에 이어 고전 물리학의 또 다른 중요한 분야인 전자기학이 완전한 모습으로 나타나게 된 것이다. 맥스웰의 이론에 따르면 전하의 진동이 전자기마당을 생성하며, 진동하는 전자기마당은 파동의 형태로 초당 30만 km 속도로 공간을 통해 전파된다. 이 속도는 1849년에 프랑스 과학자 피조(Armand Hippolyte Louis Fizeau, 1819~1896)가 측정한 빛의 속도와 같아 빛도 전자기파의 일종으로 여기게 되었다(박준우, 2009).

Chapter

4.2 고전 전자기학

이제 전기학과 자기학이 하나로 통합된 전자기학의 문 앞에 섰다. 늘 경험하는 바이지만 학생들은 이 문 앞에 서기만 하면 몸은 굳어지고 머리는 텅 빈 듯하여 어찌할 바를 모른다. 이 깜깜하고도 어렵게 느껴지는 전자기학으로 가는 좁은 문을 여는 데에는 적어도 두 개의 핵심적인 열쇠(key)가 필요하다. 누군가는 그랬다. "물리는 수학이라는 아름다운 용어를 사용하여 표현한다."라고. 그래서 준비했다. 그 하나는 벡터이고 다른 하나는 미분이다. 이제 이 열쇠로 과감히 전자기학의 문을 함께 열어 보자. 그 문을 연 뒤 펼쳐지는 전자기마당은 어떤 모습인지 그것을 찾으러 여행을 떠나보자.

4.2.1 벡터와 벡터마당

(1) 벡터

1) 벡터의 정의

벡터(vector)는 크기(magnitude)와 방향(direction)을 가지는 물리량으로서, 그 표시 방법이 여러 가지 있으나 여기서는 $\vec{A}$ 형태로 표시하며, 크기는 $A = |\vec{A}|$ 로 표시한다. 그리고 $\vec{A}$ 방향의 단위벡터(unit vector) $\vec{u}$ 는 다음과 같이 정의한다.

$$\vec{u} = \frac{\vec{A}}{A} = \frac{\vec{A}}{|\vec{A}|}$$

그러면 3차원 위치 벡터 $\vec{r}$ 는 직교 좌표계로 다음과 같이 표시할 수 있고,

$$\vec{r} = (x,\ y,\ z) = x\vec{i} + y\vec{j} + z\vec{k}$$

그 크기는

$$r = |\vec{r}| = \sqrt{x^2 + y^2 + z^2}$$

이다. 여기서 $\vec{i}, \vec{j}, \vec{k}$는 각각 x, y, z 방향의 단위벡터이다. 이 벡터 표시로부터 $\vec{r}$는 세 벡터 $\vec{x}, \vec{y}, \vec{z}$의 합(벡터의 합성)임을 알 수 있고, 그 반대로 $\vec{r}$는 $\vec{x}$와 $\vec{y}$ 그리고 $\vec{z}$로 나눌 수도 있음(벡터의 분해)을 알 수 있다. 따라서 어떤 벡터 물리량을 해석할 때는 이와 같이 성분으로 분해하여 해석하는 것이 편리할 때가 많다. 그 예를 하나 들어보자.

앞서 우리는 아리스토텔레스와 갈릴레이의 역학에 대해 살펴본 바가 있다. 여기서 그들이 대포에서 발사된 포탄이 날아가는 운동을 어떻게 설명했는지 알아보자. 아리스토텔레스는 처음에 포탄은 강제적인 힘을 받아 사선 방향으로 강제 운동을 하다가 강제 운동이 끝나면 바로 수직 방향으로 지구를 향한 본성 운동을 하므로 포탄의 운동 궤적은 직각삼각형이 된다고 하였다. 하지만 갈릴레이는 포탄이 수직 방향으로 낙하하는 동안에 동시에 수평 방향으로 등속 운동을 하기 때문에 포물선 운동이 된다고 설명하였다. 다시 말하면 갈릴레이는 대포에서 발사된 탄환의 운동을 수직 방향의 낙하 운동과 수평 방향의 등속 운동이라는 두 성분으로 분해하여 설명했던 것이다.

2) 스칼라 곱의 정의와 의미

스칼라 곱(dot product, scalar product)은 다음과 같이 정의한다.

$$\vec{a} \cdot \vec{b} = ab\cos\theta \quad (\text{단, } \theta\text{는 } \vec{a}, \vec{b}\text{가 이루는 각})$$

스칼라 곱은 교환법칙이 성립한다. 즉,

$$\vec{a} \cdot \vec{b} = \vec{b} \cdot \vec{a}$$

스칼라 곱을 대수적으로 표현하면 다음과 같다.

$$\begin{aligned}\vec{a} \cdot \vec{b} &= (a_1\vec{i} + a_2\vec{j} + a_3\vec{k}) \cdot (b_1\vec{i} + b_2\vec{j} + b_3\vec{k}) \\ &= a_1b_1 + a_2b_2 + a_3b_3 \\ &= \sum_{i,j} a_i b_j \delta_{ij} = \sum_i a_i b_i\end{aligned}$$

이 식에서 사용된 δ_{ij}는 독일의 수학자 크로네커(Leopold Kronecker, 1823~1891)가 만든 크로네커 델타(Kronecker delta) 함수로 다음과 같이 정의한다.

$$\delta_{ij} = \begin{cases} 1, & i = j \\ 0, & i \neq j \end{cases}$$

그러면 스칼라 곱의 기하학적 의미는 무엇일까? 그것은 정사영(正射影, orthogonal projection)이다. 그림 4.1에서 보듯이 $A\cos\theta$는 $\vec{B}$를 $\vec{A}$에 내린 정사영의 크기이고, $B\cos\theta$는 $\vec{B}$를 $\vec{A}$에 내린 정사영의 크기를 나타낸다.

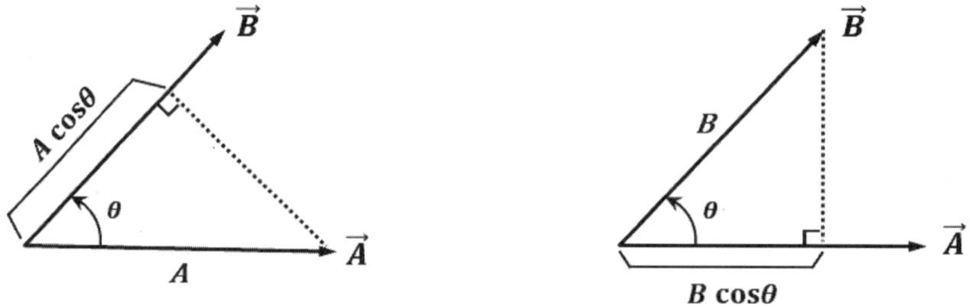

$$\vec{A}\cdot\vec{B} = |\vec{A}|(\cos\theta)|\vec{B}| = A_{\parallel}|\vec{B}| \qquad \vec{A}\cdot\vec{B} = |\vec{A}|(\cos\theta)|\vec{B}| = |\vec{A}|B_{\parallel}$$

[그림 4.1] 스칼라곱과 정사영

3) 벡터 곱의 정의와 의미

벡터 곱(cross product, vector product)은

$$\vec{a} \times \vec{b} = \vec{c}$$

로 정의하고, $\vec{c}$의 방향은 오른손 법칙(right-hand rule)에 따라 오른손을 감았을 때 엄지손가락이 가리키는 방향으로 정해지며 그 크기는 다음과 같다.

$$|\vec{a} \times \vec{b}| = ab\sin\theta$$

스칼라 곱과 달리 벡터 곱은 교환법칙이 성립하지 않는다. 즉,

$$\vec{a} \times \vec{b} = -\vec{b} \times \vec{a}$$

벡터곱을 대수적으로 표현하면 다음과 같다.

$$
\begin{aligned}
\vec{c} &= \vec{a} \times \vec{b} \\
&= (\vec{i}\,a_1 + \vec{j}\,a_2 + \vec{k}\,a_3) \times (\vec{i}\,b_1 + \vec{j}\,b_2 + \vec{k}\,b_3) \\
&= \begin{vmatrix} \vec{i} & \vec{j} & \vec{k} \\ a_1 & a_2 & a_3 \\ b_1 & b_2 & b_3 \end{vmatrix} \\
&= \vec{i}\,(a_2 b_3 - a_3 b_2) + \vec{j}\,(a_3 b_1 - a_1 b_3) + \vec{k}\,(a_1 b_2 - a_2 b_1)
\end{aligned}
$$

여기서 직교 좌표계의 단위벡터들 사이의 벡터 곱의 크기를 구하면 다음과 같다.

$$
\begin{aligned}
&|\vec{i}\times\vec{i}| = |\vec{j}\times\vec{j}| = |\vec{k}\times\vec{k}| = (1\times1)\sin(0) = 0 \\
&|\vec{i}\times\vec{j}| = |\vec{j}\times\vec{k}| = |\vec{k}\times\vec{i}| = (1\times1)\sin(\pi/2) = 1
\end{aligned}
$$

따라서 다음과 같은 결과를 얻을 수 있다.

$$
\begin{aligned}
&\vec{i}\times\vec{i} = \vec{j}\times\vec{j} = \vec{k}\times\vec{k} = 0 \\
&\vec{i}\times\vec{j} = \vec{k}\ ,\ \vec{j}\times\vec{k} = \vec{i}\ ,\ \vec{k}\times\vec{i} = \vec{j} \\
&\vec{j}\times\vec{i} = -\vec{k}\ ,\ \vec{k}\times\vec{j} = -\vec{i}\ ,\ \vec{i}\times\vec{k} = -\vec{j}
\end{aligned}
$$

그러면 벡터 곱의 기하학적 의미는 무엇일까? 그것은 평행사변형의 면적이다. 이는 벡터 곱의 크기 $|\vec{a} \times \vec{b}|$를 구하면 $a \times b \sin\theta$로 평행사변형의 면적이 되기 때문이다 (그림 4.2).

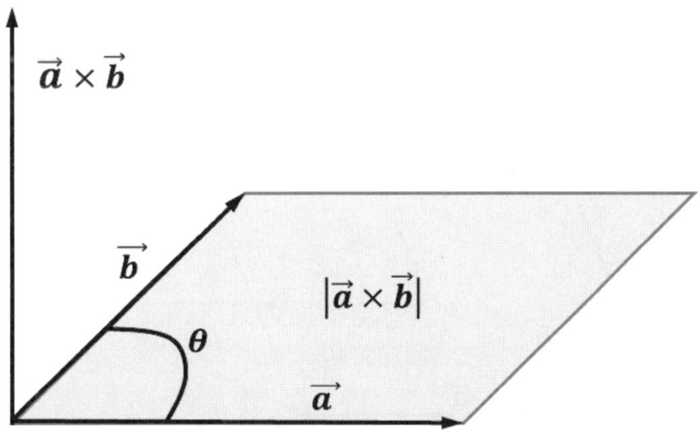

[그림 4.2] 벡터 곱 $\vec{a} \times \vec{b}$의 방향과 크기. 크기는 평행사변형의 면적과 같다.

4) 스칼라 삼중곱

스칼라 삼중곱(scalar triple product)은 다음과 같이 정의하며

$$(\vec{a} \times \vec{b}) \cdot \vec{c} = (\vec{b} \times \vec{c}) \cdot \vec{a} = (\vec{c} \times \vec{a}) \cdot \vec{b}$$

이를 대수적으로 표시하면 다음과 같다.

$$\begin{aligned}(\vec{a} \times \vec{b}) \cdot \vec{c} &= \begin{vmatrix} a_2 & a_3 \\ b_2 & b_3 \end{vmatrix} c_1 + \begin{vmatrix} a_3 & a_1 \\ b_3 & b_1 \end{vmatrix} c_2 + \begin{vmatrix} a_1 & a_2 \\ b_1 & b_2 \end{vmatrix} c_3 \\ &= \begin{vmatrix} c_1 & c_2 & c_3 \\ a_1 & a_2 & a_3 \\ b_1 & b_2 & b_3 \end{vmatrix} = \begin{vmatrix} a_1 & a_2 & a_3 \\ b_1 & b_2 & b_3 \\ c_1 & c_2 & c_3 \end{vmatrix} = \begin{vmatrix} b_1 & b_2 & b_3 \\ c_1 & c_2 & c_3 \\ a_1 & a_2 & a_3 \end{vmatrix} \\ &= c_1(a_2 b_3 - a_3 b_2) + c_2(a_3 b_1 - a_1 b_3) + c_3(a_1 b_2 - a_2 b_1) \\ &= a_1(b_2 c_3 - b_3 c_2) + a_2(b_3 c_1 - b_1 c_3) + a_3(b_1 c_2 - b_2 c_1) \\ &= b_1(c_2 a_3 - c_3 a_2) + b_2(c_3 a_1 - c_1 a_3) + b_3(c_1 a_2 - c_2 a_1)\end{aligned}$$

스칼라 삼중곱의 기하학적 의미는 다음 그림과 같이 평행육면체의 부피(volume of a parallelepiped)를 나타낸다(그림 4.3).

평행육면체의 부피 = $|(\vec{a} \times \vec{b}) \cdot \vec{c}| = |\vec{a} \times \vec{b}| \cdot |\vec{c}| \cos\theta$

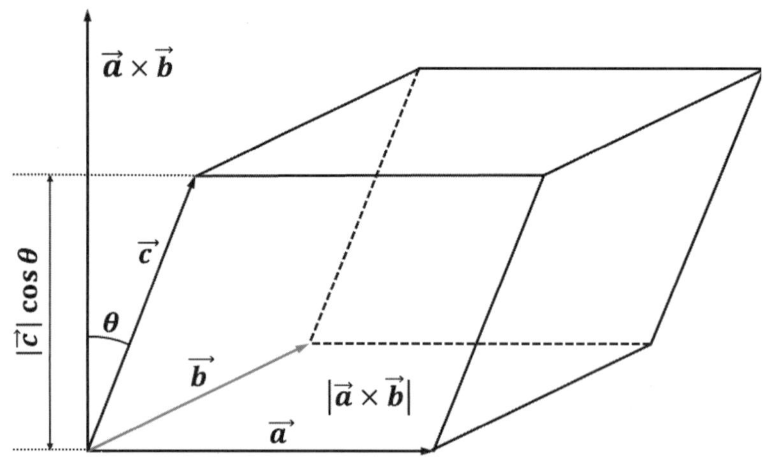

[그림 4.3] 스칼라 삼중곱의 기하학적 의미. 평행육면체의 부피이다.

5) 벡터 삼중곱

$$\vec{a} \times (\vec{b} \times \vec{c}) = \vec{b}(\vec{a} \cdot \vec{c}) - \vec{c}(\vec{a} \cdot \vec{b})$$

이 벡터 삼중곱으로부터 델(del) 연산자(∇)가 들어가 있는 다음의 항등식은 앞으로 나올 맥스웰 방정식뿐만 아니라 여러 물리학 분야에서 유용하게 쓰인다.

$$\nabla \times (\nabla \times \vec{F}) = \nabla(\nabla \cdot \vec{F}) - (\nabla \cdot \nabla)\vec{F} = \nabla(\nabla \cdot \vec{F}) - \nabla^2 \vec{F}$$

(2) 미분

1) 미분과 도함수

함수 $f(x)$ 위의 두 점 P, Q 의 좌표를 각각 $[x_0, f(x_0)]$, $[(x_0+\Delta x), f(x_0+\Delta x)]$ 라고 하면 이 두 점을 잇는 직선의 기울기는 다음과 같이 쓸 수 있다.

$$\text{기울기} = \frac{f(x_0 + \Delta x) - f(x_0)}{\Delta x}$$

이때 Q 점을 P 점에 무한히 가까이 가져가면, Δx는 0에 무한히 접근하게 되고 결국 이 직선의 기울기는 P 점에서의 접선의 기울기로 바뀐다. 이를 식으로 표현하면 다음과 같다.

$$\text{접선의 기울기} = \lim_{\Delta x \to 0} \frac{f(x_0 + \Delta x) - f(x_0)}{\Delta x}$$

이것이 미분(differentiation)의 개념이다. 이를 물리적으로 표현하면 기울기는 평균 변화율(average rate of change)로, 미분은 순간 변화율(instantaneous rate of change)로 정의할 수 있다. 그리고 이 미분을 거꾸로 하는 것이 적분(integration)이다.

이러한 미분의 개념을 바탕으로, x 에 관한 함수 $y=f(x)$ 에서 x 의 변화량 Δx에 대한 y의 변화량 Δy 는 $\Delta y = f(x + \Delta x) - f(x)$이므로, 이 함수를 미분하여 이끌어낸(導) 도함수(導函數, derivative) dy/dx 는 다음과 같이 정의한다.

$$f'(x) = \frac{dy}{dx} = \lim_{\Delta x \to 0} \frac{\Delta y}{\Delta x} = \lim_{\Delta x \to 0} \frac{f(x + \Delta x) - f(x)}{\Delta x}$$

2) 편미분과 전미분

독립변수가 하나인 $f(x)$와 달리 독립변수가 둘 이상인 경우라면 도함수는 어떻게 정의할까? 예를 들어 우리가 타고 다니는 자동차의 연료비는 자동차의 연비(km/l)와 주행거리(km) 등에 따라 달라진다. 따라서 우리가 자동차 연료비를 아끼려면 될수록 자동차를 타지 않는 것이 좋겠지만, 꼭 운행해야 할 때에는 연비를 높이는 방향(예를 들면 급가속을 하지 않음)으로 주행하는 것이 좋을 것이다. 이처럼 두 개 이상의 요인이 변화율에 영향을 미치는 경우는 일상에서 흔히 볼 수 있다. 이를 수학적으로 표현하는 방법을 이변수 함수 Z=$f(x, y)$ 의 변화율로써 알아보자.

먼저 x방향의 변화율을 알아보자. 이때 y 방향으로는 변화가 없다고 가정한다. 그러면 그림 4.4(a)처럼 (x_0, y_0) 에서 $(x_0+\Delta x, y_0)$ 로 수평선을 따라 변화하는 순간 변화율을 다음 식과 같이 구할 수 있다.

$$\lim_{\Delta x \to 0} \frac{f(x_0 + \Delta x, y_0) - f(x_0, y_0)}{\Delta x}$$

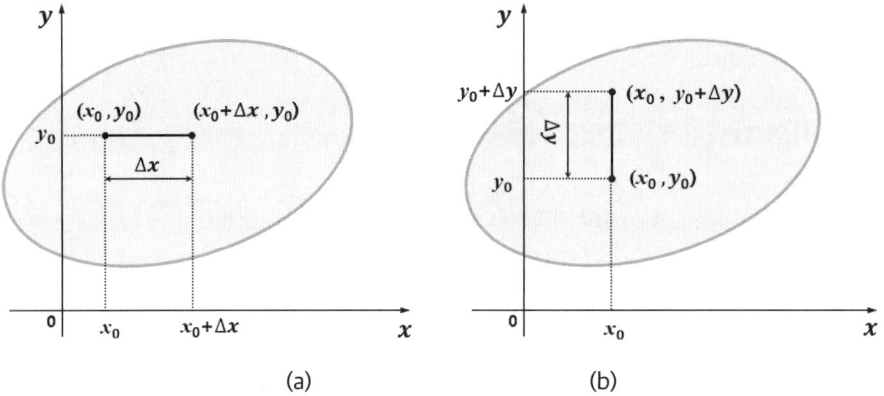

[그림 4.4] (a) x 방향의 변화율과 (b) y 방향의 변화율

이 식에서 볼 수 있듯이 $f(x, y)$는 이변수 함수이나, y 방향으로의 변화는 무시하고 오로지 한 변수 x 에 관한 변화율만을 구하였기 때문에, 이를 점 (x_0, y_0) 에서 x에 관

한 $f(x, y)$ 의 편미분(偏微分, partial differentiation)이라 부르고 다음과 같이 표시한다.

$$\frac{\partial f(x_0, y_0)}{\partial x} = \lim_{\Delta x \to 0} \frac{f(x_0 + \Delta x, y_0) - f(x_0, y_0)}{\Delta x}$$

마찬가지로 x 방향의 변화는 없다고 가정하고, 점 (x_0, y_0) 에서 $(x_0, y_0 + \Delta y)$ 로 수직선을 따라 변화하는 순간 변화율도 다음과 같이 구할 수 있다[그림 4.4(b)].

$$\lim_{\Delta y \to 0} \frac{f(x_0, y_0 + \Delta y) - f(x_0, y_0)}{\Delta y}$$

그러면 점 (x_0, y_0)에서 y 에 관한 $f(x, y)$의 편미분은 다음과 같다.

$$\frac{\partial f(x_0, y_0)}{\partial y} = \lim_{\Delta y \to 0} \frac{f(x_0, y_0 + \Delta y) - f(x_0, y_0)}{\Delta y}$$

결론적으로 x 와 y 에 관한 $f(x, y)$ 의 편도함수(partial derivative)를 각각 다음과 같이 나타낼 수 있다.

$$\frac{\partial f(x, y)}{\partial x} = \lim_{\Delta x \to 0} \frac{f(x + \Delta x, y) - f(x, y)}{\Delta x}$$

$$\frac{\partial f(x, y)}{\partial y} = \lim_{\Delta y \to 0} \frac{f(x, y + \Delta y) - f(x, y)}{\Delta y}$$

따라서 이변수 함수 $Z=f(x, y)$에 대하여 변화율을 구하기 위해서는 다음과 같이 전미분(全微分, total differentiation)으로 x 와 y 두 방향 모두의 변화를 구하여야 한다.

$$dZ = df = \frac{\partial f}{\partial x} dx + \frac{\partial f}{\partial y} dy$$

이 결과가 유도되는 과정을 약술하면, $Z=f(x, y)$에서

$$\begin{aligned}\Delta Z &= f(x + \Delta x, y + \Delta y) - f(x, y) \\ &= f(x + \Delta x, y + \Delta y) - f(x, y + \Delta y) + f(x, y + \Delta y) - f(x, y) \\ &= \frac{f(x + \Delta x, y + \Delta y) - f(x, y + \Delta y)}{\Delta x} \cdot \Delta x + \frac{f(x, y + \Delta y) - f(x, y)}{\Delta y} \cdot \Delta y\end{aligned}$$

가 성립한다. 이때 $Z=f(x, y)$ 가 x, y의 변역에서 연속 함수이고 미분 가능하면,

$\Delta x \to 0$, $\Delta y \to 0$ 일 때 $\Delta Z \to 0$ 이므로

$$\lim_{\Delta Z \to 0} \Delta Z = \lim_{\Delta x \to 0} \frac{f(x+\Delta x,\ y+\Delta y) - f(x,\ y+\Delta y)}{\Delta x} \cdot \Delta x + \lim_{\Delta y \to 0} \frac{f(x,\ y+\Delta y) - f(x,\ y)}{\Delta y} \cdot \Delta y$$

이다. 따라서 다음 결과가 유도된다.

$$dZ = df = \frac{\partial f}{\partial x}\, dx + \frac{\partial f}{\partial y}\, dy$$

마찬가지로 삼변수 함수 Z=$f(x,\ y,\ z)$ 도 다음과 같이 정의할 수 있다.

$$dZ = df = \frac{\partial f}{\partial x}\, dx + \frac{\partial f}{\partial y}\, dy + \frac{\partial f}{\partial z}\, dz$$

이 유도 과정은 이변수 함수와 다른 방법으로 유도해보기로 하자. 3개의 독립변수에 대한 테일러 급수(Taylor series)는 다음과 같이 쓸 수 있다.

$$f(x+\Delta x, y+\Delta y, z+\Delta z) = f(x,y,z) + \left[\frac{\partial f}{\partial x}\Delta x + \frac{\partial f}{\partial y}\Delta y + \frac{\partial f}{\partial z}\Delta z\right] + \frac{1}{2!}\left[\frac{\partial^2 f}{\partial x^2}\Delta x^2 + \frac{\partial^2 f}{\partial x \partial y}\Delta x \Delta y + \cdots + \frac{\partial^2 f}{\partial z^2}\Delta z^2\right] + \cdots$$

그런데 미분하는 경우 Δx, Δy, Δz 는 매우 작은 값으로 위 식 우변의 세 번째 항부터는 무시할 수 있다. 그러면 다음 식을 얻을 수 있다.

$$f(x+dx, y+dy, z+dz) = f(x,y,z) + \left[\frac{\partial f}{\partial x}dx + \frac{\partial f}{\partial y}dy + \frac{\partial f}{\partial z}dz\right]$$

이를 정리하면

$$df = f(x+dx, y+dy, z+dz) - f(x,y,z) = \frac{\partial f}{\partial x}dx + \frac{\partial f}{\partial y}dy + \frac{\partial f}{\partial z}dz$$

이 됨을 증명할 수 있다.

잠깐 여러분이 편미분의 뜻을 쉽게 이해할 수 있도록 편미분에 사용된 한자 편(偏)의 뜻을 풀이하면, 한쪽에 '치우칠 편'이다. 따라서 아무리 많은 독립변수가 있다 하더라도 오로지 하나만 '편들고' 나머지는 무시하는 것이 편미분이다. 이참에 제인 오스

틴(Jane Austen, 1775~1817)의 유명한 작품 ≪오만(傲慢)과 편견(偏見), Pride and Prejudice≫을 읽어 보면서 자신의 삶에 지나치게 오만한 것은 아닌지 그리고 다른 사람에게 가지고 있는 감정이 혹 자기 자신의 편견 때문은 아닌지 자신을 한번 반추(反芻)해 보는 기회로 삼는 것은 어떨는지? 책이 읽기 싫으면, 조 라이트(Joe Wright)가 감독하고 키이라 나이틀리(Keira Knightley)가 주연한 동명의 고전 영화를 한번 감상해보기를!

(3) 벡터마당

1) 벡터마당의 정의

벡터마당(벡터장, vector field)은 주어진 한 점에 벡터를 대응시킨 것으로, 중력마당이나 전기마당처럼 공간상의 각 점에서 중력이나 전기력의 방향과 크기를 나타내기 위해 사용된다.

여기서는 벡터마당의 몇 가지 연산을 통하여 그 물리적 의미를 알아보기로 한다. 이는 앞으로 배울 맥스웰 방정식을 아는 데는 필수적인 요소이다.

먼저 ▽ 연산자(del operator)를 정의한다.

$$\nabla = \left(\frac{\partial}{\partial x}, \frac{\partial}{\partial y}, \frac{\partial}{\partial z}\right) = \vec{i}\,\frac{\partial}{\partial x} + \vec{j}\,\frac{\partial}{\partial y} + \vec{k}\,\frac{\partial}{\partial z}$$

벡터마당의 연산에는 기울기, 발산, 회전 등이 있으며 차례대로 살펴보자.

2) 기울기(▽, gradient)

기울기(gradient)는 벡터마당으로서, 스칼라마당 $f(x, y, z)$ 에 대하여 기울기는 다음과 같이 정의한다.

$$\nabla f = \left(\vec{i}\,\frac{\partial}{\partial x} + \vec{j}\,\frac{\partial}{\partial y} + \vec{k}\,\frac{\partial}{\partial z}\right) f = \left(\frac{\partial f}{\partial x}, \frac{\partial f}{\partial y}, \frac{\partial f}{\partial z}\right)$$

그러면 이 스칼라마당에서의 기울기(gradient)는 무엇을 의미할까? 그것은 스칼라마당의 최대 증가율을 나타내는 벡터마당을 뜻한다. 따라서 어느 한 점에서 변화율이 가장 큰 방향이 기울기 방향이 된다. 예를 들어 방안의 온도 분포를 3차원 공간 (x, y, z) 의 각 점에서의 온도 $T(x, y, z)$ 로 나타낸다면 ∇T 는 주어진 한 점에서의 온도 변화가 가장 큰 방향을 가리킨다.

또 다른 예로 중력(또는 전기력) $\vec{F}$ 와 퍼텐셜(potential, 잠재 또는 위치 에너지) ϕ 는 다음과 같은 관계를 가진다.

$$\vec{F} = -\nabla\phi$$

스칼라마당의 기울기(그래디언트)는 등고선에서 가장 가파른 기울기를 나타내므로 기울기 벡터는 퍼텐셜이 가장 급격하게 변하는 방향을 향한다. 중력마당이나 전기마당에서 퍼텐셜이 같은 면을 등퍼텐셜면(equipotential surface)이라 한다. 따라서 등퍼텐셜면에서 기울기 벡터의 방향은 이 면의 접선 방향과 항상 수직이다(그림 4.5).

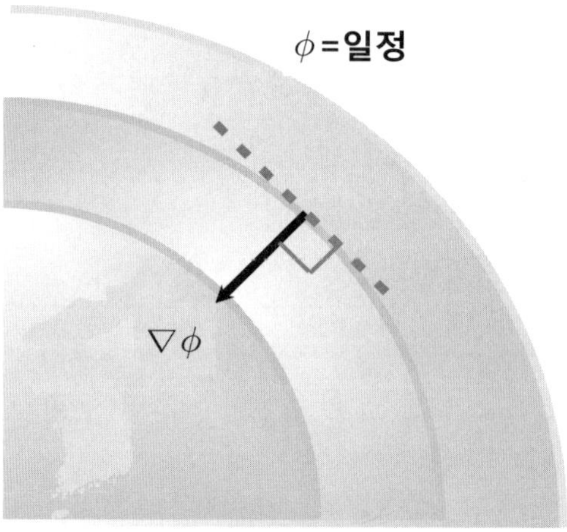

[그림 4.5] 스칼라마당의 기울기 벡터. 스칼라마당이 일정한 면(ϕ, 등퍼텐셜면)의 기울기 벡터($\nabla\phi$)는 접선 방향과 수직이다.

3) 벡터마당의 발산 ($\nabla \cdot$, divergence)

벡터마당의 발산(發散, divergence, $\nabla \cdot$)은 수학적으로는 다음과 같이 정의한다.

$$\nabla \cdot \vec{F} = \frac{\partial F_x}{\partial x} + \frac{\partial F_y}{\partial y} + \frac{\partial F_z}{\partial z}$$

여기서, $\vec{F} = F_x \vec{i} + F_y \vec{j} + F_z \vec{k} = (F_x, F_y, F_z)$이다. 그리고 발산의 수학적인 계산 방법은 스칼라곱과 같다.

벡터마당의 발산의 물리적 의미는 공간상의 어느 한 점에서 벡터량이 주위로 퍼져나가는 플럭스(flux)의 정도를 나타내는 것으로, 설명에 들어가기에 앞서 플럭스에 대해 짚고 넘어가자. 플럭스는 '흐름(flow)'을 뜻하는 'fluxus'에서 유래한 말로 예전에는 '선속(線束)'이라는 말로 번역되었다. 예를 들어 electric flux는 전기선속, 즉 전속(電束), magnetic flux는 자기선속, 즉 자속(磁束) 식이다. 그러나 여기에서는 이런 번역보다는 '흐름(양)'이나 '다발'이라는 한글 용어로 대체하거나 아니면 '플럭스'를 그대로 사용하고자 한다. 어쨌든 어떤 물리량의 흐름을 나타내는 단어이다.

☞ 그럼 이제 발산으로 다시 돌아가자. 발산에는 다음 3가지 경우가 있다.

첫째, $\nabla \cdot \vec{F} = 0$이면 어떤 닫힌곡면을 따라 빠져나가는 플럭스와 들어오는 플럭스의 양은 같다. 예를 들어 물이 지나가는 통로의 한 단면을 기준으로 들어오는 물의 양과 흘러나가는 물의 양이 같으면 물의 양에는 변화가 없으므로 알짜 플럭스는 0이다. 이처럼 어떤 벡터마당의 발산이 0이면 그 벡터마당은 비압축적(incompressible)이라 한다.

둘째, $\nabla \cdot \vec{F} > 0$이면 어떤 닫힌곡면을 따라 빠져나가는 플럭스가 들어오는 플럭스보다 더 많다. 앞의 예를 이용하면 들어오는 물의 양보다 흘러나가는 물의 양이 더 많은 경우로 알짜 플럭스는 양(+)이다. 이때는 샘물처럼 물이 솟아 밖으로 퍼져나가듯이 벡터량이 만들어지는 지점으로 이러한 곳을 날샘(source)이라 한다(그림 4.6).

셋째, $\nabla \cdot \vec{F} < 0$이면 어떤 닫힌곡면을 따라 들어오는 플럭스가 빠져나가는 플럭스보다 더 많다. 따라서 들어오는 물의 양이 흘러나가는 물의 양보다 더 많은 경우로 알짜 플럭스는 음(-)이다. 이때는 배수구처럼 물이 한곳으로 모여 물이 빠져나가듯이 벡터량이 사라지는 지점으로 이러한 곳을 들샘(sink)이라 한다(그림 4.6).

전기 탐사에서 전류의 흐름을 표시할 때 사용하고 있는 'source(+)'나 'sink(-)'가 바로 이런 뜻이다.

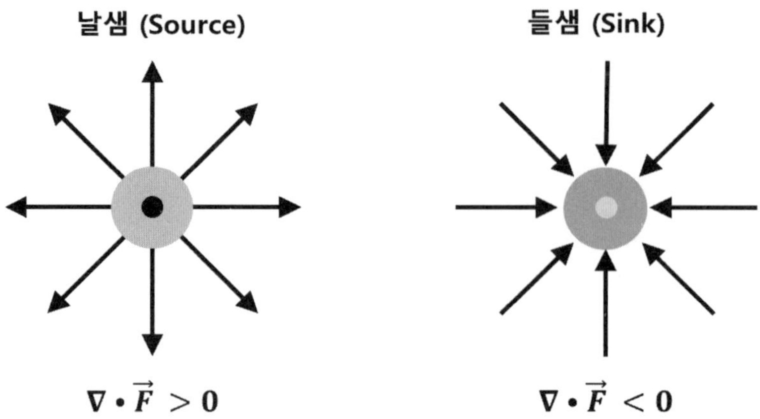

[그림 4.6] 벡터마당의 발산. 날샘(source)과 들샘(sink)

4) 벡터마당의 회전 ($\nabla\times$, curl)

벡터마당의 회전(回轉, curl, $\nabla\times$)은 다음과 같이 정의한다. 그리고 회전의 수학적인 계산 방법은 벡터곱과 같다.

$$\nabla \times \vec{F} = \begin{vmatrix} \vec{i} & \vec{j} & \vec{k} \\ \frac{\partial}{\partial x} & \frac{\partial}{\partial y} & \frac{\partial}{\partial z} \\ F_x & F_y & F_z \end{vmatrix}$$

$$= (\frac{\partial F_z}{\partial y} - \frac{\partial F_y}{\partial z})\vec{i} + (\frac{\partial F_x}{\partial z} - \frac{\partial F_z}{\partial x})\vec{j} + (\frac{\partial F_y}{\partial x} - \frac{\partial F_x}{\partial y})\vec{k}$$

벡터마당 회전의 물리적 의미는 어떤 한 점 주위로 어느 정도 회전하는가를 나타내는 물리량이다. 회전 벡터의 방향 즉, 회전축의 방향은 회전하는 면의 수직 방향으로, 오른손 법칙에 따라 반시계 방향으로 회전할 때는 위로 수직, 시계 방향으로 회전할 때는 아래로 수직 방향이 된다(그림 4.7). 벡터마당의 회전이 0이면 비회전성(irrotational)이라 부른다.

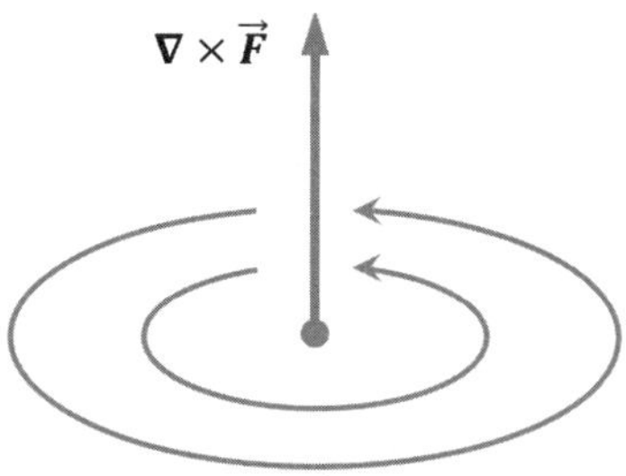

[그림 4.7] 벡터마당의 회전

5) 라플라스 연산자(Laplace operator)

기울기(▽) 연산자에 발산 연산자(▽ ·)를 취한 ▽ · ▽로 정의하는데 기호로 Δ 또는 ∇^2로 쓰고, 라플라시안(Laplacian)이라고 부른다. 라플라시안의 수학적 정의는 다음과 같다.

$$\nabla^2 f = \nabla \cdot \nabla f = \frac{\partial^2 f}{\partial x^2} + \frac{\partial^2 f}{\partial y^2} + \frac{\partial^2 f}{\partial z^2}$$

6) 벡터마당 연습

첫째, $\nabla \cdot (\nabla \times \vec{F}) = 0$

$$\nabla \cdot (\nabla \times \vec{F}) = \begin{bmatrix} \frac{\partial}{\partial x} & \frac{\partial}{\partial y} & \frac{\partial}{\partial z} \\ \frac{\partial}{\partial x} & \frac{\partial}{\partial y} & \frac{\partial}{\partial z} \\ F_x & F_y & F_z \end{bmatrix} = 0$$

둘째, $\nabla \times (\nabla f) = 0$

$$\nabla \times \nabla f = \begin{bmatrix} \vec{i} & \vec{j} & \vec{k} \\ \frac{\partial}{\partial x} & \frac{\partial}{\partial y} & \frac{\partial}{\partial z} \\ \frac{\partial f}{\partial x} & \frac{\partial f}{\partial y} & \frac{\partial f}{\partial z} \end{bmatrix}$$

$$= \left(\frac{\partial^2 f}{\partial y \partial z} - \frac{\partial^2 f}{\partial z \partial y}, \frac{\partial^2 f}{\partial z \partial x} - \frac{\partial^2 f}{\partial x \partial z}, \frac{\partial^2 f}{\partial x \partial y} - \frac{\partial^2 f}{\partial y \partial x} \right)$$

$$= (0, 0, 0)$$

셋째, 보존마당의 뜻. '중력은 보존마당이다.'라고 한다. 그렇다면 이 '보존' 이란 뜻이 무엇인지 한번 알아보자. 아래 다섯 표현은 같은 뜻 다른 말(同意異語)이며 수학적으로는 동치(同値, equivalence) 관계이다.

① $\vec{F}(x,y,z)$는 보존적(conservative)이다.

② $\int_C \vec{F} \cdot \vec{dr}$ 이 경로에 독립적이다(path independence).

$$\Leftrightarrow \int_{C_1} \vec{F} \cdot \vec{dr} = \int_{C_2} \vec{F} \cdot \vec{dr}$$

③ C가 닫힌 경로(closed path)일 때 $\oint_C \vec{F} \cdot \vec{dr} = 0$ 이다.

④ $\nabla \times \vec{F} = 0$ 이다.

⑤ $\vec{F}(x,y,z)$는 기울기 벡터($\vec{F} = \nabla \phi$) 이다.

■ **위의 ① ~ ⑤가 동치임을 증명하시오!**

4.2.2 맥스웰 방정식과 물리적 해석

(1) 맥스웰 - 전기와 자기의 통합

전기마당(場)이라 함은 전하가 미치는 힘의 공간이라고 간단히 표현할 수 있다. 만약 어떤 물체의 한 지점에 양(또는 음)의 전하를 가져다 놓으면 전기력에 의해 끌리거나 멀어지는 힘이 작용할 것이다. 그러면 이 지점에서 물체와 전하 사이에 작용하는 힘의 방향과 크기를 벡터로 그릴 수 있다. 이제 전하의 위치를 옮긴다면 그 지점에서도 역시 힘의 벡터를 그릴 수 있다. 이렇게 연속적으로 공간상의 각 점에 화살표로 전기 벡터들을 그리면 전 우주 공간은 전기력을 나타내는 화살표로 가득 차게 된다. 이 벡터 공간이 바로 어떤 물체가 가지는 전기마당이라 할 수 있다(김찬주, 2009). 그리고 이 마당 공간은 거미줄처럼 빽빽하게 쳐져 있어 한 지점의 전하는 마당의 어디라도 힘이 미친다. 그리고 나방이 거미줄에 걸리면 거미줄은 출렁거리고, 이 출렁임은 거미줄을 타고 먼 곳까지 전달된다. 이러한 거미줄의 출렁임처럼 전기마당도 출렁이면서 공간을 전파해나갈 것이다. 맥스웰은 전기마당과 자기마당은 본질적으로 같은 것이며 이들이 만들어내는 마당의 출렁임, 즉 전자기파가 바로 우리가 '빛'이라고 부르는 것이라고 밝혔다. 이렇게 전기와 자기가 통합되면서 우주에 존재하는 4가지 힘 가운데 하나인 전자기 상호작용이 완성되었고 맥스웰은 이를 소위 '맥스웰 방정식'이라는 이름으로 아름답게 정리하였다. 이로써 고전 전자기학은 완성되었다.

(2) 맥스웰 방정식

맥스웰 방정식(Maxwell's equations)을 가장 간단히 설명하면 전기는 자기를, 자기는 전기를 만든다는 것을 네 개의 수식으로 표현한 것으로 다음과 같이 미분 형식으로 쓸 수 있다.

① $\nabla \cdot \overline{E} = \frac{\rho}{\varepsilon_0}$

② $\nabla \cdot \overrightarrow{B} = 0$

③ $\nabla \times \overrightarrow{E} = -\frac{\partial \overrightarrow{B}}{\partial t}$

④ $\nabla \times \overrightarrow{B} = \mu_0 (\overrightarrow{J} + \varepsilon_0 \frac{\partial \overrightarrow{E}}{\partial t})$

첫 두 식은 가우스 법칙으로 전하나 자석에 의해서 전기마당이나 자기마당이 어떻게 분포하는지를 보여준다. 세 번째와 네 번째 식은 패러데이 법칙과 수정된 앙페르 법칙(또는 앙페르-맥스웰 법칙)이다. 역사적으로 보면 앙페르가 전류에 의해서 자기마당이 만들어진다는 사실을 밝혔고, 뒤이어 패러데이는 자기마당의 변화로 전기마당이 만들어짐을 밝혔다. 그러나 맥스웰은 앙페르 법칙에 무언가 빠져있다는 사실을 알게 된다. 물리 법칙은 대칭의 아름다움이 있다. 즉, 자기마당이 변해 전기마당이 만들어진다면, 물리의 대칭성에 따라 전기마당이 변하면 자기마당이 만들어져야 한다는 것이다. 맥스웰은 이를 바탕으로 앙페르 법칙을 수정함으로써 비로소 전기와 자기를 통합하는 맥스웰 방정식을 완성하였다.

맥스웰 방정식을 설명하기 전에 먼저 이 방정식에 사용된 벡터 기호나 상수들이 무엇을 뜻하는지를 아래에 정리하였다.

전기마당에 관한 용어	
$\vec{D}$	전기다발 밀도(electric flux density) $\vec{D} = \varepsilon \vec{E}$
$\vec{E}$	전기마당(電氣場, electric field)
ε	유전율(誘電率, permittivity, dielectric constant)
ε_0	진공에서 유전율(permittivity of free space) $\varepsilon_0 = 8.854 \times 10^{-12}$ F/m
ρ	전하밀도(電荷密度, charge density)
Q	총 전하량(total electric charge) $Q = \iiint_V \rho dV$
I	전류 = 전하의 흐름 $I = \iint_S \vec{J} \cdot d\vec{A}$
$\vec{J}$	전류밀도(電流密度, electric current density)
σ	전기전도도(conductivity) $\vec{J} = \sigma \vec{E}$
자기마당에 관한 용어	
$\vec{B}$	자기다발 밀도(magnetic flux density) $\vec{B} = \mu \vec{H}$
$\vec{H}$	자기마당(磁氣場, magnetic field, magnetizing field)
μ	자기투과율(투자율, magnetic permeability)
μ_0	진공에서 자기투과율 $\mu_0 = 4\pi \times 10^{-7}$ H/m
빛의 속도[speed of light (EM wave)]	
$c = \dfrac{1}{\sqrt{\varepsilon_0 \mu_0}} \approx 3 \times 10^8$ m/s	

1) 전기마당에 관한 가우스 법칙

가우스 법칙(Gauss's law)은 전기마당은 전하에 의해 만들어진다는 법칙이다. 이를 수학적으로 미분 형식과 적분 형식으로 나타내면 각각 다음과 같다.

① 미분형: 정전기장에서, 한 점에서 전기마당의 발산($\nabla \cdot \vec{E}$)은 부피 전하밀도 ρ(C/m³)를 유전율 ε_0로 나눈 값과 같다.

$\nabla \cdot \vec{E} = \frac{\rho}{\varepsilon_0}$ 또는 $\nabla \cdot \vec{D} = \rho$

② 적분형: 임의의 닫힌곡면을 통과하는 전기다발(electric flux, Φ_E)은 그 곡면 속에 들어 있는 총 전하량(total charge, Q)에 비례한다(그림 4.8).

$$\Phi_E = \oint \vec{E} \cdot d\vec{A} = \oint_S (\vec{E} \cdot \vec{n})\, dA = \frac{Q}{\varepsilon_0}$$

또는 $\oint \vec{D} \cdot d\vec{A} = \oint_S (\vec{D} \cdot \vec{n})\, dA = Q$

여기서, $\vec{n}$ 은 $d\vec{A}$ 의 단위법선벡터(unit normal vector)이다.

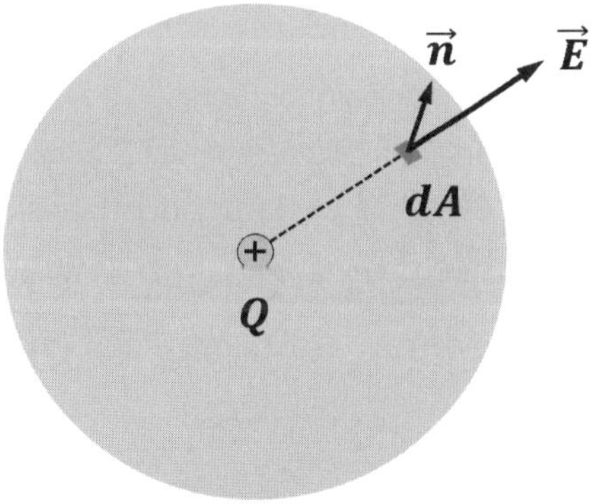

[그림 4.8] 닫힌곡면을 통과하는 전기다발

2) 자기마당에 관한 가우스 법칙

자기마당에 관한 가우스 법칙(Gauss's law for magnetism)은 다음과 같이 각각 쓸 수 있다.

① 미분형: 자기다발 밀도(magnetic flux density, $\vec{B}$)의 발산은 0이다.

$$\nabla \cdot \vec{B} = 0$$

자기마당을 만드는 근원은 없다. 따라서 자기마당은 전하의 이동에 의한 전류 또는 전기마당의 변화에 의해 생긴다(앙페르-맥스웰 법칙).

② 적분형: 임의의 닫힌곡면을 통과하는 자기다발(magnetic flux, Φ_B)의 총합은 0이다.

$$\Phi_B = \oint_S \vec{B} \cdot d\vec{A} = \oint_S (\vec{B} \cdot \vec{n})\, dA = 0$$

자석은 자기홀극(monopole)이 존재하지 않는다. 다시 말하면 자석은 N극과 S극이 항상 붙어 있기 때문에 자기다발(magnetic flux)이 나간만큼 다시 흘러 들어온다. 따라서 나가는 자기력선의 수(자기다발)와 들어오는 자기력선의 수(자기다발)의 합은 항상 0이다.

발산이 0이라 함은 공간상의 어느 점에서도 발산하거나 수렴하지 않으므로 자기력선은 나간 곳으로 다시 되돌아오는 연속적인 닫힌곡선을 이룬다. 따라서 자기마당은 시작도 끝도 없는 무시무종(無始無終)의 법칙(no beginning, no end)을 따른다.

3) 패러데이 전자기유도 법칙

1820년, 덴마크의 물리학자 외르스테드(Hans Christian Oersted, 1777~1851)는 전도 전류가 자침을 움직이게 하는 현상을 발견하였다. 즉 전류가 자기마당을 만든다는 것을 발견하였고, 이는 전기와 자기가 하나의 힘이라는 사실을 알리는 신호탄이었으며, 프랑스의 물리학자 앙페르(André Marie Ampère, 1775~1836)는 이를 더욱 발전시켜 앙페르 법칙(Ampere's law)으로 완성하였다. 외르스테드의 발견으로 전류가 자기마당을 만든다면 거꾸로 자기마당도 전류를 만들 수 있을 것이라고 생각한 영국의 물리학자 패러데이(Michael Faraday, 1791~1867)는 1833년, 자기마당이 변하면 전기마당이 만들어진다는 전자기유도 법칙(Faraday's EM induction law)을 발견하였다. 이 전자기유도 법칙을 나타내는 미분과 적분 형태의 식은 각각 다음과 같다.

① 미분형: 시간에 따라 변하는 자기마당($\partial\vec{B}/\partial t$)은 회전하는 전기마당($\nabla\times\vec{E}$)을 만든다.

$$\nabla \times \vec{E} = -\frac{\partial \vec{B}}{\partial t}$$

② 적분형: 유도 전기장(induced electric field)은 전하 입자(charged particles)를 회로 주위를 따라 움직이게 함으로써 전류를 흐르게 한다. 이 전기마당의 회전을 유도 기전력(induced electromotive force, EMF)이라 한다.

$$EMF = \oint_C \vec{E} \cdot d\vec{l}$$

유도 기전력은 자기다발(magnetic flux, Φ_B)의 시간 변화율에 비례한다.

$$EMF = -\frac{d\Phi_B}{dt}$$

그리고 자기다발은 다음과 같이 정의되므로

$$\Phi_B = \int_S \vec{B} \cdot d\vec{A} = \int_S (\vec{B} \cdot \vec{n})\, dA$$

유도 기전력은 다음과 같이 적분 형태로 나타낼 수 있다.

$$\oint_C \vec{E} \cdot d\vec{l} = -\frac{d}{dt}\int_S (\vec{B} \cdot \vec{n})\, dA$$

여기서 우변의 (-) 부호는 특별한 뜻을 지니고 있다. 자연은 자신이 가지고 있는 평형이 깨지는 변화를 싫어하듯, 유도 기전력에 의해 흐르는 전류의 방향은 자기다발이 항상 그 상태를 유지할 수 있도록, 다시 말하면 자기다발의 변화를 방해하는 방향(-)으로 흐른다. 이를 렌츠의 법칙(Lenz's Law)이라 한다. 1834년 독일의 물리학자 렌츠(Heinrich Friedrich Emil Lenz, 1804~1865)가 발견하였다

4) 앙페르-맥스웰 법칙

전류에 의해 자기마당이 만들어진다는 앙페르 법칙에 전기마당의 변화도 자기마당을 만든다는 것을 더함으로써 맥스웰(James Clerk Maxwell, 1831~1879)은 앙페르 법칙을 수정하였다. 이를 수정된 앙페르 법칙(modified Ampere's law) 또는 앙페르-맥스웰 법칙(Ampere-Maxwell's law)이라 부른다. 그리고 맥스웰은 빛이 전자기파의

일종임을 밝혀 빛의 파동설을 더욱 굳건히 하였고 또한 변위 전류(또는 대체 전류)를 도입함으로써 전자기파(EM wave)를 예언하기도 하였다. 자기마당은 전류나 전기마당의 변화로 만들어진다는 앙페르-맥스웰 법칙을 수학적으로 나타내면 다음과 같다.

① 미분형: 전류밀도($\vec{J}$)와 시간에 따라 변하는 전기마당(time-varying electric field, $\partial\vec{E}/\partial t$)은 회전하는 자기마당($\nabla \times \vec{B}$)을 만든다.

$$\nabla \times \vec{B} = \mu_0 (\vec{J} + \varepsilon_0 \frac{\partial \vec{E}}{\partial t})$$

이 식은 $\vec{B} = \mu_0 \vec{H}$ 와 $\vec{D} = \varepsilon_0 \vec{E}$ 를 이용하여 다음과 같이 쓸 수 있다.

$$\nabla \times \vec{H} = \vec{J} + \frac{\partial \vec{D}}{\partial t} \Rightarrow \nabla \times \vec{H} = \vec{J} + \vec{J_d}$$

여기서, $\vec{J_d} = \partial\vec{D}/\partial t$는 변위 전류밀도(displacement current density)이다.

② 적분형: 전류(I) 또는 시간에 따라 변하는 전기다발(Φ_E)은 회전하는 자기마당 ($\oint_C \vec{B} \cdot d\vec{l}$)을 유도한다.

$$\oint_C \vec{B} \cdot d\vec{l} = \mu_0 [I + \varepsilon_0 \frac{d}{dt} \int_S (\vec{E} \cdot \vec{n}) \, dA]$$

이 식 우변의 첫 번째 항이 전도 전류(傳導電流, conduction current)를, 두 번째 항이 변위 전류(變位電流, displacement current)를 나타낸다. 변위 전류는 전기다발의 변화율($d\Phi_E/dt$)이 전류의 역할을 대신한다고 하여 대체 전류라고도 한다.

맥스웰은 앙페르 법칙의 모순을 해결하기 위해 변위 전류를 추가하여 수정하였다. 이제 이 변위 전류에 대해 알아보자.

그림 4.9와 같은 전기회로에 직류를 흐르게 하면 축전기(capacitor)를 전자가 통과하지 못하므로 전류가 흐르지 않는다. 그러나 시간에 따라 바뀌는 교류를 흘려주면 전류가 흐른다. 다시 말하면 전류가 흐르지 않는 축전기 판 사이를 가로질러 이동하는 전하(전자)가 없음에도, 축전기 판 사이에는 자기마당이 생긴다. 이 현상을 어떻게 설명할 수 있을까? 패러데이는 이때 전자가 아닌 전기력선이 건너가 자기마당

이 생긴다고 설명했으며 이를 맥스웰이 입증했다. 이때 맥스웰이 도입한 개념이 변위 전류이다. 이로부터 예언되었던 것이 바로 전자기파이며 그 실체를 헤르츠(Heinrich Rudolf Hertz, 1857~1894)가 발견하였다. 이 전자기파의 발견을 기반으로 이탈리아 발명가 마르코니(Guglielmo Marconi, 1874~1937)는 1901년 12월 12일, 영국 콘월(Cornwall) 주의 폴듀에 세워진 전송 기지에서 보낸 전파를 캐나다 뉴펀들랜드(Newfoundland) 주 세인트존스의 수신 기지에서 희미하게나마 수신함으로써 무선 전신이 대서양을 횡단하는 데 성공했다. 이것이 무선 통신 시대를 여는 역사적인 사건이었다.

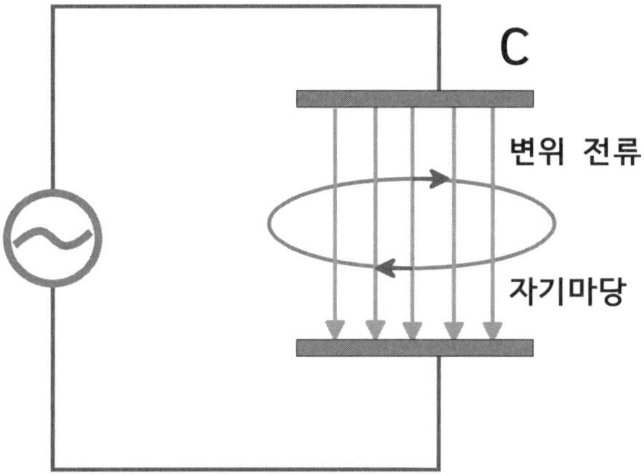

[그림 4.9] 축전기(C)와 변위 전류

5) 발산 정리와 스토크스 정리

여기서 발산 정리(divergence theorem)와 스토크스 정리(Stokes' theorem)를 소개한다. 이 정리들을 통해서 맥스웰 방정식을 보다 잘 이해할 수 있으리라 생각하기 때문이다.

① 발산 정리(또는 가우스의 발산 정리)는 벡터의 면적 적분-부피 적분 사이의 관계로 다음과 같이 쓸 수 있다.

$$\iiint_V \nabla \cdot \vec{F}\, dV = \oiint_S \vec{F} \cdot d\vec{A} = \oiint_S \vec{F} \cdot \vec{n}\, dA$$

발산 정리란 공간상의 입체 V에서 벡터마당 $\vec{F}$의 발산에 대한 부피 적분과 V의 겉면 S상에서 $\vec{F}$의 법선(normal) 성분에 대한 면적 적분이 같다는 뜻이다. 다시 말해서 입체 내부에서 흘러나오는 흐름(flux)의 총합은 겉면을 통과하는 흐름의 총합과 같다는 말이다. 예를 들면 고무풍선 안에 물이 가득 차 있을 때, 그 표면에 수많은 바늘구멍을 뚫고 고무풍선을 꽉 누르면 물이 구멍으로 빠져나갈 것이다. 이때 풍선의 표면을 빠져나간 물의 총 흐름양은 원래 풍선 속에 있던 물의 부피와 같다. 그림 4.10에서 보는 것처럼, 만약 고무풍선 안에 물 입자 대신 양(+)전하를 띤 입자가 있으면 밖으로 발산하는 전기마당이 되고, 자석이 들어있으면 닫힌곡선 형태의 자기마당이 된다.

$$\oiint_S \vec{D} \cdot d\vec{A} = \iiint_V \nabla \cdot \vec{D}\, dV = Q$$

$$\oiint_S \vec{B} \cdot d\vec{A} = \iiint_V \nabla \cdot \vec{B}\, dV = 0$$

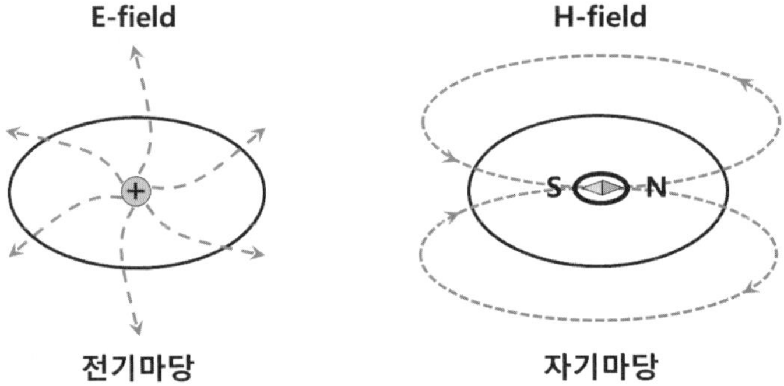

[그림 4.10] 발산 정리

● 발산 정리와 전기마당

$$\oiint_S \vec{D} \cdot d\vec{A} = \iiint_V \nabla \cdot \vec{D}\, dV$$

$$\Leftrightarrow \quad \oiint \frac{Q}{4\pi r^2} \cdot dA = Q = \iiint \rho\, dV$$

$$\therefore \quad \nabla \cdot \vec{D} = \rho$$

여기서, 전기마당 $\vec{E} = \dfrac{Q}{4\pi\varepsilon_0 r^2}\,\hat{r}$ ($\hat{r}$은 단위벡터)이므로 $\vec{D} = \dfrac{Q}{4\pi r^2}\,\hat{r}$ 이다.

● 발산 정리와 자기마당

$$\oiint_S \vec{B}\cdot d\vec{A} = \iiint_V \nabla\cdot\vec{B}\,dV = 0$$

$$\therefore \quad \nabla\cdot\vec{B} = 0$$

② 스토크스 정리는 벡터의 선 적분-면적 적분 사이의 관계로 다음과 같이 쓸 수 있다.

$$\iint_S (\nabla\times\vec{F})\cdot d\vec{A} = \oint_C \vec{F}\cdot d\vec{l}$$

스토크스 정리란 3차원 공간상의 매끄러운 곡면 위에서 벡터마당의 회전(curl)을 적분한 값은 그 곡면의 경계인 닫힌곡선에서 벡터마당을 선 적분한 값과 같다는 정리이다(그림 4.11). 그림과 같이 모든 경로의 벡터마당을 더하면, 내부 경로의 벡터마당은 서로서로 상쇄되고 바깥쪽 경로의 벡터마당만 남기 때문이다.

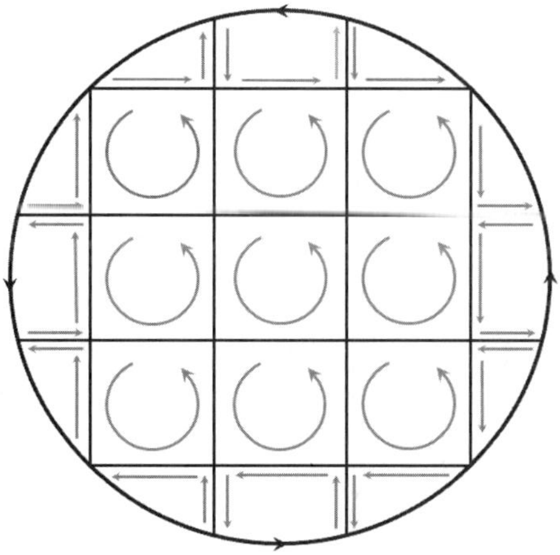

[그림 4.11] 스토크스 정리

● 스토크스 정리와 전기마당

$$\oint_C \vec{E} \cdot d\vec{l} = \iint_S (\nabla \times \vec{E}) \cdot d\vec{A}$$
$$= -\frac{d}{dt}\iint_S \vec{B} \cdot d\vec{A}$$
$$\therefore \quad \nabla \times \vec{E} = -\frac{\partial \vec{B}}{\partial t}$$

● 스토크스 정리와 자기마당

$$\oint_C \vec{B} \cdot d\vec{l} = \iint_S (\nabla \times \vec{B}) \cdot d\vec{A}$$
$$\oint_C \vec{B} \cdot d\vec{l} = \mu_0 [\, I + \varepsilon_0 \frac{d}{dt}\iint_S \vec{E} \cdot d\vec{A}\,]$$
$$= \mu_0 [\, \iint_S \vec{J} \cdot d\vec{A} + \varepsilon_0 \frac{d}{dt}\iint_S \vec{E} \cdot d\vec{A}$$
$$\therefore \quad \nabla \times \vec{B} = \mu_0 (\, \vec{J} + \varepsilon_0 \frac{\partial \vec{E}}{\partial t}\,)$$

(3) 전자기파

1) 맥스웰 방정식과 파동 방정식(wave equation)

맥스웰 방정식으로부터 공중을 전파하는 전자기파의 파동 방정식을 유도하기 위해서는 앞에서 설명한 벡터를 적절히 이용해야 한다. 여기서는 $\vec{B} = \mu_0 \vec{H}$ 식을 이용한다.

먼저 회전 전기마당($\nabla \times \vec{E}$)에 회전($\nabla \times$)을 취한다. 물론 자기마당에 대해서도 방법은 마찬가지다.

$$\nabla \times (\nabla \times \vec{E}\,) = -\nabla \times (\mu_0 \frac{\partial \vec{H}}{\partial t}) = -\mu_0 \frac{\partial (\nabla \times \vec{H}\,)}{\partial t}$$
$$= -\mu_0 \varepsilon_0 \frac{\partial}{\partial t}(\frac{\partial \vec{E}}{\partial t}) = -\mu_0 \varepsilon_0 \frac{\partial^2 \vec{E}}{\partial t^2}$$

그리고 다음의 벡터 삼중곱

$$\vec{A} \times (\vec{B} \times \vec{C}\,) = \vec{B}\,(\vec{A} \cdot \vec{C}\,) - \vec{C}\,(\vec{A} \cdot \vec{B}\,)$$

을 이용하면 다음 식이 성립한다.

$$\nabla \times (\nabla \times \vec{E}) = \nabla (\nabla \cdot \vec{E}) - \nabla^2 \vec{E}$$

이 결과들을 정리하면

$$\nabla (\nabla \cdot \vec{E}) - \nabla^2 \vec{E} = -\varepsilon_0 \mu_0 \frac{\partial^2 \vec{E}}{\partial t^2}$$

이 된다. 여기서 진공($\rho = 0$)에서는

$$\nabla (\nabla \cdot \vec{E}) = \nabla (\frac{\rho}{\varepsilon_0}) = 0$$

이므로

$$\nabla^2 \vec{E} = \varepsilon_0 \mu_0 \frac{\partial^2 \vec{E}}{\partial t^2}$$

이 된다. 이것이 파동 방정식이다.

일반적으로 파동 방정식은 3차원 공간으로 다음과 같이 쓸 수 있다.

$$\nabla^2 f = \left(\frac{\partial^2}{\partial x^2} + \frac{\partial^2}{\partial y^2} + \frac{\partial^2}{\partial z^2} \right) f = \frac{1}{v^2} \frac{\partial^2 f}{\partial t^2}$$

여기서, v는 파의 속도이다. 그러면 1차원 파동 방정식의 형태는

$$\frac{\partial^2 f}{\partial x^2} = \frac{1}{v^2} \frac{\partial^2 f}{\partial t^2}$$

이 되고, 이 파동 방정식의 일반해는 다음과 같다.

$$f(x,t) = f(x - vt) + f(x + vt)$$

그리고 앞의 두 파동 방정식으로부터

$$\frac{1}{v^2} = \varepsilon_0 \mu_0$$

임을 알 수 있다. 즉

$$v = c = \frac{1}{\sqrt{\varepsilon_0 \mu_0}} = 2.99994 \times 10^8 \text{ m/s}$$

이다. 이는 빛의 속도(c)와 같으며 이로써 빛이 전자기파의 일종임을 알 수 있다.

2) 전자기파의 전파

맥스웰은 앙페르 법칙을 수정함으로써 "공간에서 전기마당이 생기면 시간적으로 변하기 때문에 자기마당이 생기고, 시간적으로 변하는 자기마당이 생기면 다시 전기마당이 생기므로 전기마당과 자기마당이 서로 고리처럼 수직으로 맞물려 전자기파가 공간을 날아다니게 된다."라고 예언하였다. 이 예언은 맥스웰이 세상을 떠난 1879년까지 증명되지 않다가, 1888년 헤르츠(Heinrich Rudolf Hertz)에 의하여 실험적으로 증명된다.

이제 전자기파 발생과 전파(EM wave propagation) 과정을 그림 4.12를 통해 살펴보자. 전자기파는 전하(또는 전자)를 진동(oscillatory motion of the charges)시키면 발생한다. 이는 마치 용수철을 손으로 진동시켜 파동을 만들어내는 것과 같은 원리이다. 다만 용수철 대신 전자를 진동시키는 것이다. 쌍극자 안테나(dipole antenna)에서 전하의 진동으로 발생한 높은 진동수의 교류(AC) 전류는 앙페르 법칙에 따라 자기마당 $\overrightarrow{B_0}$를 만든다. 아울러 패러데이 법칙에 의해 시간에 따라 변하는 자기마당(time-varying magnetic field) $\overrightarrow{B_0}$는 전기마당 $\overrightarrow{E_0}$를 만든다. 다시 앙페르-맥스웰 법칙에 의해 시간에 따라 변하는 전기마당(time-varying electric field) $\overrightarrow{E_0}$가 자기마당 $\overrightarrow{B_1}$을 만든나. 이런 과정이 연속적으로 교대로 반복되면서 전자기파는 전파한다.

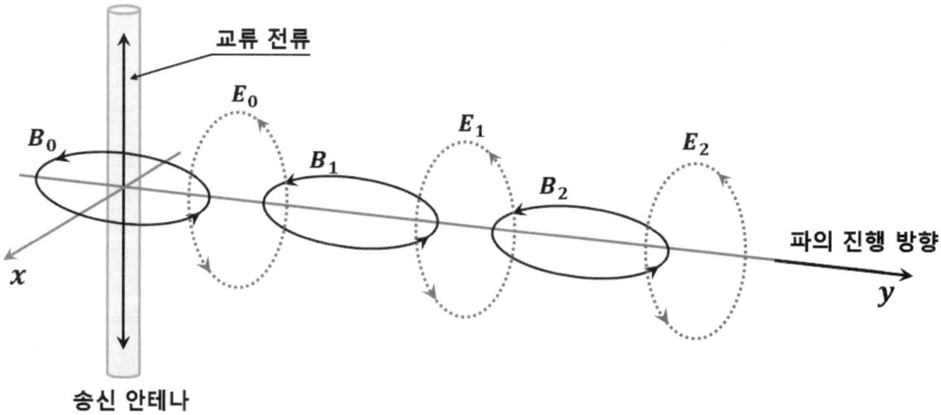

[그림 4.12] 전자기파의 전파

과학적인 아름다움을 예술로 승화시킨 네덜란드의 초현실주의 판화가 마우리츠 에셔(Maurits Cornelis Escher, 1898~1972)는 쪽매맞춤(tessellation: 정삼각형·정사각형·정육각형과 같이 똑같은 모양의 도형을 이용해 어떠한 빈틈이나 겹침도 없이 공간을 채우면서 똑같은 모양의 그림이 사방으로 퍼져 나가는 것)이나 프랙탈(fractal) 등의 기하학적 원리나 수학적 개념 또는 물리학적 대칭성의 아름다움을 판화나 그림으로 표현하였다. 예를 들어, 〈낮과 밤, Day and Night(1938)〉이나 〈만남, Encounter(1944)〉 등은 쪽매맞춤을, 〈원의 극한 IV 천국과 지옥, Circle Limit IV 'Heaven and Hell'(1960)〉 등은 프랙탈을 이용한 작품들이다. 그런데 에셔의 그림에는 자연의 순환을 표현하듯 원을 그리며 도는 그림이 상당히 많다. 앞의 〈만남〉도 그러하지만 〈도마뱀, Reptiles(1943)〉이나 〈그리는 손, Drawing Hands(1948)〉도 그러하다. 직접 〈그리는 손〉을 보면 손이 손을 그리는 것 같다. 그리고는 〈도마뱀〉이 돌듯이 무한 순환하는 듯한 착각에 빠진다. 마치 우리가 앞에서 보아왔던 전자기파의 전기마당과 자기마당의 고리의 순환을 보는 듯하다. 비록 여기에 이 작품을 싣지는 못했지만 꼭 감상해보기를 권한다.

Chapter

4.3 빛

지금까지 우리는 전자기학을 통하여 전기마당과 자기마당이 함께 어우러져 전자기마당을 생성하는 것을 보아왔고, 이 전기마당과 자기마당이 차례로 진동하며 빛의 속도로 퍼져 나가는 것을 전자기파라 하였다. 빛(lux)은 전자기파이므로 전기마당과 자기마당이 한 번 진동하며 간 거리를 파장이라 하고 이 파장에 따라 빛이 보이기도 하고 보이지 않기도 한다. 여기서는 이러한 빛을 통해서 전자기학뿐만 아니라 현대 물리학의 일면을 살펴보도록 하자.

4.3.1 빛을 찾아서

우주는 약 137억 년 전 한 점에 지나지 않은 매우 작은 시공간이 대폭발(Big Bang)하면서 탄생하였다. 빅뱅이 시작되고 10^{-36}초 사이에 중력을 제외한 3가지 힘(강력, 약력, 전자기력)이 통합된 대통일 시대를 맞이한다. 이를 좀 더 정확히 표현하면 자연계를 지배하는 4가지 기본 힘(중력, 전자기력, 강력, 약력) 가운데 중력이 이때 분리되었다고 하는 것이 맞다. 참고로 현대 물리학에서 전자기약력(전자기력+약력)과 강력을 합한 이론을 대통일장 이론(GUT, grand unification theory)이라 한다. 대통일 시대를 거쳐 10^{-32}초 사이에는 매우 빠른 속도로 급팽창(inflation) 하였다(급팽창 이론, inflation theory). 그리고 10^{-12}초가 지났을 때 자연의 4가지 힘이 모두 분리되면서 쿼크, 전자 등의 기본 입자를 시작으로 양성자나 중성자 등의 강입자(hadron)가 만들어지고, 3분이 지나자 핵합성(핵융합)으로 수소와 헬륨 등 가벼운 원소들이 만들어졌다. 그러나 이때 빛(빛알)은 자유전자와의 산란 때문에 자유로이 움직일 수 없었다. 빅뱅 후 38만 년이 되었을 때 비로소 물질에 갇혀 있던 빛이 처음으로 우주로 나왔으며 이 빛이 오늘날 우주배경복사(cosmic background radiation)로 관측된다. 그러므로 태초에 빛은 없었다. 그리고 물질이 암흑물질(dark matter) 사이로 들어가 빛을 내는 천체(별)가 탄생하지 못한 암흑시대(Dark Age)를 거쳐 4억 년쯤 지났을 때 최초의 은하와 별이 탄생하고, 92억 년이 지나자(지금부터 46억 년 전) 태양계가 만들어지고 곧이어 지구가 탄생하였다. 우주를 품고 있었던 한 점의 입자에서 출발하여 지금도 우주는 팽창하면서 진화하고 있고, 그 모습은 빛으로 우리에게 보여주고 있다.

4.3.2 빛을 얻다

여기서는 간략하게 덴마크의 물리학자 닐스 보어(Niels Bohr, 1885~1962)의 원자 모형을 통해 빛의 방출 현상을 알아보기로 한다.

보어는 어니스트 러더퍼드(Ernest Rutherford, 1871~1937)의 원자 모형의 한계를 극복하고 전자 궤도(electron orbit)를 가지는 원자 모형을 만들었음을 앞의 1.2.2절 [물질의 세계]에서 설명한 바 있다. 그 궤도는 정상 상태(定常狀態, stationary state, steady state)를 유지하여 전자들이 에너지를 방출하지 않아도 되는 공간이다. 게다가 이러한 궤도들은 특정한 에너지 값을 가지고 있으며 우리는 이를 에너지 준위(energy level)라고 한다. 그리고 이 에너지 준위들은 각각 단위에너지량의 정수배의 크기를 가진다. 이러한 불연속적 에너지 준위를 달리 표현하면 '양자화(量子化, quantization)' 되어 있다고 말한다.

그럼 이러한 전자 궤도를 통해 빛의 방출(emission)과 흡수(absorption) 과정을 알아보자.

에너지를 가지고 있는 전자 궤도는 올라갈수록 그 에너지가 커진다. 만약 바닥 상태(ground state, 안정된 상태)의 에너지가 E_1인 원자가 외부로부터 에너지를 흡수하여 높은 에너지(E_2) 상태 즉, 들뜬 상태(excited state, 불안정한 상태)에 있다고 하자. 그러면 들뜬 상태에 있던 원자는 저절로 원래 자기 자리인 바닥 상태로 내려가면서 그 에너지 차이만큼 빛(빛알)을 스스로 방출한다. 이를 자연 방출(spontaneous emission)이라 한다[그림 4.13 (b)]. 이때 그 빛알의 에너지는 다음과 같이 쓸 수 있다.

$$E_2 - E_1 = \Delta E = h\nu$$

여기서, h는 플랑크 상수(Planck constant)로 그 값은 $h = 6.626 \times 10^{-34}$ Js이다. 그리고 ν는 진동수이다.

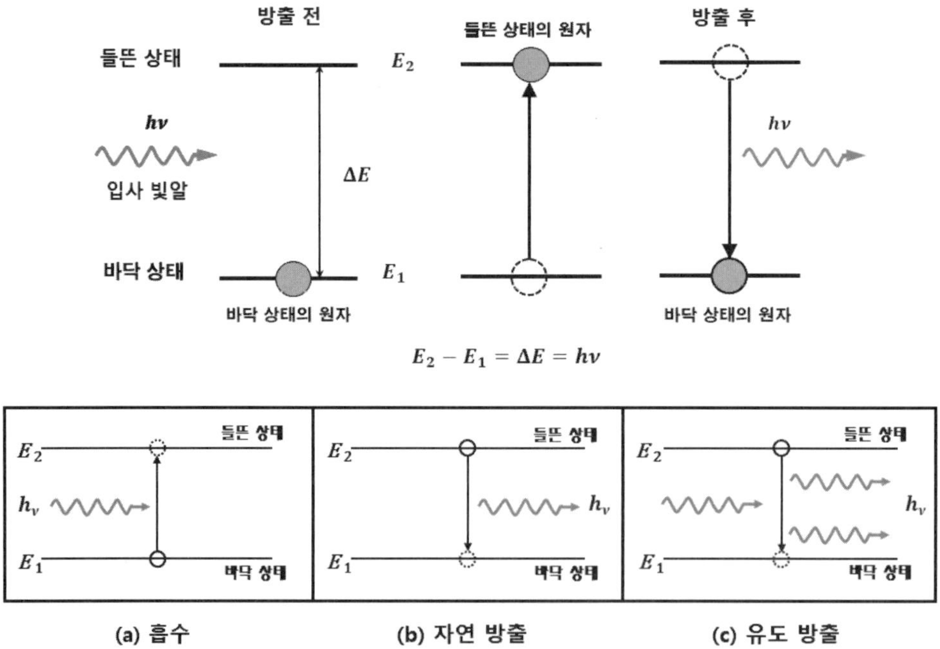

[그림 4.13] 빛의 방출과 흡수
(출처: Wikimedia Commons, Stimulated Emission)

그런데 자발적으로 바닥 상태에 되돌아가지 않은 상태에서 그 사이에 외부의 빛알로부터 에너지를 얻는다면, 들어온 빛알의 영향으로 원자가 바닥 상태로 내려가면서 그 빛알과 위상이 결맞은(coherent) 같은 파장의 빛을 방출하게 된다. 이것이 아인슈타인이 처음 이론적으로 제기한 유도 방출(stimulated or induced emission)이다[그림 4.13 (c)]. 이 현상은 빛을 증폭하는 레이저의 기초 원리이다.

여기서 잠깐 레이저의 원리를 설명함으로써 빛의 방출과 흡수에 대해 이해해보도록 하자. 레이저(laser)는 유도 방출에 의한 빛의 증폭(light amplification by stimulated emission of radiation)의 영어 단어 첫 글자를 따서 만든 말로서 유도 방출로 증폭된 빛 또는 그러한 빛을 내는 장치를 뜻한다(물리학백과). 레이저 장치는 크게 1) 활성 매질(gain medium), 2) 펌핑 에너지원(laser puming energy), 3) 공진기(laser oscillator)로 구성된다(그림 4.14).

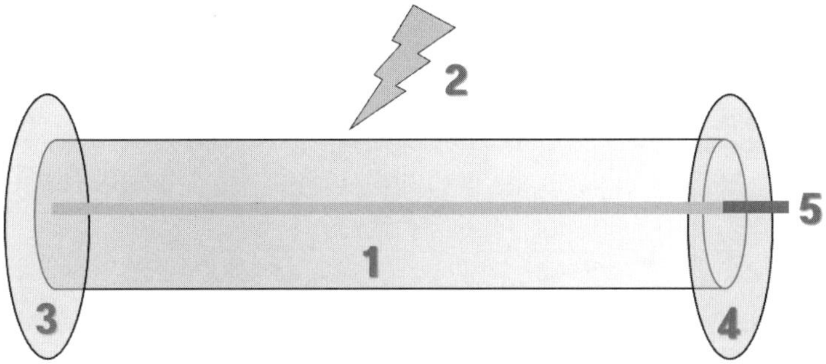

[그림 4.14] 레이저 장치의 얼개. 1 활성 매질, 2 레이저 펌핑 에너지, 3과 4 공진기(3은 반사거울, 4는 부분 투과 거울), 5 레이저 빔. (출처: Wikimedia Commons, Laser)

활성 매질에 있는 물질이 에너지를 받아들여 들뜬 상태가 된다. 이 상태의 매질은 곧 다시 에너지를 빛의 형태로 방출하면서 바닥 상태로 내려간다. 이것이 자연 방출이며 이때 빛은 여러 방향으로 흩어진다. 그들 가운데 거울을 향한 빛만 반사되어 다시 매질로 향한다. 그런데 매질은 계속된 에너지의 공급(펌핑, pumping)으로 들뜬 상태를 유지하게 되며, 이 상태에서 거울에서 반사되어 온 빛알이 전자와 충돌하면, 이 빛알은 들뜬 상태의 전자를 자극해 바닥 상태로 떨어뜨리면서 자기와 똑같은 파장의 빛알을 내놓도록 유도하는데 이것이 유도 방출이다. 이처럼 활성 매질에서 생겨난 빛이 바로 빠져나가지 못하고 매질 속을 오가며 유도 방출 과정을 통해 새로운 빛이 증폭되고, 그 중 반사거울에 수직으로 반사된 빛만 모여 오른쪽 부분 투과(partially transparent) 거울의 틈새로 나가 한 방향으로 정돈된 빛이 되는데, 이 빛이 레이저다.

레이저는 활성 매질을 무엇으로 쓰느냐에 따라 특정한 색과 에너지를 가진 레이저를 만들 수 있는데, 교실에서 흔히 쓰는 포인터, 재료를 자르거나 붙일 때 쓰는 네오디뮴 야그(Nd: YAG, Neodymium: Yttrium Aluminium Garnet) 레이저, 반도체 소자를 만드는 광 리소그래피(optical lithography) 공정이나 시력 회복을 위한 라식(LASIK) 수술에 사용되는 엑시머(excimer) 레이저 등이 있다. 그밖에도 얼굴에 보기 싫은 잡티 제거를 위한 피부과 수술뿐만 아니라, 회화 작품의 수술-클리닝용으로 사용되기도 하고, 군사적으로도 무기의 유도나 식별, 요격을 위한 목적으로 레이저를 사용하는 등 레이저는 다양한 분야에 활용되고 있다.

또 다른 방법으로도 빛을 얻을 수 있는데 바로 짝없앰(쌍소멸, pair annihilation)에 의한 것이다(그림 4.15).

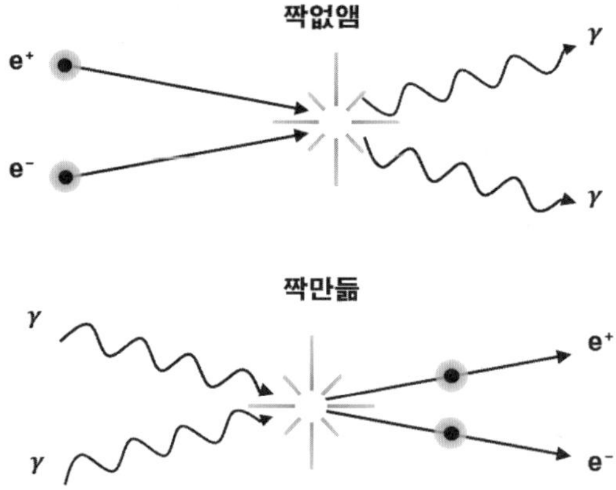

[그림 4.15] 짝없앰과 짝만듦(김용균, 2012)

물리학에서는 대칭성의 아름다움을 가지는 경우가 많은데, 입자도 그 성질이 반대인 반입자가 존재한다. 예를 들면 전자(electron)와 양전자(positron)가 그것이다. 양전자는 전자와 모든 성질이 같은데 전기만 음전기 대신 양전기를 띤다. 양전자는 1928년 영국의 이론 물리학자 폴 디랙(Paul Dirac, 1902~1984)이 전자의 운동을 기술하는 디랙 방정식(Dirac equation)을 발표하면서 예견하였고, 몇 해 지나서 미국의 물리학자 칼 앤더슨(Carl Anderson, 1905~1991)이 구름 상자(cloud chamber)를 이용하여 우주선 입자의 궤적을 촬영하던 중 양전자를 발견하여 디랙의 예언을 입증하였다. 이 전자와 양전자는 짝으로 만들어지기도 하고, 짝으로 없어지기도 한다. 전자와 양전자가 충돌하면 모두 사라지면서 빛(빛알)이 생긴다. 이것이 짝없앰이다. 이 현상을 식으로 나타내면 다음과 같다.

$$e^- + e^+ \rightarrow \gamma + \bar{\gamma}$$

여기서, γ는 빛알(photon), $\bar{\gamma}$는 빛알의 반입자이다. 일반적으로 반입자는 바(bar)로 표시하는데, 전자(e^-)와 양전자(e^+)의 경우는 전하량으로 표시하였으며, 빛의 반입자는 성질이 같다. 즉 $\gamma = \bar{\gamma}$. 이 식을 통해 짝없앰으로 인해 두 개의 빛알이 생성됨을 알 수 있다.

이 짝없앰과 반대로 빛알이 없어지면서 전자와 양전자 짝이 만들어질 수도 있다. 이것이 짝만듦(쌍생성, pair production)이다. 그런데 짝없앰 현상은 반드시 전자와 양전자에서만 나타나는 것은 아니다. 입자와 반입자 더 나아가 물질과 반물질이 만나면 순식간에 모두 사라지게 될 것이다.

4.3.3. 빛을 모으고 나누다

뉴턴은 운동 법칙으로 유명하지만 프리즘을 통해 빛을 나누고(분산) 모으는(합성) 등 빛을 제대로 연구한 과학자이기도 하다. 프리즘을 통해 나누어진 흰빛은 파장에 따라 여러 가지 색으로 분산되다가 이를 다시 프리즘을 통해 모으면 흰빛이 된다. 따라서 빛은 그 자신이 이미 모든 색을 가지고 있다.

1900년 독일의 물리학자 막스 플랑크(Max Planck, 1858~1947)는 양자 이론을 내세운다. 여기서 양자(量子, quantum)란 영어의 양을 의미하는 quantity에서 온 말로, 무엇인가 띄엄띄엄 떨어진 양으로 있는 것을 가리키는 말이다(김재영. 2011). 이를 사전적으로 풀이하면, '양자란 어떤 물리량이 연속적인 값을 가지지 않고 어떤 단위량의 정수배(양자수)로 나타나는 불연속적인 값을 가질 때 그 단위량을 가리킨다.'라고 말할 수 있다, 플랑크의 양자 이론을 기초로 아인슈타인(Albert Einstein, 1879~1955)은 '빛 에너지의 양자화'를 가정하여 헤르츠(Heinrich Rudolf Hertz)가 발견한 광전 효과(photoelectric effect: 금속 물질에 고유의 특정 파장보다 짧은 파장의 빛을 쪼아주면 금속 표면에서 전자, 즉 광전자가 튀어나와 전류가 흐르는 현상)를 설명하였다. 아인슈타인은 이 광전 효과로 튀어나오는 광전자의 운동에너지는 빛의 세기와 관계없이 빛의 진동수에 비례한다고 하였다. 즉 빛은 진동수(ν)에 플랑크 상수(h)를 곱한 만큼의 에너지(E)를 가지고 있는 에너지 알갱이라고 가정하고 이것을 '광양자(light quantum)'라고 하였다.

$$E = h\nu = h\frac{c}{\lambda}$$

여기서, c는 빛의 속도, λ는 빛의 파장이다.

이 양자화 된 에너지의 흐름은 미끄럼틀과 같은 비탈면을 따라 공이 굴러가듯 연속적으로 흐르는 것이 아니라, 마치 계단과 같이 미리 정해진 위치로만 점프하듯 이동함을 뜻한다. 보어는 이런 불연속적인 운동을 '양자 도약(quantum jump)'이라고 하였고, '색깔'은 바로 전자의 양사 도약으로 생기는 것이다. 전자는 양자 도약으로 여러 계단을 이동할 수 있는데 이러한 전자의 이동폭에 따라 발생하는 빛이 다르다. 즉 불연속적 궤도 이동(도약) 현상으로 에너지 차가 발생하고 그 결과 다양한 파장의 빛이 방출되는 것이다.

다양한 파장의 빛을 띠로 나타낸 것을 빛띠(spectrum)라 하는데, 이중 기본이 되는 빨간색(R, red), 초록색(G, green), 파란색(B, blue) 3가지 색을 빛의 삼원색이라 한다(그림 4.16). 물체가 색을 갖는 이유는 특정한 색만 반사하기 때문이다. 빛을 모으면 모을수록(빛의 합성) 빛의 입자 수가 늘어나므로 점점 더 밝아진다. 따라서 빛의 삼원색을 다 모으게 되면 흰색(백색광, white, W)이 된다. 즉

R + G + B = W

그런데 그림을 그릴 때 색을 표현하는 데 쓰이는 물감의 경우는 그 반대이다. 물감

의 색은 빛의 반사로 우리 눈에 들어와 인식되는 빛이다. 색(물감)의 3원색은 청록색(C, cyan), 자홍색(M, magenta), 노란색(Y, yellow)이다(그림 4.16). 예를 들어 노란색(Y) 물감과 청록색(C) 물감을 섞는다고 하자. 노란색 물감은 R, G, B 중에서 파란색(B) 빛을 흡수하여 우리에게 노란색으로 인식된다(R + G = Yellow). 마찬가지로 청록색은 빨간색(R)을 흡수하여 우리에게 청록색으로 인식된다(G + B = Cyan). 따라서 노란색 물감과 청록색 물감을 섞으면 노란색 물감으로부터 파란색(B)이, 청록색 물감으로부터는 빨간색(R) 빛이 흡수되므로, 결국 우리 눈에는 R, G, B 중 초록색(G) 빛만이 들어와 우리는 초록색으로 느끼게 되는 것이다. 이와 같이 빛을 모으면 모을수록 빛의 입자가 더해져(가법혼색, additive color mixing) 밝아지므로 흰색이 되고, 물감은 섞으면 섞을수록 빛을 흡수하므로(감법혼색, subtractive color mixing) 결국 검은색이 되는 것이다.

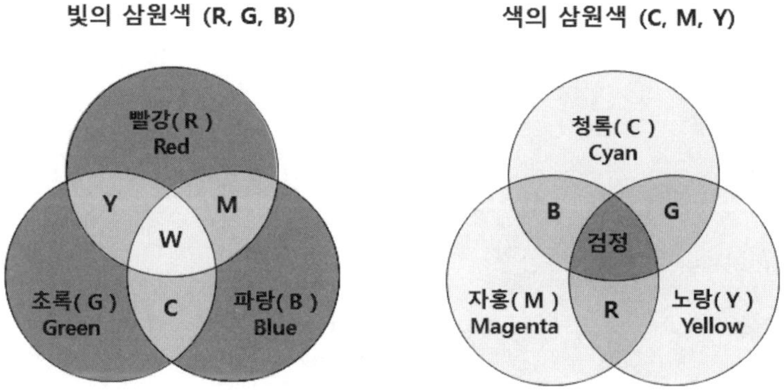

[그림 4.16] 빛의 삼원색(R, G, B)과 색의 삼원색(C, M, Y)

4.3.4 빛을 그리다

빛으로 색을 얻었으니 빛을 그리는 화가가 있을 터 여기 몇 사람을 소개한다.

먼저 얘기할 화가는 '빛의 화가'라 불리는 네덜란드가 낳은 최고의 화가이며 미술 역사상 가장 위대한 화가 가운데 한 사람인 렘브란트 반 레인(Rembrandt van Rijn,

1606~1669)이다. 렘브란트는 우리가 친숙하게 알고 있다는 느낌을 갖는데, 그것은 그가 성공적이고 인기 있는 화가였던 젊은 시절부터 파산의 비애와 진실로 위대한 인간으로서의 불굴의 의지를 반영하고 있는 외로운 노년에 이르기까지의 그의 생애에 관한 놀라운 기록인 〈자화상〉들을 남겨 놓았기 때문이다(곰브리치 지음, 백승길, 이종숭 옮김, 2017). 렘브란트는 빛과 어둠의 대비 효과로 시선을 사로잡았는데 그의 출세작이라 할 수 있는 〈니콜라스 튈프 박사의 해부학 강의, The Anatomy Lesson of Dr. Nicolaes Tulp(1632)〉에서 엿볼 수 있다(그림 4.17). 이렇게 빛의 명암법을 활용하여 시선이 집중되도록 하는 기법은 그의 작품 〈야경, The Night Watch(1642)〉에서도 잘 볼 수 있으나 아이러니하게도 이 작품은 렘브란트에게 좌절과 몰락의 길을 걷게 하는 결정적 작품이 되고 말았다. 그 자세한 내막은 여러분 스스로 찾아보기 바란다.

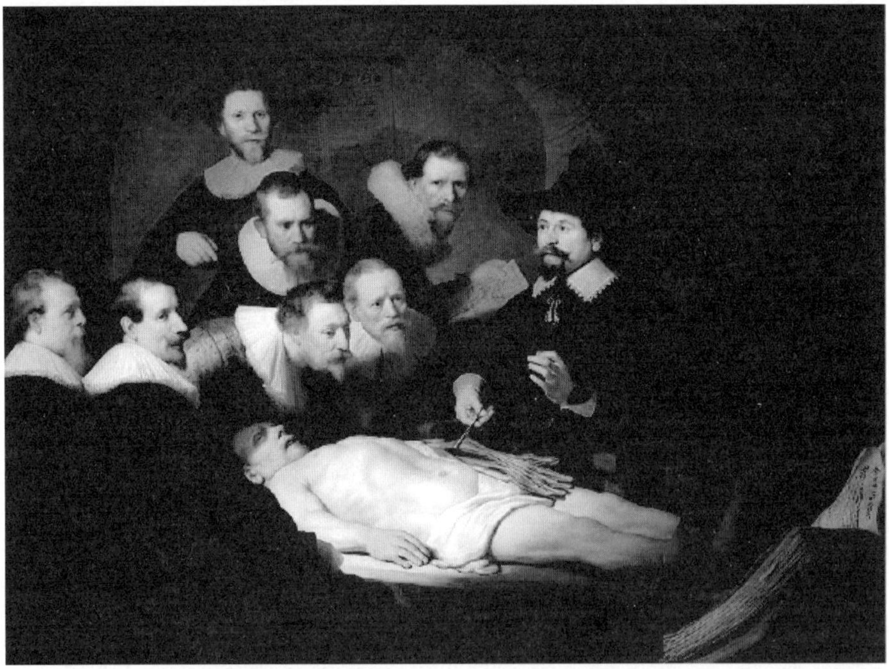

[그림 4.17] 렘브란트, 1632, 니콜라스 튈프 박사의 해부학 강의, 캔버스에 유채, 169.5 × 216.5 cm, 마우리츠호이스(Mauritshuis) 왕립미술관, 헤이그, 네덜란드
(출처: Wikipedia, The Anatomy Lesson of Dr. Nicolaes Tulp)

19세기에 이르자 화실 안의 인공적인 조건에서 보던 물체를 바깥의 밝은 빛 아래서 본다면 각 대상들이 그들 고유의 색깔을 가진 개개의 사물로 보이는 것이 아니라 바깥 빛이 눈에 뒤섞여 훨씬 더 밝은 색조의 혼합물로 보인다는 사실을 마네(Edouard Manet, 1832~1883)가 발견하였다. 그래서 마네는 외광(外光, 플레네르, Plein Air), 즉 바깥의 자연 광선에서 색을 취급할 뿐 아니라 움직이는 형태들에게도 관심을 기울였다(곰브리치 지음, 백승길, 이종숭 옮김, 2017). 마네의 작품 〈발코니, The Balcony(1868~1869)〉, 〈롱샹의 경마, Rennen in Longchamp(1864)〉 참조.

마네의 뒤를 이은 클로드 모네(Oscar-Claude Monet, 1840~1926)도 자연을 대상으로 하는 모든 회화는 '바로 그 현장에서' 되는대로 그린 것처럼 순간적인 영상(인상)을 놓치지 않으려 하였다. 이들을 흔히 인상주의(impressionism)라 부르는데, 이는 프랑스 국가 주도의 관전인 살롱전에 대항하여 개최되었던 앙데팡당(Independent)전에서 선보였던 모네의 작품 〈인상, 해돋이, Impression, Sunrise(1872)〉에서 이름이 붙여졌다.

20세기 들어 앙리 마티스(Henri Matisse, 1869~1954)는 〈춤, La Danse(1910)〉과 〈음악, La Musique(1910)〉 연작에서 R, G, B 삼원색으로 야수처럼 거칠고 강렬하게 빛을 그려내기도 했다.

이제 끝으로 소개하는 빛을 그린 화가는 과학적으로 빛을 그린 최초의 화가 조르주 쇠라(Georges Pierre Seurat, 1859~1891)이다. 앞서 얘기한 인상파 화가들은 밝은 야외에서 순간적으로 변하는 빛과 물체를 그리기 위해서 거의 원색의 물감을 재빨리 혼합해야 했고, 또 언제 빛의 상태가 바뀔지 모르니까 되도록 빠르게 그리려 했다. 그럼에도 빛처럼 반짝이는 물체를 그림으로 재현할 수가 없었다. 그것은 앞에서 설명한 대로 빛은 섞으면 섞을수록 밝아지는 가산 혼합(additive mixture)인 반면 물감은 섞을수록 탁해지는 감산 혼합(subtractive mixture)이기 때문이다. 이러한 인상파의 고민을 해결해준 화가가 바로 조르주 쇠라이다. 그의 작품은 수많은 '색점'들로 구성되어 있는데 그것은 쇠라가 끈질기게 빛을 과학적으로 분석하여 그의 스튜디오에서 색점을 하나하나 찍어 화폭에 옮겼기 때문이다. 마치 빛을 하나의 알갱이로 보고 알갱

이들을 붙여 나가듯이. 그리하여 그의 유명한 작품 <그랑드 자트 섬의 일요일 오후, A Sunday Afternoon on the Island of La Grande Jatte(1884~1886)>는 무려 2년여에 걸쳐 그려졌다(그림 4.18). 쇠라는 작품 속에 보색의 점들을 찍고 나열함으로써 관객들의 시선에서 색이 섞여 보이도록 연출하였는데, 예를 들면 캔버스 위에 빨강과 파랑의 점들을 수없이 많이 찍음으로써 우리 눈이 보라색으로 인식하도록 하는 것이다. 이렇게 함으로써 쇠라는 작품의 색감을 보다 더 생생하게 감상할 수 있도록 하였다. 이러한 쇠라의 기법을 점묘법(pointage, pointilism)이라 부른다.

[그림 4.18] 조르주 쇠라, 그랑드 자트 섬의 일요일 오후, 1884~1886, 캔버스에 유채, 207.5 × 308.1 cm, 시카고 아트 인스티튜터, 미국 (출처: Wikipedia, Georges Seurat)

여기서 잠깐 우리가 본다는 것은 어떤 뜻일까? 우리 눈에 들어온 빛은 각막에서 빛을 모아 망막에 상이 맺히게 되며, 망막에 분포해 있는 시세포(視細胞, visual cell)는 입사된 빛을 전기적인 신호로 바꾸어 뇌에 전달한다. 뇌에 전달된 시각 정보는 뇌의 뒤에 있는 후두엽에서 처리되고 영상으로 전환된다. 이 영상 정보는 기억 저장소인 해마에서 과거의 정보들과 비교되어 판단된 후 전체 대뇌피질로 전달된다고 알려져 있다. 이와 같은 과정으로 우리가 본다는 것인데 여기서는 색의 정보를 담당하는 시세포에 대해서 알아보기로 한다. 실제로 우리 눈의 망막에 분포하고 있는 시세포는 막대세포(간상세포, rod cell)와 원뿔세포(원추세포, cone cell)로 구성되어 있지만, 막대세포는 주로 어두운 곳에서 명암이나 물체의 형태를 구분하는 역할을 하는 것으로 여기서는 더 이상 설명을 하지 않는다.

사람은 빨간색(R), 초록색(G), 파란색(B)의 3가지 삼원색의 혼합으로 모든 색을 감지한다. 색은 저마다 고유의 진동수를 가지고 있다. 사람의 망막에는 이 3가지 색의 진동수를 고유 진동수로 갖는 세 종류의 L, M, S형 원뿔세포가 있다(그림 4.19). 바로 이것이 R, G, B가 삼원색이 된 이유이다. L형(적추체)은 가시광선 가운데 비교적 파장이 긴(long) 빨간색을 주로 인식하며 파장이 564 nm인 빛에 가장 민감하다. M형(녹추체)은 주로 중간(medium) 파장인 초록색을 인식하며 파장이 534 nm인 빛에 가장 민감하고, S형(청추체)은 짧은(short) 파장인 파란색을 주로 인식하며 파장이 420 nm인 빛에 가장 민감하다.

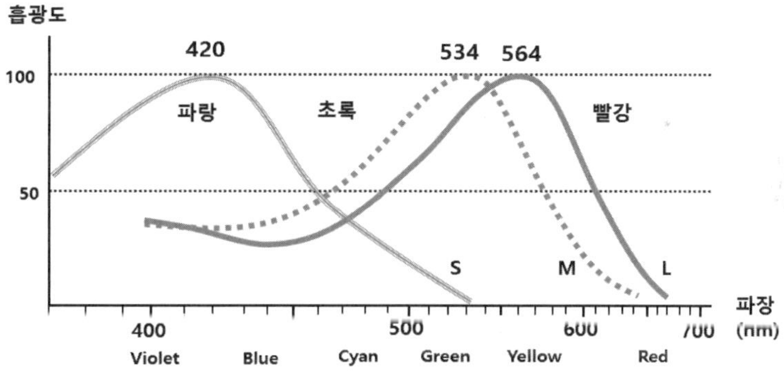

[그림. 4.19] 원뿔세포와 빛의 감도(spectral sensitivity). 원뿔세포 S, M, L은 각각 파랑, 초록, 빨강 영역에서 가장 민감하다. 세로축의 흡광도(adsorbance)는 물질이 특정 파장의 빛을 흡수하는 정도를 나타내는 것으로, 여기서 나타낸 값은 표준화된 빛 흡수량이다. (출처: Wikimedia Commons, Cone-response-en)

이와 같이 각 원뿔세포는 각자 자신의 고유 진동수에서 공명을 일으킨다. 원뿔세포들이 빛과 공명을 일으키면 형태에 변화가 일어나고 이것을 신경신호로 바꿔 뇌로 전달하면 뇌는 원뿔세포의 R, G, B 신호를 조합하여 색을 인식한다. 우리는 이것을 보았다고 느낀다. 예를 들어 450 nm와 500 nm 파장의 빛이 시간차를 두고 들어온다면 둘다 R, G, B 세 종류의 원뿔세포가 모두 반응을 하지만, 450 nm 빛은 B>G>R 순으로 민감하게 반응하는 반면, 500 nm 파장의 빛에는 G>R>B 순으로 원뿔세포가 반응한다. 따라서 이 세 종류의 원뿔세포의 반응을 종합하면 50 nm 차이가 나는 빛도 쉽게 구분할 수 있다. 이렇게 세 종류의 원뿔세포들의 반응 정도를 조합하면 실제로 사람의 뇌는 다양한 색깔을 구분할 수 있다. 그러므로 우리가 보는 색이란 물질의 표면에서 반사하여 온 빛이 우리 시신경을 자극하여 뇌의 해석을 거쳐 우리가 인식하는 것이다. 그렇다면 본질적으로 똑같은 빨강이라도 조명에 따라 색이 달라 보일 수도 있고, 사람이 아닌 다른 동물의 눈에서는 빨간색이 아닌 다른 보라색으로 보일지도 모른다.

4.3.5 빛이란 무엇인가?

지금까지 우리는 빛을 찾아서 얻고, 그리고 그것을 그리는 데 집중해왔다. 그런데 정작 '빛은 무엇인가?' 또는 '빛은 파동인가 입자인가'라는 근본적인 질문은 하지 않았다. 이제 이 문제를 하나씩 풀어가면서 빛의 본 모습을 들여다보기로 하자.

(1) 빛은 파동이다

예로부터 '빛은 무엇인가?'라는 물음에 해답을 구하려는 노력은 끊임없이 이어져 왔다. 그리스 철학자 데모크리토스는 빛은 알갱이들의 집합이라고 본 반면, 아리스토텔레스는 불의 진동에 의해 퍼져나가는 파동이라고 주장하였다. 근대 철학의 아버지로 불리기도 하는 프랑스의 물리학자 르네 데카르트(René Descartes, 1596~1650)도 빛의 굴절 현상을 파동으로 설명함으로써 빛은 파동이라고 주장하였다. 뉴턴과 동시대의 인물이었던 로버트 훅(Robert Hooke, 1635~1703)은 빛의 충돌 실험으로 빛이 입자라면 사방으로 튕겨져 나가야 하는데 이런 현상을 관측할 수 없었다는 결과를 토대로 빛이 파동임을 주장하면서 뉴턴과 맞서기도 하였으며, 네덜란드의 물리학자 호이겐스(Christian Huygens, 1629~1695)도 빛의 파동설을 주장하였다. 하지만 뉴턴

(Issac Newton, 1643~1727)이 그의 저서 ≪광학, Opticks(1704)≫을 통하여 빛은 작은 입자의 흐름이라고 함으로써 '빛은 입자다'라고 받아들이게 되었다. 당시로서는 뉴턴의 업적이 뛰어났기 때문에 감히 그의 권위에 도전하려 하지 않았다.

하지만 다음과 같은 물리적 현상들이 하나하나씩 등장하면서 '빛은 입자다'라는 주장 대신 '빛은 파동이다'라는 주장이 더 설득력을 얻게 되었다.

그 첫 번째가 에돌이(회절, diffraction) 현상이다. 빛은 장애물이 있으면 에돌아간다. 호이겐스의 원리(3.4.1절 [호이겐스의 원리] 참조)로 유명한 호이겐스는 뉴턴의 주장보다 약간 이른 시점에 이 원리를 밝혀냈다. 그는 이 원리를 이용하여 빛의 에돌이 현상을 설명함으로써 빛이 파동임을 주장하였다. 그 당시에는 뉴턴의 입자설 때문에 받아들여지지 않았지만, 후에 프랑스 물리학자 프레넬(Augustin Jean Fresnel, 1788~1827)이 호이겐스의 원리를 이용하여 빛의 에돌이 현상을 밝혀 빛의 파동설을 뒷받침하기도 하였다.

두 번째는 빛의 간섭 현상이다. 앞의 3.4.5절에서도 설명하였듯이 두 개의 파동이 중첩되면 서로 간섭하게 되는데, 마루와 마루 또는 골과 골이 만나서 파동의 진폭이 커지는 보강 간섭과 마루와 골이 서로 엇갈리게 만나 진폭이 상쇄되어 버리는 상쇄 간섭이 일어난다. 이러한 간섭 현상을 영국의 물리학자 토머스 영(Thomas Young, 1773~1829)은 겹실틈(double slit) 실험을 통하여 간섭무늬가 나타남을 밝힘으로써 빛이 파동임을 입증하였다. 빛이 입자라면 회절과 간섭의 특성이 없어 이러한 간섭무늬가 나타날 수 없기 때문이다.

세 번째는 빛이 물속으로 진행할 때, 파동이라면 빛의 속도가 느려져야 하고, 입자라면 입자와 매질 사이의 힘 때문에 물속에서 더 빨라져야 한다는 것이다. 하지만 물속에서의 빛의 속도가 공기 중에서의 속도보다 아주 느려진다는 사실이 관측되면서 점차 입자설이 힘을 잃게 되었다.

그밖에도 빛이 한쪽 방향으로 정렬하는 편광(偏光, polarization) 현상 그리고 결정면에 따라 2갈래로 빛이 나뉘게 되는 복굴절(複屈折, double refraction) 현상 등이 빛의 파동설에 힘을 실어주는 역할을 하였다.

빛이 입자임을 부정하면서 반격을 하나씩 진행되어 오던 빛의 파동설은 마침내 1865년 영국의 물리학자 맥스웰(James Clerk Maxwell, 1831~1879)이 전기마당과 자기마당을 통합하면서 '빛은 전자기파다.'라고 결론을 내림으로써 빛의 파동설은 완전히 입지를 굳히게 되었다. 즉 '빛은 전자기파로서 전기마당과 자기마당이 서로를 만들어내며 진행하는 파동이다.'라는 것이다. 맥스웰은 전기와 자기에 대한 맥스웰 방정식을 완성하고 전자기파는 이 방정식의 수학적 해로서 전자기파의 속력이 그 당시 프랑스의 물리학자 피조(Armand Hippolyte Louis Fizeau, 1819~1896)와 푸코(Jean Bernard Léon Foucault, 1819~1868)가 정밀하게 산출하였던 빛의 속력과 같다는 것을 입증함으로써 빛은 전자기파의 하나라고 밝히고 동시에 전자기파를 예언하였다. 이어서 독일의 물리학자 헤르츠가 전자기파를 발견하기에 이르렀다. 지금까지 뉴턴에 의해 이어오던 빛의 입자설은 여기에 이르러 사라지는 위기에 처하게 된다.

(2) 빛은 입자다 - 입자설의 부활

20세기 들어 새로운 현대 물리학, 양자역학이 등장함으로써 그동안 파동설에 묻혀 빛을 잃었던 빛이 입자라는 주장이 다시 부활하게 되는데 그 주요한 사건들을 여기에서 간략하게 다루어보자.

첫 번째는 마이컬슨과 몰리 실험이다. 맥스웰에 의해 빛은 전자기파인 파동이라는 사실이 밝혀졌다. 빛이 파동이라면 에너지를 전달해주는 매질이 있어야 한다는 것이 고전 물리학 이론이다. 소리의 매질인 공기나 지진파의 매질인 땅처럼 전자기파도 빛을 전파하는 매질이 있어야 한다고 생각하였으며 이를 에테르(ether)라 불렀다. 이 가상의 매질을 찾으려고 한 사람들이 바로 두 사람의 미국인 과학자 앨버트 마이컬슨(Albert Abraham Michelson, 1852~1931)과 에드워드 몰리(Edward Williams Morley, 1838~1923)이다. 이들은 서로 직각으로 진행하는 광선을 간섭시키는 마이컬슨 간섭계(Michelson interferometer)를 이용해서 한 광원에서 나오는 빛을 지구의 운동 방향과 이에 직각인 방향으로 나눠 같은 거리만큼 왕복시켰을 때 두 빛의 경로차(광로차, optical path difference)를 검출하려고 실험하였다. 이들은 두 방향으로 전파되는 빛의 속도가 다르다는 것을 확인한다면, 그것이 바로 에테르가 존재한다는 증거가 될 것이라고 생각했다. 즉 에테르가 있다면 간섭계에서는 두 광로차에 의해 간섭무늬가 관측되어야 한다. 그러나 실험 결과 두 빛은 동시에 들어왔다. 이를 토대로 아인슈타인은 에테르의 존재를 부정하면서 빛의 속도는 항상 일정하며, 빛은 파동이 아니라 입자라고 주장하였다.

두 번째는 독일의 물리학자 막스 플랑크(Max Planck, 1854~1947)의 흑체 복사와 양자가설이다. 복사(radiation)란 빛을 내는 것이다. 온도를 가진 모든 물체는 빛을 낸다. 사람도 체온이 있으므로 적외선에 해당하는 빛을 낸다. 흑체(black body)란 숯같이 검은 물질로 빛을 전혀 반사하지 않고 스스로 내는 빛만 내보내는 이상적인 물체로, 흑체 복사란 이 흑체가 방출하는 전자기 복사를 말한다. 플랑크는 흑체 복사를 파동학적으로 해석할 때 발생하는 자외선 파탄[UV catastrophe: 고온의 물체일수록 짧은 파장의 전자기파를 방출하는데, 고전적인 복사 이론(레일리-진스 법칙, Rayleigh-Jeans' law)을 여기에 적용하면 고온의 물체가 방출하는 짧은 파장의 자외선 영역에서 빛의 세기가 무한대가 되는 자외선 파탄이 일어난다] 현상을 에너지 양자 가설(quantum hypothesis, 1900)을 통하여 해결하였다. 그는 빛의 에너지는 특정한 값의 정수배로만 존재하며, 따라서 물질에 의한 열복사의 방출 또는 흡수 또한 연속적으로 일어나는 것이 아니라 이미 정해진 불연속 에너지의 정수배($E = nh\nu$)로만 일어난다는 것이다. 그러므로 흑체에 열을 가했을 때 나오는 모든 파장이 다 에너지를 가지는 것이 아니라, 정수배에 해당하는 것만 에너지를 가진다. 따라서 흑체는 어떠한 경우에도 무한대의 에너지를 가지지 못한다는 것이다. 이 문제는 조금 어려운 듯하니 예를 들어 설명해보기로 하자.

어느 특수한 '양자' 미술관에 들어가는데 입장료가 500원이다. 그런데 반드시 500원만 가능하고 이보다 많고 적은 돈으로는 입장이 불가하다고 하자. 이제 여러분들에게 각자 10원, 50원, 100원, 500원, 1000원짜리 동전을 한 가지로만 여러 개 나누어 준다면 이 '양자' 미술관에 어떻게 입장하겠는가? 입장 가능한 사람은 '통(通)', 입장이 불가한 사람은 '불통(不通)'이라고 하자. 너무나 쉬운 질문이지만 여러분들이 '통'이 되려면 나름대로 500원을 만들어야 한다. 따라서 500원을 만들 수 없는 사람은 당연히 '불통'이다. 그렇다면 통과하는 사람의 경우를 살펴보자. 만약 10원짜리 동전을 가진 사람이라면 10원짜리 동전 50개를 모으면 '통' 할 수 있고, 50원짜리 가진 사람은 10개, 100원짜리 동전은 5개, 500원짜리 동전은 1개만 가지고 있으면 '통'이 가능하다. 이를 앞의 식을 이용해 설명하면 각각의 진동수를 가지는 빛알은 $E = h\nu$ 식에 따라 에너지를 가지고 있으며, 에너지 단위가 높은 500원짜리는 1개($n = 1$), 그리고 에너지 단위가 가장 낮은 10원짜리는 50개($n = 50$) 동전으로 '통' 할 수 있다는 뜻이다. 그런데 여기서 주의할 것은 에너지 단위가 높은, 즉 500원보다 높은 1000원짜리도 '불통'이라는 사실이다.

요약 정리하면, 모든 파장들이 같은 에너지를 얻어서 연속적으로 나간다고 생각했던 고전 물리학에서 에너지의 정수배에 해당하는 것만 나간다는 것이 $E = nh\nu$ 의 물리적 뜻이다. 그리고 흑체가 무한대로 에너지를 갖지 않는 이유도 에너지가 연속적으로 나오지 않기 때문이었다. 이것은 바로 빛이 특정한 에너지를 가지는 입자라는 가설이며 '빛이 입자'라는 입자설의 부활을 알리는 사건이었다. 참으로 놀라운 양자역학의 세계였다.

세 번째는 금속에 빛을 쬐면 전자가 튀어나오는 광전 효과(phoelectric effect) 현상이다. 이때 방출되는 전자를 광전자(photoelectron)라고 한다. 헤르츠(Heinrich Rudolf Hertz)는 어느 특정한 진동수 이상의 빛을 금속판에 쬐면 그 금속판에서 전자가 튀어나오는 놀라운 사실을 발견하였으나 그 이유는 설명하지 못했다. 아인슈타인(Albert Einstein)이 이를 광양자 가설(light quantum hypothesis)에 기반하여 설명하였다. 아인슈타인은 에너지가 연속적인 값이 아니라 불연속적인 값을 가지고 존재한다는 플랑크의 양자가설을 빛에 적용하였다. 그래서 빛은 그 진동수에 비례하는 특정 에너지를 가진 에너지의 덩어리(빛알, photon)라 생각하면 쉽게 광전 효과에서 관측되는 사실을 통일적으로 설명할 수 있음을 입증했다. 전자기파로서의 빛이 아닌 빛알로서의 빛을 밝힌 것이다. 참고로 광전 효과 실험과 반대로 금속에 전자를 충돌시키면 빛(X-선)이 발생한다. 이것이 뒤 6장에서 다룰 X-선의 발생 원리이다.

끝으로 콤프턴 효과(Compton effect)가 입자설의 화룡점정(畵龍點睛)을 찍었다. 1923년 콤프턴(Arthur Holly Compton, 1892~1962)은 X-선을 흑연에 쪼아 그 전후에 일어나는 파장 변화를 관찰하는 실험을 하였다. 그는 여기서 산란된 X-선의 파장이 입사 때의 파장보다 길어지며 또한 흑연으로부터 전자(되튐 전자, recoiling electron)가 튀어나온다는 사실을 발견하였다. 마치 한 당구공으로 다른 당구공을 맞혔을 때 정지했던 공과 움직이는 공이 특정한 각도로 흩어지는 것과 같으며 이는 빛이 입자임을 밝히는 결정적 사건이 되었다.

(3) 빛은 입자이자 파동이다

지금까지 살펴 본대로 빛은 입자의 특성과 파동의 특성을 동시에 가지는 양면성을 가지고 있다. 물리학에서는 이를 처음에는 '이중성(二重性, duality)'이라 하였으나 지금은 '상보성(相補性, complementarity)'이라고 한다. 상보성 개념을 제안한 보어는 1947년 물리학에 대한 공로로 덴마크 귀족 작위를 받게 되는데 그때 자신이 입었던 예복에 태극 문양과 함께 다음과 같은 라틴어 문장을 새겨 넣었다(그림 4.20). 물론 태극은 음양(陰陽)의 조화를 찾는 동양의 지혜를 뜻한다.

'CONTRARIA SUNT COMPLEMENTA'
(대립적은 것은 상보적인 것이다)

[그림 4.20] 닐스 보어(Niels Bohr)의 귀족 예복에 태극 문양과 함께 새겨진 라틴어 문구 'CONTRARIA SUNT COMPLEMENTA'

여기서 상보적이라 함은 서로 양보할 수 없는 두 개념이 섞여 존재하는 것으로 정반합(正反合)과는 다른 개념이다. 상보성은 정(正, these)과 반(反, antithese)이 공존할 뿐, 둘이 합쳐 새로운 합(合, synthese)을 만드는 것은 아니다(김상욱, 2017). 즉 빛은 전자기파로 전파할 때는 파동으로 나타나고, 산란할 때는 알갱이(입자)로 나타날 뿐 두 가지가 동시에 나타나지는 않는다는 뜻이다. 따라서 둘 중 하나의 실험을 하면 빛은 입자나 파동 중 하나로 결정된다.

이처럼 빛의 정체나 본질이 무엇인지를 알기 위해 물리학자들은 끊임없이 추구해 왔으나 지금은 빛은 알갱이(빛알, photon)이자 파동(전자기파, EM wave)이라는 두 가지의 성질을 함께 갖고 있음을 인정하지 않을 수 없다. 나아가 드브로이(Louis de Broglie, 1892~1987)는 빛뿐만 아니라 모든 물질에서도 이런 특성이 나타나는 것이라고 주장하였다. 이것이 그의 물질파(matter wave) 개념이다.

이제 빛을 그림 속으로 투영해보자. 빛을 파동으로 보느냐 아니면 입자로 보느냐 하는 것은 화가들 중에서도 나타나는데, 앞서 등장한 인상파 화가들은 빛을 연속으로 전파하는 파동으로 보았고, 그것이 마네의 〈로슈포르의 탈출, L'évasion de Rochefort(1880~1881)〉이나 모네의 〈수련, Nymphéas〉 연작과 〈건초더미, Meules〉 연작(1884~1891) 등에서 잘 나타나고 있다. 하지만 신인상파 또는 과학적 인상주의 화가로 불리는 조르주 쇠라는 앞서 소개한 작품 외에도 〈쿠르브부아의 다리, The Bridge at Courbevoie(1886~1887)〉, 〈그랑드 자트 섬의 센 강, 봄, The Seine seen from La Grande Jatte(1888)〉 등을 통해서 빛을 입자로 보고 점묘법으로 화폭에 색점을 찍어 나갔다. 어쨌든 이들 그림으로부터 작가의 의도와는 무관하게 한편으로는 파동으로 전파해오고 또 한편으로는 입자로 부딪히면서 빛은 우리에게로 다가온다.

따로따로 보이는 빛의 입자와 파동을 함께 보여주는 상보적인 그림은 없을까? 똑 부러지는 그림은 아니겠지만 앞에서 소개되었던 20세기 벨기에의 초현실주의(surrealism) 화가 르네 마그리트(René Magritte, 1898~1967)의 그림 속에서 빛의 이중성 또는 상보성을 한번 찾아보자. 그의 작품을 보면 하나의 세상인 듯하나 두 개의 다른 세상이 겹쳐 공존하고 있음을 보여주는 작품이 많다. 창밖의 배경과 캔버스 위의 그림을 묘하게 일치시킨 〈인간의 조건, La Condition Humaine(1933)〉이 그 대표적인 예라 할 수 있다. 그의 작품 〈표절, Le Plagiat(1960)〉에서도 집 안에 있는 나무 내부에 집 밖 풍경이 그려져 있으며, 〈빛의 제국, L'Empire des lumières〉 연작(1947~1965)에서도 낮과 밤이라는 서로 다른 세계가 하나의 시공간에 자리 잡고 있음을 보여준다. 이처럼 전혀 다른 두 세계가 공존하는 것. 이것이 빛이다.

Chapter

4.4 전기비저항 탐사의 원리

앞서 우리는 전기와 자기 그리고 전자기에 대해 알아보았다. 전기마당과 자기마당은 각각 독립적으로 작용하기도 하지만 시간에 따라 변하는 전기마당(자기마당)은 자기마당(전기마당)을 만들어 전자기파를 전파하는 전자기마당에 대해서도 다루었다. 물리탐사에서도 전기마당과 자기마당을 따로따로 독립적으로 이용하는 전기 탐사와 자력 탐사 방법이 있고 전자기유도 현상을 이용하는 전자 탐사 방법도 있다. 지금부터 이들 전기·전자 탐사의 기본 원리를 찾아 들어가 보자.

4.4.1 전기 탐사

전기 탐사(electrical method)는 지층을 구성하는 물질의 전기적 물성(전기전도도 등)이나 전기화학적 성질의 차이에 따라 발생하는 전위 분포를 측정하여 땅속의 정보를 알아내는 탐사법이다. 전기 탐사에는 인위적으로 전류를 흘려보내 전위를 측정하는 능동 탐사법(active method)과 직접 전류를 보내지 않고 자연적으로 발생한 전위를 측정하는 수동 탐사법(passive method)이 있다.

능동 탐사법에는 땅속에 직접 직류(DC) 전류를 흘려보냈을 때 땅속의 지층이나 전도체로부터 측정되는 전위로부터 전기비저항을 계산하여 그 분포를 알아내는 전기비저항 탐사(resistivity method)와 땅속에 직류와 아주 가까운 교류(AC) 전류를 흘려보내 땅속 매질의 전기화학적 작용으로 발생되는 과전압을 측정하는 유도분극 탐사(IP method) 그리고 전도체의 노두에 직접 전류를 보내 전위 분포를 측정하는 인공분극법(Mise-à-la method) 등이 있다. 수동 탐사법에는 자연발생적인 자연전위 분포를 측정하는 자연전위 탐사(SP method)가 있다.

여기서는 전기비저항 탐사의 원리에 대하여 알아보고, 자연전위(SP) 탐사와 유도분극(IP) 탐사는 다음 5장에서 다루기로 한다.

4.4.2 전기비저항 탐사의 기본 원리

전기비저항 탐사는 땅속에 전류전극을 통하여 전류를 흘려보내면, 매질의 전기적 성질에 따라 발생하는 전위가 달라진다. 이 전위를 전위전극으로 측정하여 땅속의 전기비저항 분포를 알아내는 탐사법이다. 따라서 전기비저항 탐사의 원리를 이해하기 위해서는 전류 및 전위 그리고 저항에 대한 물리적 개념으로부터 전기비저항이 무엇인지를 먼저 알아야 한다.

(1) 전류와 전위

전류(electric current, I)는 전하(charge)의 흐름이다. 따라서 전류는 단위시간 (t) 당 전하량(Q)으로 표현할 수 있으며 단위는 암페어(Ampere, A)를 사용한다.

$$I = \frac{dQ}{dt}$$

금속 도체에서는 전자(electron)의 움직임으로써, 유체에서는 전하를 띤 이온(ion)을 통해 전류가 흐른다. 전류는 전위(electric potential)가 높은 곳에서 낮은 곳으로 흐른다. 그리고 전류의 방향은 양(+)전하가 움직이는 방향으로 정하는데, 이는 (-)를 띤 전자의 흐름과 반대 방향이다.

여기서 잠깐 물의 흐름과 전류의 흐름을 비교해보도록 하자. '물' 하면 떠오르는 유명한 말이 있다. '상선약수(上善若水)'이다. '최고의 선(善)은 물과 같다.'는 뜻이다. 물은 위에서 아래로 흐르고, 장애물을 만나면 자연스럽게 휘돌아 나간다. 물은 곧 '자연스러움'이고, 바로 노자(老子)의 무위자연(無爲自然) 사상이 여기에 스며들어 있다.

전류의 흐름도 바로 이러한 물의 자연스러운 흐름과 대비시킬 수 있다. 물은 수위가 높은 곳에서 낮은 곳으로 흐르고, 그 수위차(수압) 만큼 물의 세기가 달라진다. 전류도 전위가 높은 곳에서 낮은 곳으로 흐르고 그 전위차(전압) 만큼 세기가 달라진다. 물이 장애물을 만나면 에돌아서 흘러가듯이, 전류도 전류가 흐르기 쉬운 곳(전도체)을 향하고 어려운 곳(부도체)은 에돌아간다. 이것이 자연의 이치이다.

원자는 원자핵과 그 주위를 도는 전자로 구성되어 있는데, 전자 중에서도 원자핵 주변의 궤도를 자유롭게 움직일 수 있는 전자를 자유전자(free electron)라 한다. 이 자유전자가 전기를 잘 통하게 하는 입자로 자유전자가 많아 전기를 잘 통하면 도체(conductor), 자유전자를 가지기 어려워 전기가 잘 통하지 않으면 부도체(insulator), 그리고 그 중간의 성질을 가지는 물질을 반도체(semiconductor)라 한다. 주기율표(periodic table) 14족 원소인 규소(Silicon, Si)나 게르마늄(Germanium, Ge) 등이 이에 속한다. 도체와 부도체에서의 전류의 흐름을 이해하는 것은 그리 어렵지 않다고 생각되어, 여기서는 반도체에 어떻게 전류가 흐르게 하는지 간단히 알아보도록 한다.

앞서 설명한대로 전자는 원사핵 주위를 돌고 있는데 그 중 가장 바깥쪽 궤도(최외각궤도)에서 운동하고 있는 전자를 원자가전자(原子價電子, valence electron)라 한다. 이 원자가전자는 8전자 규칙(octet rule)에 따라 최외각 껍질이 전자 8개일 때 가장 안정하게 된다. 그런데 반도체 물질인 규소 등은 원자가전가가 4개로 자기들끼리 전자를 1개씩 공유하면 8개의 원자가전자를 만들 수 있기 때문에 가장 안정된 상태가 되어 전류가 흐르지 않는다. 이러한 반도체를 고유 또는 순수 반도체(intrinsic semiconductor)라 한다. 이러한 고유 반도체에 전류가 흐르게 하려면 주기율표 13족 또는 15족 원소를 불순물로 첨가한다. 이러한 과정을 도핑(doping)이라 한다. 먼저 인(Phosphorus, P)과 같이 원자가전자가 5개인 15족 원소를 규소와 결합하면 네 쌍은 결합하고 1개의 전자가 남게 되는데 이것이 자유전자 역할을 하면서 전류가 흐르게 된다. 이러한 반도체를 n형 반도체(n-type semiconductor)라 한다. 반면에 붕소

(Boron, B)와 같이 원자가전자가 3개인 13족 원소와 규소를 결합하면 세 쌍만 결합하고 한 곳에는 전자와 결합하지 못한 빈자리가 남게 되는데, 이를 양공(정공, hole)이라 한다. 양공은 양의 전하를 띤 입자와 같은 역할을 하면서 옆에 있는 전자를 끌어당긴다. 양공이 옆에 있던 전자를 끌어오면 그 자리에 또 하나의 양공이 생기고 또 옆에 있는 전자를 끌어오는 과정이 반복되며 전자가 움직이면서 전류가 흐르게 된다. 이러한 반도체를 p형 반도체(p-type semiconductor)라 한다. 이렇게 하여 반도체는 도체로서의 역할을 할 수 있다.

이제 전류가 어떨 때 잘 흐르는지 살펴보자.

앞서 설명한대로 전류는 전위가 높은 곳에서 낮은 곳으로 흐른다고 하였다. 그렇다면 전위란 무엇인가. 한마디로 전기가 가지고 있는 잠재 에너지(potential)이다. 중력식으로 표현하면 위치 에너지이다. 전위를 좀 더 물리적으로 표현하면, 전위는 어떤 기준점으로부터 단위전하(+1 C)를 가져오는 데 한 일로 정의한다. 이때 흔히 무한대 지점을 기준점으로 삼는데, 그것은 전기력이 작용하지 않아 무한대 지점의 전위는 0이기 때문이다($V_\infty = 0$).

수면의 높이가 같으면 물이 흐르지 않듯이, 전위가 같으면 전류가 흐르지 않는다. 이러한 면을 등전위면(equipotential surface)이라 한다. 그렇다면 물이 흐른다는 것 또는 전류가 흐른다는 것은 에너지 차가 있다는 것이고 이를 전기에서는 전위차(potential difference) 또는 전압(voltage)이라고 한다. 우리가 흔히 전기력이 미치는 공간을 전기마당(전기장, electric field)이라 하는데, 이 전기마당의 세기($\vec{E}$)는 전위차(V)의 기울기(gradient, ▽)로 다음과 같이 표시할 수 있다.

$$\vec{E} = -\nabla V$$

여기서, 음(-)의 부호는 전기력선은 항상 전위가 높은 곳에서 낮은 곳으로 흐르기 때문이다. 이러한 개념을 균일한 전기마당 E 속의 평행한 두 도체판 사이에 걸린 전위차 V의 관계로 풀어보면, 간략하게 다음과 같이 쓸 수 있다.

$$E = \frac{V}{d} \quad (\mathrm{V/m})$$

여기서, d는 두 도체판 사이의 간격이다.

결론적으로 말해서 전류는 전위가 높은 곳에서 낮은 곳으로 흐르는데, 전위차(좀 더 정확히 말하면 전위차 기울기)가 클수록 세게 잘 흐른다.

(2) 전기비저항

전기 저항(resistance)은 전류의 흐름을 방해하는 작용을 한다. 전류의 흐름은 곧 전자의 흐름이라고 할 수 있는데, 전자들은 원자 속의 원자핵들과 충돌하면서 이동한다. 이것이 저항이 생기는 원인이다. 이때 열이 발생하면서 도선도 뜨거워진다.

저항은 도체, 반도체, 부도체(절연체)에 따라 다르게 나타나며, 물질 중에는 어떤 온도 이하가 되면 전기 저항이 0이 되는 물질도 있다. 이를 초전도체(superconductor)라고 한다. 초전도(superconductivity) 현상은 네덜란드의 물리학자 오네스(Heike Kamerlingh Onnes, 1853~1926)가 처음 발견한 것으로, 어떤 물질을 특정 임계 온도(critical temperature) 이하로 냉각시켰을 때 그 전기 저항이 0이 되고 내부 자기마당을 밀쳐내는 현상을 가리킨다. 오네스가 이 현상을 발견했을 때에는 절대온도 4K가 임계 온도였으나, 이후 이보다 높은 온도에서 초전도 현상을 나타내는 물질이 속속 발견되있고 이런 초전도체를 고온 초전도체(high temperature superconductor)라 부른다. 이러한 초전도 현상은 다양한 분야에 적용되고 있는데 특히 자기공명영상(MRI) 장치에 사용되는 전자석이 초전도 자석이다. 또한 항공 자력탐사에 사용되고 있는 SQUID 자력계에, 차세대 지능형 전력망 구축에 필요한 스마트 그리드(smart grid)에, 그리고 초전도체 자기 부상열차에도 적용되고 있다.

여기서 잠깐 SQUID에 대해 보충 설명을 하도록 하자. SQUID는 Superconducting QUantum Interference Device를 줄인 말로 초전도 양자 간섭 소자라고 할 수 있다. 이것은 초전도체 사이에 절연물을 끼워 넣어 터널 효과(tunnel effect, 두 개의 초전도체를 아주 가까이 접근시켰을 때 그 사이에 진공과 같은 에너지 벽이 있더라도 전자가 이를 뚫고 통과하는 현상을 말한다)에 의해 전류가 흐르고, 이 전류가 외부의 자기다발(magnetic flux)에 민감하게 반응하는 성질을 이용한 고감도 자력계이다.

☞ 그럼 이제 전기비저항에 대해 알아보도록 하자.

전기 저항이 물체의 굵기나 길이에 따라 변한다면 전기비저항은 물질이 가지고 있는 고유한 전기적 성질이다.

전류가 단면적이 $A(\mathrm{m}^2)$ 이고 길이가 $L(\mathrm{m})$ 인 도체를 통과한다고 하자(그림 4.21).

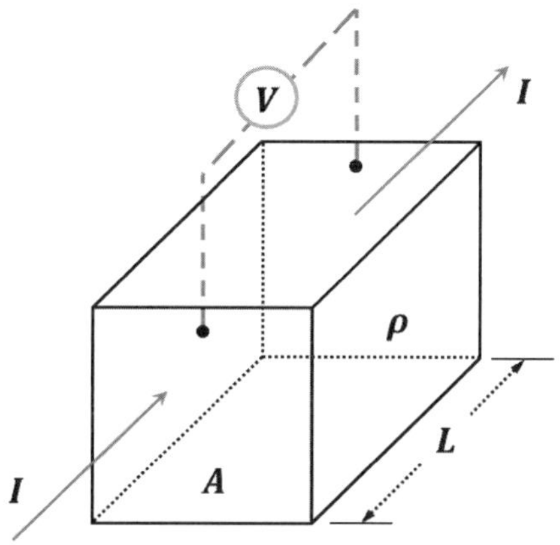

[그림 4.21] 도체의 전기비저항 측정 모델

그러면 저항(resistance, R)은 도체의 단면적이 클수록 작아지고, 길이가 길수록 커진다. 따라서 다음과 같은 비례관계가 성립한다.

$$R = \rho \frac{L}{A}$$

이때 비례상수 ρ가 물질 고유의 물성인 전기비저항(電氣比抵抗, resistivity)이다. 그리고 이를 옴의 법칙(Ohm's law)

$$R = \frac{V}{I} \Rightarrow I = \frac{V}{R}, \quad V = IR$$

과 묶어 전기비저항 식으로 나타내면 다음과 같이 쓸 수 있다.

$$\rho = R\frac{A}{L} = \frac{VA}{IL} \quad (\Omega \mathrm{m})$$

이처럼 전기비저항은 전류의 흐름을 방해하는 물질의 고유 물성으로 단위는 Ωm이다. 전기비저항의 역수($1/\rho$)는 전기전도도(電氣傳導度, conductivity, σ)라 하며, 그 단위는 S/m (Siemens/m) 또는 ℧/m (mho/m)를 사용한다.

한편, 위 전기비저항 식을 전기마당 세기(electric field intensity, $E = V/L$) E (V/m)와 전류밀도(current density, $J = I/A$) J (A/m^2)로 다음과 같이 표현할 수도 있다.

$$\rho = \frac{VA}{IL} = \frac{V/L}{I/A} = \frac{E}{J}$$

$$\therefore \quad \rho = E/J \ (\Omega \mathrm{m}) \quad \text{또는} \quad J = \sigma E$$

이를 벡터로 표시하면 다음과 같다.

$$\vec{J} = \sigma \vec{E}$$

(3) 균질한 반무한 매질에서의 전위와 전기비저항

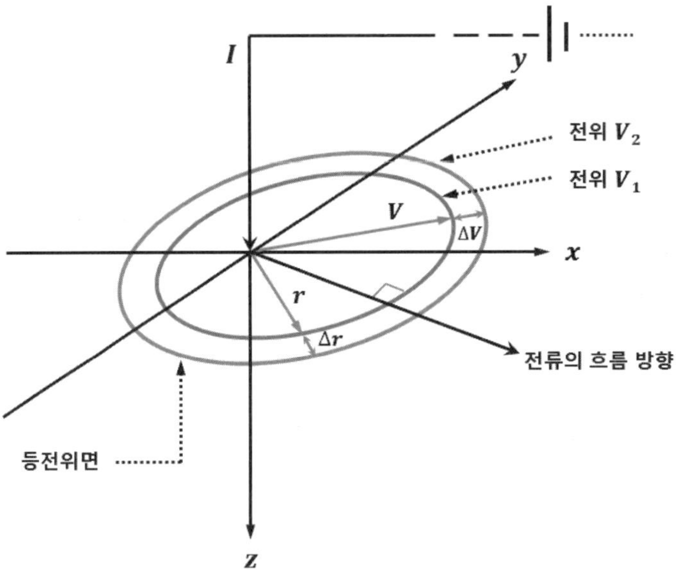

[그림 4.22] 반무한 매질에서의 전위

전기비저항이 ρ인 균질한 땅속에 전류를 흘려보낼 때(그림 4.22), 지표면에 있는 임의의 두 점 사이의 전기마당의 세기(electric field strength) $E(=\rho J)$는 정의에 따라 전위 기울기(potential gradient) $-dV/dr$로 나타낼 수 있다(레이놀즈 지음, 김지수 외 옮김, 2014). 원래 전기마당 세기($\vec{E}$)와 전류밀도($\vec{J}$)는 벡터량이나 여기서는 그 크기만을 가지는 스칼라량으로 나타내었다. 전위 기울기가 음(-)인 것은 전류는 항상 전위가 높은 곳에서 낮은 곳으로 흐르기 때문이다. 그리고 전류의 방향은 등전위면의 접선 방향에 수직이다.

☞ 이제 전위(electric potential)를 계산해보자.

전류밀도(current density, J)는 단위면적을 통해 흐르는 전류의 양(I)으로 정의한다. 따라서 반무한 매질에 전류가 흐를 때의 전류밀도는 전류를 반구의 표면적($2\pi R^2$)으로 나누어 주면 된다. 즉,

$$J = \frac{I}{2\pi R^2} \quad \text{(여기서, } R\text{은 반구의 반지름)}$$

그러면 점 전류 샘(current source)으로부터 거리 r되는 지점의 전위는 다음과 같이 구할 수 있다. 반구 껍질(hemispherical shell)의 두께가 Δr 만큼 증가할 때, 전위차가 $\Delta V = V_2 - V_1$ 이라고 하면, 한 지점의 전기마당의 세기 E 는 다음과 같이 쓸 수 있다.

$$E = -\lim \frac{\Delta V}{\Delta r} = -\frac{dV}{dr} = \rho J = \rho \frac{I}{2\pi r^2}$$

여기서 (-) 부호를 붙인 것은 앞서 설명한대로 전위가 높은 곳에서 낮은 곳으로 전류가 흐르므로 값이 음수가 된다. 이를 양(+)의 값으로 나타내기 위함이다.

그러면 샘으로부터 거리 r 되는 지점의 전위 V_r 은 전위차(potential difference) dV로부터 다음과 같이 구할 수 있다.

$$V_r = \int_{\infty}^{r} dV = -\int_{\infty}^{r} \rho \frac{I}{2\pi r^2}\, dr = \frac{\rho I}{2\pi r}$$

두 번째 항은 전위의 정의로부터 나온 것으로, 앞에서 설명한 것처럼 전위는 무한대

지점($V_\infty = 0$)으로부터 +1 C의 전하를 가져오는 데 한 일로 정의한다. 따라서 전하가 있는 위치로부터 멀리 떨어진(∞) 지점의 전기마당($\vec{E}$)은 0이 되므로 이곳을 기준점(전위 = 0)으로 하고 거리 r 되는 지점과의 전위차를 거리 r 되는 지점의 전위(V_r)로 정의하면 편리하다. 즉,

$$V_r = -\int_\infty^r \vec{E} \cdot d\vec{r}$$

이제 실제 전기비저항 탐사처럼 전류를 흘려보내고 받는 두 지점을 A, B라 하고 전위를 측정하는 두 지점을 P, Q라 할 때, 전위차와 전기비저항을 구해보자. 전류 지점 A는 전류의 날샘(source)으로 양극($+I$)이고, 전류 지점 B는 들샘(sink)으로 음극($-I$)이라 했을 때, 전위를 측정하는 P 지점에서의 전위 V_{P}는 점 A로부터 측정한 전위 V_{AP}와 점 B로부터 측정한 전위 V_{BP}를 더한 값과 같다. 즉,

$$V_{\mathrm{P}} = V_{\mathrm{AP}} + V_{\mathrm{BP}}$$

마찬가지로 전위전극 Q 지점에서의 전위 V_{Q}도 다음과 같이 구할 수 있다.

$$V_{\mathrm{Q}} = V_{\mathrm{AQ}} + V_{\mathrm{BQ}}$$

그러면 두 지점 P, Q 사이의 전위차를 $\Delta V (= V_{\mathrm{P}} - V_{\mathrm{Q}})$라고 하면 전기비저항은 다음과 같이 구할 수 있나.

$$\rho = \frac{\Delta V}{I} \cdot 2\pi r$$

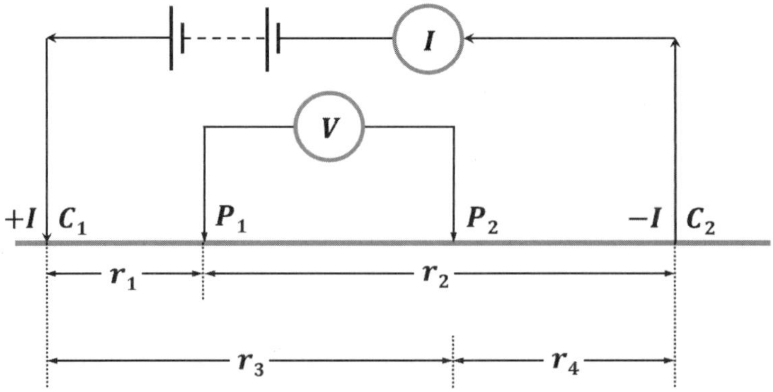

[그림 4.23] 임의 전극 배열을 이용한 전기비저항 탐사

이제 그림 4.23과 같은 전극 배열에서, 두 개의 전류전극(current electrode)을 C_1, C_2라 했을 때, 두 개의 전위전극(potential electrode) P_1, P_2 사이의 전위차를 구해보자. 먼저 두 전위전극 P_1, P_2에서의 전위를 구하면 각각 다음과 같다.

$$V_{P_1} = \frac{\rho I}{2\pi}\left(\frac{1}{r_1} - \frac{1}{r_2}\right) \quad , \quad V_{P_2} = \frac{\rho I}{2\pi}\left(\frac{1}{r_3} - \frac{1}{r_4}\right)$$

따라서 전위차 ΔV는

$$\Delta V = V_{P_1} - V_{P_2} = \frac{\rho I}{2\pi}\left[\left(\frac{1}{r_1} - \frac{1}{r_2}\right) - \left(\frac{1}{r_3} - \frac{1}{r_4}\right)\right]$$

이다. 이를 다시 ρ에 대해 쓰면 다음과 같이 정리할 수 있다.

$$\rho = \frac{2\pi\,\Delta V}{I}\left[\left(\frac{1}{r_1} - \frac{1}{r_2}\right) - \left(\frac{1}{r_3} - \frac{1}{r_4}\right)\right]^{-1}$$

$$\Rightarrow \quad \rho = \frac{2\pi\,\Delta V}{I} \cdot K$$

여기서, K는 전극배열의 기하학적 요소로 거리 계수(geometric factor)라 부르며 다음과 같이 정의한다.

$$K = \left[\left(\frac{1}{r_1} - \frac{1}{r_2}\right)\right] - \left[\left(\frac{1}{r_3} - \frac{1}{r_4}\right)\right]^{-1}$$

흔히 거리계수를 $G = 2\pi K$로 정의하기도 한다.

$$\rho = \frac{\Delta V}{I} \cdot G$$

(4) 겉보기 전기비저항

우리는 앞의 식을 유도할 때 균질하고(homogeneous), 등방성인(isotropic) 매질을 가정했다. 따라서 이 경우 어떤 전극 간격에서도 매질의 참 전기비저항(true resistivity)을 얻을 수 있다. 그러나 매질이 균질하지 않다면(inhomogeneous) 측정된 전기비저항 값은 전극이 위치한 매질의 참 전기비저항 값이 아니라 매질의 평균적인 값을 나타낸다. 이 값을 겉보기 전기비저항(apparent resistivity, ρ_a)이라 한다. 따라서 실제 전기비저항 탐사에서 측정한 전위 값으로 계산한 전기비저항은 매질의 참 전기비저항이 아닌 겉보기 비저항 값이다.

$$\rho_a = \frac{\Delta V}{I} \cdot G$$

$$\rho_a = \frac{2\pi \ \Delta V}{I} \left[\left(\frac{1}{r_1} - \frac{1}{r_2} \right) - \left(\frac{1}{r_3} - \frac{1}{r_4} \right) \right]^{-1}$$

전기비저항 탐사에서 얻은 이러한 겉보기 비저항 자료는 역산(inversion)이라는 과정을 거쳐 참 전기비저항으로 바꾸어 줌으로써 땅속의 정확한 정보를 얻을 수 있다.

(5) 매질의 경계면에서의 전류의 흐름

우리가 거쳐 온 지금까지의 과정은 전류가 균질한 반무한 공간을 흐른다고 가정하였다. 빛이 수면에서 반사하거나 굴절하는 것처럼 전류의 흐름도 전기비저항(전기전도도)이 다른 경계면에서 반사하거나 굴절한다. 그 원리는 음파나 탄성파처럼 '최소 시간이 걸리는 경로를 따라 파가 진행한다.'라는 페르마의 원리를 따른다.

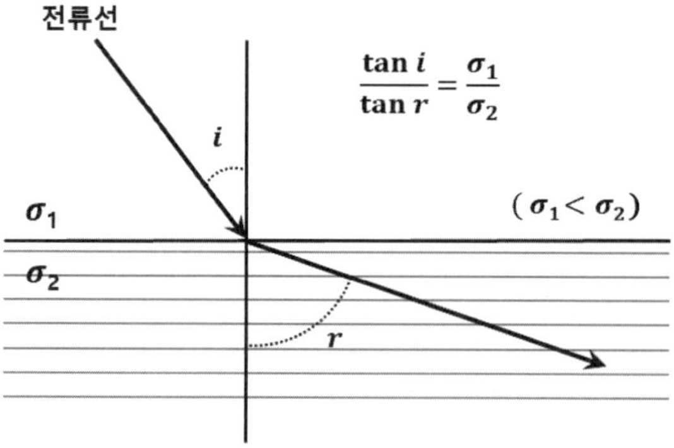

[그림 4.24] 전기전도도가 낮은 곳에서 높은 곳 ($\sigma_1 < \sigma_2$)으로의 전류 흐름 양상

예를 들어 그림 4.24처럼 전류의 흐름을 전류선(current line)으로 표현하고 파동의 경우처럼 입사각(i)과 굴절각(r)으로 표시했을 때, 전기전도도가 낮은 (σ_1) 매질에서 전기전도도가 높은 (σ_2) 매질로 전류가 흐른다면 ($\sigma_1 < \sigma_2$), 전류선은 입사각보다 굴절

각이 큰 ($i<r$) 경로를 따라 진행하게 된다. 이는 파동의 속도가 느린 매질에서 빠른 매질로 전파할 때 파의 굴절 양상과 같다. 물론 반대의 경우는 입사각보다 굴절각이 작은 ($i>r$) 경로를 택할 것이다. 이 경로를 식으로 나타내면 스넬의 법칙과 유사한 식을 얻을 수 있다.

$$\frac{\tan i}{\tan r} = \frac{\sigma_1}{\sigma_2} \text{ 또는 } \frac{\tan r}{\tan i} = \frac{\rho_1}{\rho_2}$$

이제 이 경계면에서 어느 정도 전기 에너지가 분할되는지를 탄성파 경우처럼 전기 반사계수와 투과계수로 알아보자. 이를 위해 경계면을 거울면으로 가정하고 그림 4.25처럼 광학 영상법(optical image method)을 도입한다.

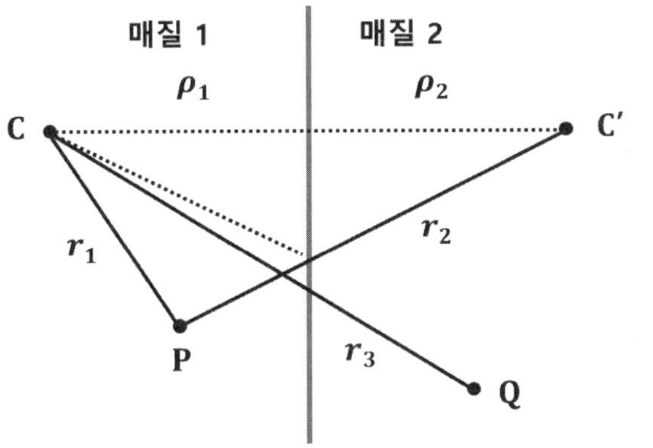

[그림 4.25] 광학 영상법

만약 빛의 광원이 C에 있을 때 P점에서는 C에서 직접 들어오는 빛과 거울면에서 반사되어 들어오는 빛으로 합성된다. 이때 반사된 빛은 C의 영상점(image) C′에서 오는 것으로 간주해도 된다. 이와 마찬가지로 P점에서의 전류의 세기는 C에서 P로 직접 전해지는 전류와 영상점 C′에서 들어오는 전류가 합해진 세기로 나타난다. 전류의 세기가 S인 전류 샘이 전기비저항이 ρ_1인 매질 1에 있다면 그 영상점은 전기비저항이 ρ_2인 매질 2에 있을 것이다(여기서, $\rho_2 > \rho_1$). 그러나 그 세기는 kS로 줄어들 것이다. 이 k인자는 광학이나 탄성파 반사법 탐사에서의 반사계수와 같이 전기 반사계수(electrical reflection coefficient)이며 다음과 같이 정의할 수 있다.

P 점에서의 전위:

$$V_P = \frac{I\rho_1}{4\pi}\left[\frac{1}{r_1} + \frac{k}{r_2}\right]$$

Q 점에서의 전위:

$$V_Q = \frac{I\rho_2}{4\pi}\left[\frac{1-k}{r_3}\right]$$

경계면에서는 $V_P = V_Q$ 이고 $r_1 = r_2 = r_3$ 이므로 다음과 같이 쓸 수 있다.

$$\frac{\rho_1}{\rho_2} = \frac{1-k}{1+k} \quad \therefore \quad k = \frac{\rho_2 - \rho_1}{\rho_2 + \rho_1}$$

반사계수는 $-1 \le k \le 1$ 범위에 있으며, 전기비저항이 낮은 매질에서 높은 매질로 전류가 흐를 때는 $k > 0$ 이고, 반대로 전기비저항이 높은 매질에서 낮은 매질로 전류가 흐를 때는 $k < 0$ 이다.

(6) 전기비저항 탐사의 원리 요약

지금까지 전기비저항 탐사에 적용되는 물리적 요소에 대해 알아보았다. 이를 토대로 전기비저항 탐사 원리를 간단히 요약해 보면 다음과 같다.

전기비저항 탐사의 근본적인 목적은 지층의 전기비저항 분포를 알아내는 것이다. 이를 위해 먼저 탐사 목적에 맞춰 전극을 배열하는 등 측정 시스템을 완전히 구성한 다음, 측정기의 송신기에서 전류(I)를 흘려보낸다. 전류는 사방팔방으로 흘러나가며 지하의 각종 대상체(전도체)와 만나 반응을 일으키고, 그 반응이 측정 수신기에서 전위(V)로 측정된다. 실제 전기비저항 탐사에서는 두 지점의 전위를 측정하여 그 전위차(ΔV)를 측정한다. 이로부터 우리가 얻을 수 있는 저항값(R)을 옴의 법칙으로 쉽게 계산할 수 있다. 여기에 전극 배열에 따른 거리계수(G)를 곱하면 겉보기 비저항($\rho_a = RG$)을 구하게 된다. 이렇게 현장에서 구한 겉보기 비저항은 컴퓨터 역산 과정을 거쳐 우리가 알고자 하는 지층의 참 전기비저항(ρ)으로 전환되고 이를 2-D 또는 3-D 영상으로 보여주는 것이다.

Chapter 4.5

전자 탐사의 원리

4.5.1 전자기 유도

(1) 전자기유도 법칙

영국의 물리학자 패러데이(Michael Faraday, 1791~1867)는 덴마크의 물리학자 외르스테드(Hans Christian Oersted, 1777~1851)의 실험에서 더 나아가 자기마당(자기장)의 변화가 전류를 유도한다는 사실을 알아내었다. 이렇게 전류와 자기마당이 서로 영향을 주고받는 것을 전자기유도(電磁氣誘導, electromagnetic induction) 현상이라고 한다.

예를 들어 코일 위에 자석을 가만히 놓아두면 전류가 흐르지 않다가, 자석을 움직이면 코일에 전류가 흐른다. 이는 자석이 움직이면서 코일의 단면적을 지나는 자기력선의 수(자기다발, magnetic flux)를 변화시켰기 때문이다. 이처럼 코일 가까이에서 자석을 움직이거나, 전류가 흐르는 다른 회로를 이용해 자기마당을 변화시키면 코일에 전류가 흐르게 되는데, 이때 전류를 생성하는 힘을 유도 기전력(誘導起電力, induced electromotive force, EMF, V)이라고 한다. 이 유도 기전력은 시간에 대한 자기다발의 변화($\Delta \Phi / \Delta t$)에 비례하고 코일의 감은 수(N)에 비례한다.

$$V = -N \frac{\Delta \Phi}{\Delta t}$$

여기서, 자기다발은 $\Phi = \vec{B} \cdot \vec{S} = BS\cos\theta$로 표시할 수 있으므로 유도 기전력을 다음과 같이 쓸 수 있다.

$$V = -N\frac{\Delta(B\,S\cos\theta)}{\Delta t}$$

따라서 유도 기전력은 시간에 따라 자기마당(B)이 변해도, 면적(S)이 변해도, 자기마당과 면적 사이의 각(θ)이 변해도 발생한다.

그림 4.26처럼 자기마당 속에 들어 있는 하나의 고리를 생각해보자. 만약 고리를 통과하는 다발(flux)이 변한다면 고리에는 기전력이 유도된다. 유도 기전력(EMF)은 단위전하 당 한 일이므로, 전하에는 이 기전력과 관련된 힘이 작용해야 한다.

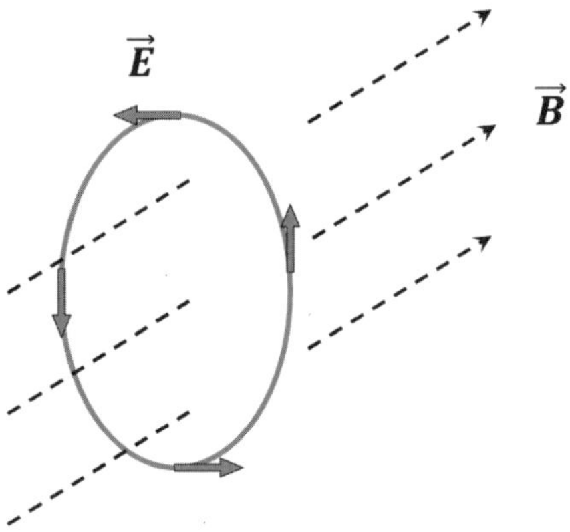

[그림 4.26] 자기마당 속의 고리

단위전하 당 힘($\vec{F}/q$)이 전기마당(전기장) $\vec{E}$ 이며 이는 변화하는 다발에 의해 유도된다. 닫힌회로 둘레의 전기마당에 대한 선 적분은 단위전하 당 한 일이며 이는 유도 기전력(V)의 정의와 같고, 다음과 같이 쓸 수 있다.

$$V = \oint_C \vec{E}\cdot d\vec{l}$$

정전기마당의 경우 보존마당이므로 닫힌회로의 선 적분은 0이 된다. 그러나 자기다발 (Φ_B)이 변화함으로써 나타나는 전기마당은 보존되지 않는다. 따라서 유도 기전력은 자기다발에 대해 아래와 같은 식으로 표현된다.

$$V = -\frac{d\Phi_B}{dt}$$

이를 패러데이의 전자기유도 법칙이라 한다. 패러데이 법칙에서 음(-)의 부호는 유도 기전력의 방향과 관계가 있는 렌츠의 법칙(Lenz's law)이다. 즉, 코일에는 자기다발이 유지되어야 하는데, 변화가 생기면 그 변화를 방해하는 방향으로 유도 기전력이 생기고, 이 유도 기전력에 의해 유도 전류가 발생한다.

(2) 맴돌이 전류

시간적으로 변화하는 자기마당 안에 도체를 놓았을 때 도체 내부에 생기는 소용돌이 모양의 유도 전류를 맴돌이 전류(eddy current)라 하는데, 발견자의 이름을 따서 푸코 전류(Foucault current)라고도 한다. 맴돌이 전류는 패러데이 법칙과 렌츠의 법칙으로 설명할 수 있다. 그림 4.27과 같이 도체판 위에서 자석을 접근시키거나 또는 시간에 따라 변하는 자기마당을 발생시키면 도체판 안에서는 자기마당의 증가를 방해하는 방향 즉, 수직 위로 자기마당이 생기고 오른손 법칙에 따라 반시계 방향의 유도 전류 즉, 맴돌이 전류가 발생한다.

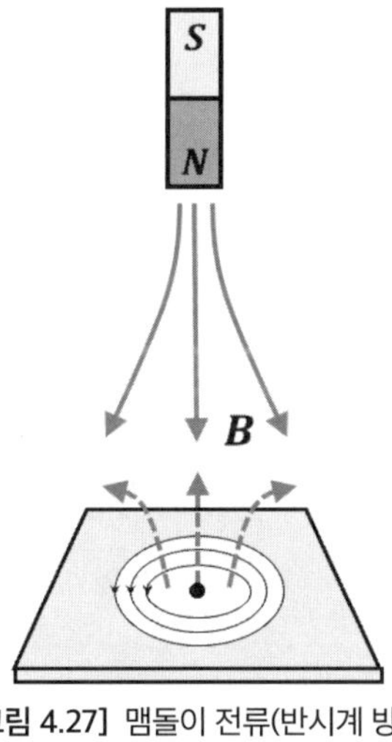

[그림 4.27] 맴돌이 전류(반시계 방향)

앞의 4.1절 [자기와 전기 그리고 전자기]에서 등장한 아라고 원판(Arago's disc)이 바로 맴돌이 전류의 발생과 존재를 실증하는 실험 장치이다. 그리고 우리가 타는 놀이기구인 자이로드롭에는 가속을 받아 빠르게 내려오는 놀이기구의 속도를 줄여 안전하게 땅에 닿게 하는 제동장치가 설치되어 있는데 이것이 맴돌이 전류를 이용한 맴돌이 브레이크(eddy current break)이다.

■ 맴돌이 전류에 관한 문제로 다음 물음에 답해보시오.

전자 탐사법 중에는 작은 고리를 이용하는 전자 탐사법(small-loop EM system)이 있다. 수~수십 m 정도 떨어진 2개의 작은 고리(small-loop)를 하나는 송신기로, 다른 하나는 수신기로 사용하여 측선을 따라 같은 간격으로 이동하면서 측정하는 진동수영역 전자 탐사법이다. 여기에는 수평 같은면 배열(HCP, hotizontal coplanar), 수직 같은면 배열(VCP, vertical coplanar), 같은축 배열(VCA, vertical coaxial), 수직 배열(Perpendicular) 등 여러 가지 송수신기 배열이 사용되고 있는데, 그림 4.28은 HCP 배열을 나타낸 것이다. 왼쪽의 송신 고리에서 전류를 반시계 방향으로 흘려보낸다면 오른쪽 수신 고리에서 전류는 어떤 방향으로 흐르겠는가?

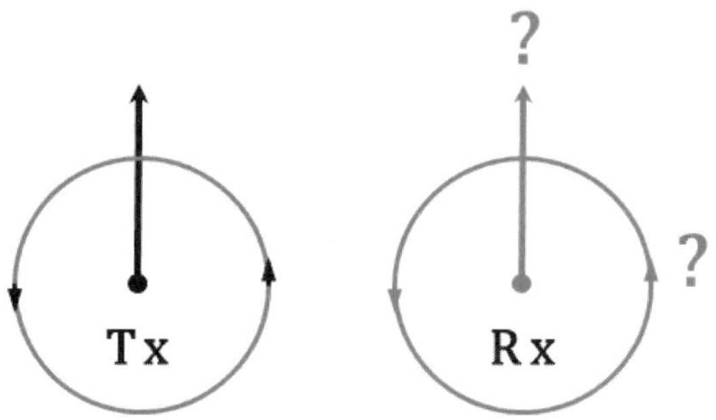

[그림 4.28] 수평 같은면(HCP) 배열

4.5.2 전자 탐사의 기본 원리

(1) 송·수신 시스템

그림 4.29는 전자 탐사 측정 시스템과 탐사 원리를 개략적으로 나타낸 그림이다. 송

신기에서 시간에 따라 변하는 전류(time-varying current)를 흘려보내면 1차 자기마당(primary magnetic field, H_P), 즉 자기다발(Φ_B)이 만들어진다.

$$\Phi_B = \int_S \vec{B} \cdot d\vec{A} \quad (\text{여기서, } \vec{B}\text{는 자기다발 밀도})$$

이 시간에 따라 변하는 1차 자기마당은 전도체를 만나 전기마당 ($\vec{E}$) 즉, 기전력(EMF, V)을 유도한다.

$$V = -\frac{d\Phi_B}{dt}$$

이 유도 기전력에 의해 발생한 도체 내 유도 전류 즉, 맴돌이 전류(eddy current)

$$\vec{J} = \sigma \vec{E} \quad (\text{여기서, } \vec{J}\text{는 전류밀도})$$

는 2차 자기마당(secondary magnetic field, H_S)을 만든다. 수신기에서는 1차 자기마당과 2차 자기마당을 합성한 알짜 마당(resultant field, H_R)이 측정된다. 측정 장치에서 H_P를 알고 있으면 H_R에서 H_P를 빼주면 H_S를 얻을 수 있다. 그러면 수신기에서 얻어진 자료를 H_S / H_P로 계산하여 자료를 해석한다.

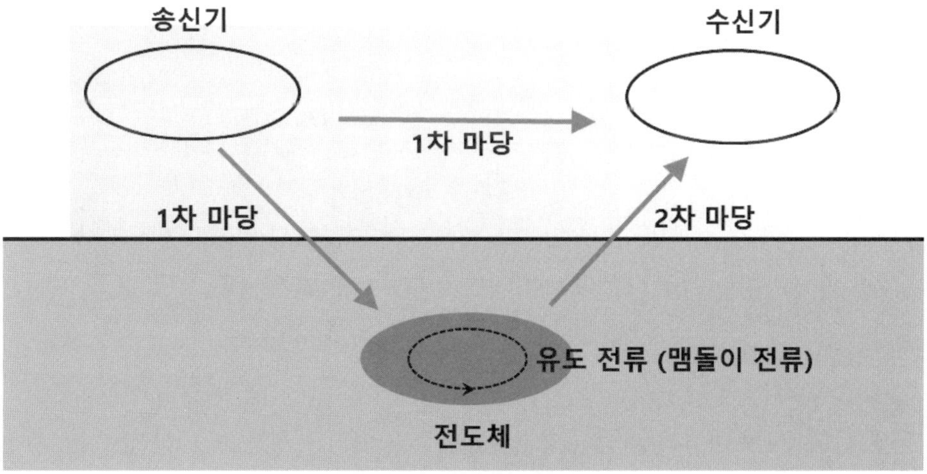

[그림 4.29] 전자 탐사의 원리

1차 자기마당을 사인 함수의 전자기파로 표현하여 $H_P \cos\omega t$ 라고 하면 수신기에서 측정된 2차 자기마당은 $H_S \cos(\omega t + \phi)$로 쓸 수 있다(그림 4.30).

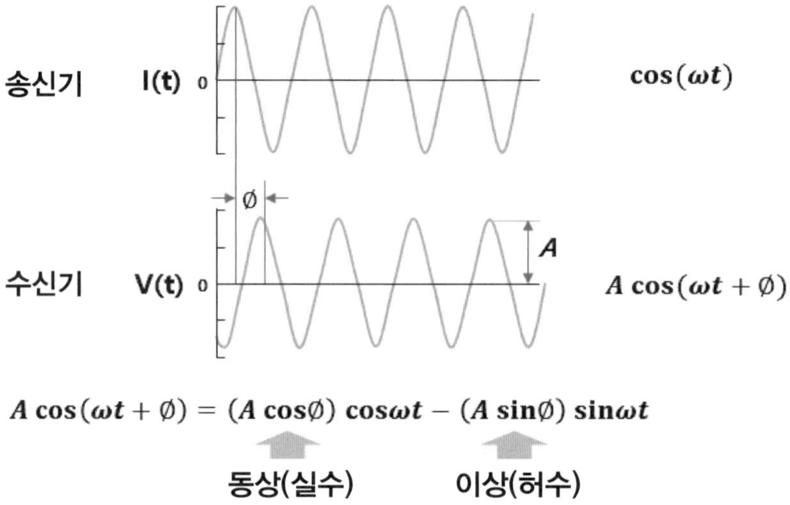

[그림 4.30] 1차 마당과 2차 마당

2차 자기마당은 다시

$$H_S \cos(\omega t + \phi) = H_S\ (\cos\omega t \cos\phi\ -\ \sin\omega t \sin\phi)$$

로 쓸 수 있다. 따라서

$$\frac{H_S}{H_P}\ \cos(\omega t + \phi) = \left[\frac{H_S \cos\phi}{H_P}\right]\ \cos\omega t\ -\ \left[\frac{H_S \sin\phi}{H_P}\right] \sin\omega t$$

이다. 여기서 동상 성분(in-phase) 또는 실수 성분(real component)과 이상 성분(out-of phase) 또는 허수 성분(imaginary component)은 다음과 같다.

$$\text{동상 성분} = \frac{H_S \cos\phi}{H_P}\ ,\quad \text{이상 성분} = \frac{H_S \sin\phi}{H_P}$$

동상 성분은 1차 마당과 위상이 같거나 π만큼 지연되는 성분을, 이상 성분은 1차 마당과 위상이 $\pi/2$ 만큼 차이가 나는 성분을 나타낸다(그림 4.31).

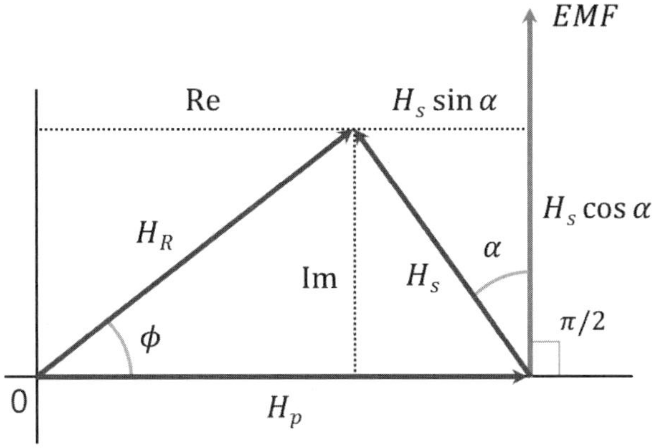

[그림 4.31] 1차 마당(H_P), 2차 마당(H_S), 알짜 마당(H_R)의 위상 관계.
EMF = 1차마당에 비해 $\pi/2$ 만큼 지연된 유도 기전력, Re = 실수 성분, Im = 허수 성분,
α = 이상 전도체에 의한 위상차, ϕ = 1차 마당에 대한 알짜 마당의 위상차

(2) 전자기파의 전파

앞서 유도한 파동 방정식처럼 맥스웰 방정식으로부터 다음의 헬름홀츠 방정식(Helmholtz equation)을 유도할 수 있다. (유도 과정 생략)

$$\nabla^2 E - \mu\sigma \frac{\partial E}{\partial t} - \mu\varepsilon \frac{\partial^2 E}{\partial t^2} = 0$$

$$\nabla^2 H - \mu\sigma \frac{\partial H}{\partial t} - \mu\varepsilon \frac{\partial^2 H}{\partial t^2} = 0$$

위의 시간 영역을 진동수 영역으로 바꾸면(푸리에 변환) 다음과 같이 쓸 수 있다.

$$\nabla^2 E + k^2 E = 0$$

$$\nabla^2 H + k^2 H = 0$$

여기서, $k^2 = -i\omega\mu\sigma + \mu\varepsilon\omega^2$ (k = 파수, wavenumber)이다.

이 식을 검토하기에 앞서 맥스웰 방정식 중 앙페르-맥스웰 법칙을 가져와서 이를 진동수 영역으로 바꾸면 다음과 같이 쓸 수 있다.

$$\nabla \times \vec{H} = \vec{J} + \frac{\partial \vec{D}}{\partial t} \Rightarrow \sigma E + i\varepsilon\omega E = J_C + J_D$$

이 식으로부터 우변의 첫 항(J_C)이 전도 전류(conduction current), 둘째 항(J_D)이 변위 전류(displacement current)이다. 그러면 위의 파수(k) 식에서 우변의 첫 항이 전도 전류, 둘째 항이 변위 전류를 나타낸다는 것을 쉽게 알 수 있다. 이를 바탕으로 그림 4.32에서 보는 바와 같이 유도 영역(induction regime)과 전파 영역(propagation regime)으로 나눌 수 있다. 유도 영역은 전도 전류가 변위 전류보다 우세한 영역 즉, $\mu\omega\sigma \gg \mu\varepsilon\omega^2$인 영역으로서, 파수는 $k \approx \sqrt{-i\mu\sigma\omega}$ 로 주어진다. 지하를 구성하는 대부분의 암석의 유전율은 매우 작은 반면 $[\varepsilon = 10\,\varepsilon_o\,,\ \varepsilon_0 \approx 8.854 \times 10^{-12}\ \ (\mathrm{F/m})]$, 전기전도도는 $\sigma > 10^{-3}$으로 상당히 크다. 따라서 유도 영역에서는 전자기유도 법칙에 의해 전자기마당이 결정되며, 일반적으로 낮은 진동수 대역 ($f < 10^5$ Hz) 을 사용하는 전자 탐사(induction EM)는 모두 이 영역에 속한다.

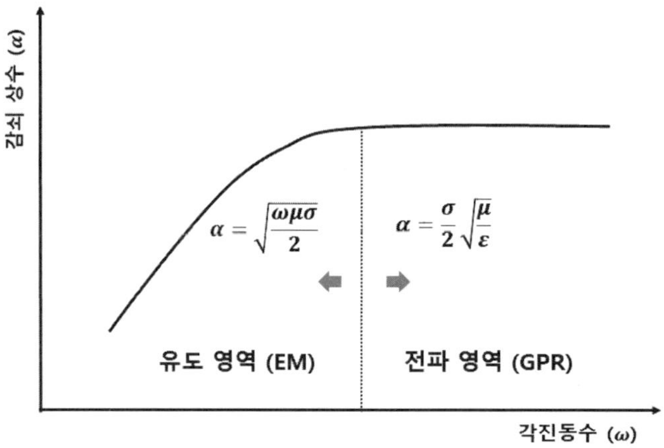

[그림 4.32] 진동수에 따른 감쇠 상수(α)의 변화

한편 전파 영역(또는 파동 영역)은 변위 전류가 전도 전류보다 우세한 영역 즉, $\mu\omega\sigma \ll \mu\varepsilon\omega^2$인 영역으로서, 파수는 $k \approx \sqrt{\mu\varepsilon\omega^2}$ 로 주어지며 전자기마당은 주로 매질의 유전율에 좌우된다. 전파 영역은 진동수가 10 MHz 이상이고 매질의 전기전도도가 낮은 경우가 이에 해당한다. 물리탐사법 중 지표 레이더(GPR, Ground Penetrating Radar) 탐사는 중심 진동수가 수백 MHz 이상인 높은 진동수의 안테나를

사용하여 지하 매설물의 위치를 파악하는 데 유용한 탐사법으로서, GPR 탐사가 이 영역에 속한다.

(3) 전자기파의 감쇠

전자기파가 전도성 매질을 전파할 때 감쇠가 발생한다. 전자기파의 감쇠는 진동수, 매질의 전기전도도에 따라 다른 특성을 보인다(그림 4.32 참조).

낮은 진동수 대역, 즉 유도 영역의 감쇠상수는 다음과 같은 식으로 주어진다.

$$\alpha = \sqrt{\frac{\omega \mu \sigma}{2}} = \sqrt{\pi f \mu \sigma}$$

따라서 진동수가 높을수록, 매질의 전기전도도가 높을수록 지수 함수적으로 급격한 감쇠가 일어난다.

반면, 전파 영역의 감쇠상수는 다음 식으로 주어지며

$$\alpha = \frac{\sigma}{2}\sqrt{\frac{\mu}{\varepsilon}}$$

감쇠는 진동수에 무관하다.

그리고 전자기파의 에너지가 1/e(약 37%)로 감쇠되는 깊이를 전파깊이(skin depth, δ)라 한다. 전파깊이는 각각 다음과 같이 구할 수 있다.

- 유도 영역(그림 4.33):

$$E(z) = E_0 \exp(-\alpha z), \quad \alpha = \sqrt{\frac{\omega \mu \sigma}{2}} = \sqrt{\pi f \mu \sigma}$$

$$E(\delta)/E(0) = E_0 \exp(-\alpha \delta)/E_0 = 1/e$$

$$\therefore \ \delta = 1/\alpha \approx 503.8\sqrt{\rho/f} \quad \text{(m)}$$

- 전파 영역:

$$\alpha = \frac{\sigma}{2}\sqrt{\frac{\mu}{\varepsilon}}$$

$$\therefore \ \delta = \frac{1}{\alpha} = \frac{2}{\sigma}\sqrt{\frac{\varepsilon}{\mu}}$$

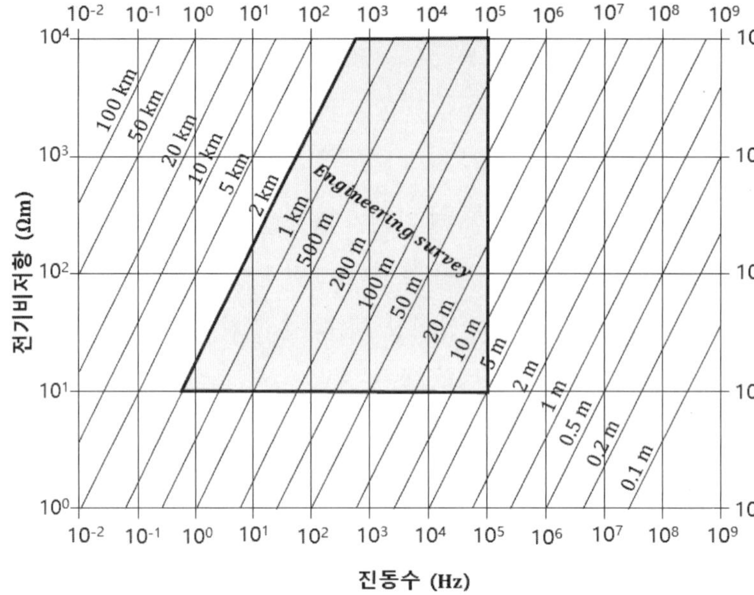

[그림 4.33] 전기비저항-진동수에 따른 전파 깊이의 변화

(4) 전자 탐사의 원리 요약

두 개의 코일을 만들고, 하나를 송신 코일로 또 다른 하나는 수신 코일로 사용하자. 먼저 송신 코일에 전류를 흘려보내면 앙페르 법칙으로 코일 주변에 1차 자기마당이 형성된다. 이 자기마당은 땅속이나 공기 중을 통하여 전파해간다. 1차 자기마당이 땅속의 도체를 만나게 되면 패러데이 법칙에 따라 유도 기전력이 만들어지고 곧 맴돌이 전류 즉, 유도 전류가 생성된다. 이 유도 전류는 다시 앙페르 법칙에 따라 2차 자기마당을 만들어내고 이것이 수신 코일에 들어간다. 결국 공기를 타고 들어오는 1차 마당과 땅속을 거쳐 반응해 온 2차 마당이 함께 수신 코일에 잡히고 이를 해석해 땅속의 전기적 물성 분포를 알아내는 것이다. 이것이 일반적인 전자 탐사의 기본 원리이다.

그런데 지표 레이더(GPR) 탐사는 앞에서 설명한 것처럼 전자기유도 현상이 작용하지 않는다. 전자기파이지만 마치 탄성파처럼 파동으로 작용한다. 따라서 GPR 탐사는 전자기파를 이용하지만 전자 탐사와 다른 독립된 하나의 탐사법으로 다루고 있다.

PART 5

분극과 전기 탐사

1 자연전위(SP) 탐사

2 유도 분극(IP) 탐사

이 장에서는 전기 탐사 중 자연전위(SP) 탐사와 유도분극(IP) 탐사에 대해 알아보고자 한다. 양(+) 또는 음(−)의 전하 또는 이온이 서로 반대 방향으로 움직여 양(+)극과 음(−)극으로 나뉘는 현상을 극 나뉨 즉, 분극(polarization)이라 한다. 두 개의 극으로 나뉘게 되면 전위차가 발생하여 전류가 흐르는데 이러한 분극 현상을 이용하는 전기 탐사가 자연전위 탐사와 유도분극 탐사이다. 자연전위 탐사는 그야말로 인공이 아닌 자연적(spontaneous)으로 발생하는 분극으로 인한 자연전위(SP, self potential)를 측정하는 탐사법으로, 자연전위에는 지하수 흐름과 같은 유체의 흐름으로 발생하는 전기운동학 전위와 액체의 농도차 등에 의해 발생하는 전기화학 전위 그리고 광화대에서 발생하는 산화·환원 전위 등이 있다. 한편 유도분극 탐사는 인공적으로 전류를 흘려보냈을 때, 금속 입자나 셰일 등에 의해 분극이 유도됨으로써 발생하는 과전압(overvoltage) 즉 유도분극(IP, induced polarization) 효과를 측정하는 탐사법이다.

Chapter
5.1 자연전위(SP) 탐사

자연전위 탐사를 영어로 'SP method'라고 표현하는데 이때 'SP'는 자연발생적 분극을 뜻하는 'spontaneous polarization' 또는 자연발생적 전위를 뜻하는 'self potential'의 약어이다. 이 자연전위(SP) 탐사법으로 지표에서 측정되는 자연전위는 크게 3가지로 나눌 수 있다. 첫째는, 다공성 매질로 구성된 같은 지층 속에서 지하수와 같은 액체가 흐를 때 발생하는 전기운동학 전위(electrokinetic potential)로서 흐름 전위(streaming potential)이고, 둘째는, 전기화학 전위(electrochemical potential)로서, 성질이 서로 다른 액체 사이에서 발생하는 액간접촉 전위(liquid-junction potential)와 균질 용액 속이라도 두 전극 사이의 전위차가 있을 때 발생하는 네른스트 전위(Nernst potential)가 있다. 그리고 셋째는, 땅속에 금속이 있을 때 금속 표면의 산화와 환원 작용으로 발생하는 산화·환원 전위(redox potential)로 광물탐사에서 중요한 광화 전위(mineralization potential)가 바로 이 산화·환원 전위이다. 이를 정리해보면 아래와 같다.

- **자연전위의 종류(그림 5.1)**
  - ① 흐름 전위(streaming potential) (= 전기운동학 전위, electrokinetic potential)
  - ② 전기화학 전위(electrochemical potential)
    - 액간접촉 전위(liquid-junction potential) (= 확산 전위, diffusion potential)
    - 네른스트 전위(Nernst potential) (= 셰일 전위, shale potential)
  - ③ 광화 전위(mineralization potential)
    - 산화·환원 전위(redox potential)

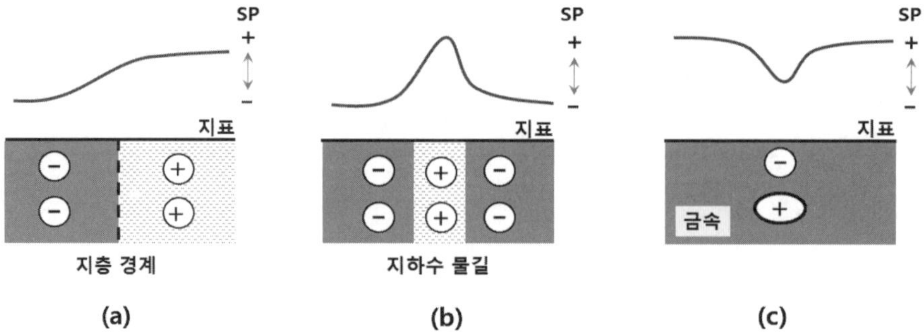

[그림 5.1] 자연전위. (a) 액간접촉 전위 (b) 흐름 전위 (c) 광화(산화·환원) 전위
(한국지구물리·물리탐사학회, 2011)

5.1.1 흐름 전위

흐름 전위(streaming potential)는 지하 공극 내 유체의 흐름에 의해 발생하는 자연전위로, 각기 다른 전기적 성질을 띠는 다공성(porous) 매질을 통과하거나, 전기적 성질을 띤 유체가 관(pipe)을 통과할 때 그 흐름에 의해 발생한다. 즉, 유체가 고체 벽을 타고 이동할 때 고체와 액체 사이의 경계면에 생기는 계면동전위(界面動電位) 즉, 전기운동학 전위(electrokinetic potential)로, 예를 들어, 가는 유리관 안에 물을 넣으면 유리와 물의 경계면에 전기 이중층(EDL, electric double layer)이 생기고, 유리는 음(-)으로, 물은 양(+)으로 대전된다. 이때 유리관 양쪽의 압력차로 물을 밀어내면, 유리 가까이에 밀착되어 있는 물은 잘 움직이지 않는 반면, 관 내부의 물은 보다 쉽게 이동하게 된다. 따라서 물속의 양전하가 이동하면서 전위차가 발생한다.

이러한 흐름 전위를 지하수의 흐름과 함께 좀 더 구체적으로 살펴보자. 다공성 매질에서 지하수가 흐를 때, 매우 작은 토양 입자의 표면은 일반적으로 음(-)으로 대전되어 있으며 이에 따라 입자 표면에는 양(+)이온이 흡착된다. 이 흡착층(adsorbed layer)을 고정층(fixed layer) 또는 슈테른 층(Stern layer)이라 한다. 이 고정층을 벗어나 입자 표면에서 멀어지면 음전하의 영향이 점점 줄어들면서 이온들의 확산이 일어나는데, 이 층을 확산층(diffuse layer)이라 한다. 이 두 층으로 이루어진 것을 전기 이중층(EDL)이라 한다. 이와 같이 전기적 평형을 이루며 전기 이중층을 형성하고 있는 다공성 매질에서 유체가 흐를 때, 고정층에 흡착되어 움직이기 어려운 양이온 대신 상대적으로 이동하기 쉬운 확산층의 음이온들이 유체를 따라 흐르면서 전류가 발생한다. 이러한 이온들의 이동에 의한 전류는 대류 전류(convection current, I_{conv})의 성격을 가진다. 이와 함께 분극에 의한 전도 전류(conduction current, I_{cond})가 발생하며, 따라서 지층을 흐르는 총 전류(I)는 이 두 전류의 합으로 주어진다(송서영, 남명진, 2018).

$$I = I_{\text{conv}} + I_{\text{cond}}$$

흐름 전위를 관측하면 유체 흐름뿐만 아니라 지층 유체에 대한 정보도 파악할 수 있다. 예를 들면 지하수 양수 시험을 하면서 물을 퍼올리면(pumping) 양의 전위값이 측정된다. 다음 그림 5.2는 파쇄대(fracture zone)를 따라 물이 들어가고 나올 때의 자연전위(SP)를 보여준다. 지하수가 파쇄대 속으로 들어갈 때는 음의 SP 이상(SP anomaly)이 관측되지만, 파쇄대 밖으로 위로 올라갈 때는 양의 SP 이상이 관측된다. 그 외에도 댐이나 제방의 누수도 이러한 흐름 전위의 양상으로 판단할 수 있다.

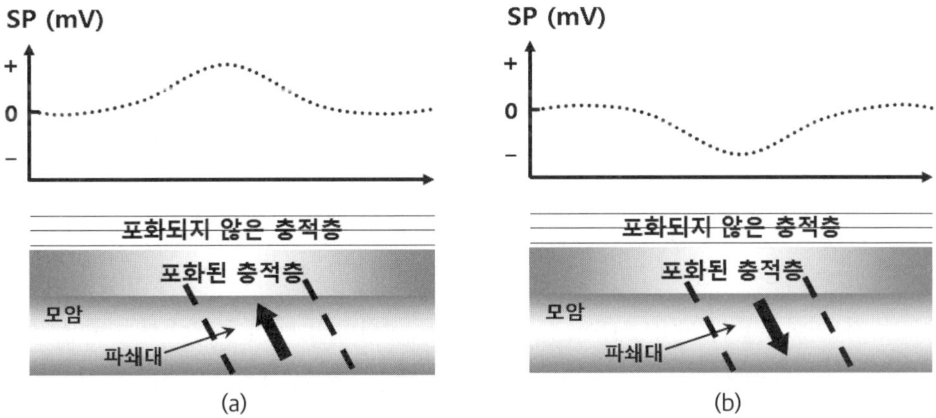

[그림 5.2] 파쇄대에서의 지하수 흐름과 SP 발생 양상. (a) 지하수가 파쇄대를 따라 위로 올라갈 때와 (b) 파쇄대 속으로 들어갈 때의 자연전위. (Ed Wightman, 2003)

5.1.2 전기화학 전위

전기화학 전위(electrochemical potential)에는 두 액체 사이의 경계면에서 발생하는 액간접촉 전위와 같은 용액에 다른 두 전극이 있을 때 발생하는 네른스트 전위가 있다.

(1) 액간접촉 전위

농도 또는 종류가 다른 두 전해질 용액이 접촉할 때, 그 경계면에서 발생하는 전위를 액간접촉 전위(liquid-junction potential)라고 한다. 예를 들면 진한 염산 용액과 묽은 염산 용액이 서로 맞닿아 있을 때 또는 서로 다른 두 종류의 전해질이 있을 때도 액간접촉 전위가 발생한다(백운기, 박수문, 2013). 이 전위는 이온의 확산(이동) 속도의 차이로 발생하므로 확산 전위(diffusion potential)라고도 한다.

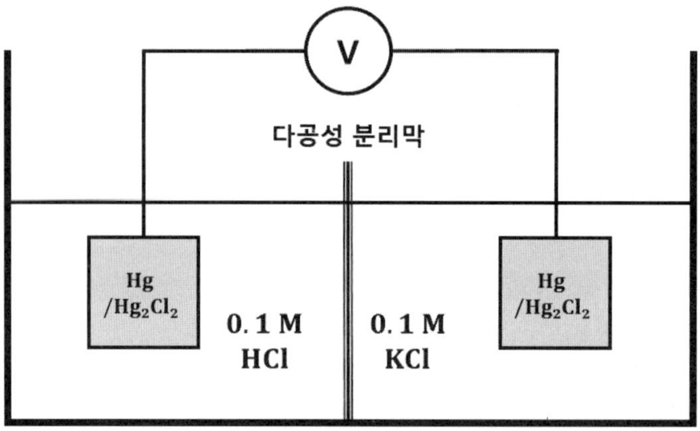

[그림 5.3] 액간접촉 전위

예를 들어, 그림 5.3과 같이 다공성 분리막을 사이에 두고 각각 1 몰(mol)의 염산(HCl)과 염화칼륨 용액(KCl)이 접촉되는 경우, 왼쪽의 HCl 용액에서는 수소 이온(H^+)이 KCl 용액 쪽으로 이동하고, 오른쪽의 KCl 용액에서는 칼륨 이온(K^+)이 HCl 용액 쪽으로 확산해 갈 것이다. 이때 H^+이온이 K^+ 이온보다 이동도(mobility)가 크기 때문에 확산 속도도 H^+ 이온이 더 크다. 그러면 HCl 용액 쪽에는 상대적으로 음(-)이온이 많아지고, KCl 용액 쪽은 양(+)이온이 많아진다. 따라서 분리막을 사이에 두고 전하가 분리되는 일종의 전지(액간 전지)가 생긴다. 이러한 분극 현상으로 전기마당(전위차)이 발생한다. 이 전기마당은 이동 속도가 빠른 H^+ 이온의 확산 방향과는 반대가 되어 H^+ 이온을 느리게 하고, 반대로 K^+ 이온의 확산 방향과 같은 방향이 되어 느린 K^+ 이온은 빠르게 한다. 그 결과 양(+)이온과 음(-)이온의 이동 속도가 어떤 일정한 속도에 수렴하면서 전하량의 변화가 일어나지 않는 정상 상태(定常狀態, steady state)에 이르게 된다. 이때 전위차를 액간접촉 전위 또는 확산 전위라고 한다(오승모, 2020).

물리탐사 분야에서 수십 mV 정도까지 값을 가지는 액간접촉 전위는 지하수 안에 있는 각기 다른 농도를 지닌 전해질의 이동 속도의 차로 발생하는데, 이 전위가 지속적으로 발생하기 위해서는 전해질 농도의 불균형성을 유지할 수 있는 샘(source)이 필요하다. 그렇지 않으면 시간이 지남에 따라 전해질이 퍼짐으로써 농도차가 없어질 것이기 때문이다.

(2) 네른스트 전위

네른스트 전위(Nernst potential)는 균질 용액 속에 들어있는 두 전극 사이의 전위차가 있을 때 발생하거나 또는 용액의 농도가 국부적으로 다른 곳에 두 전극이 설치되어 있을 때 발생한다. 네른스트 전위는 특히 물리검층에 중요하다. 이때 셰일이 Na^+ 이온은 통과시키는 반면, Cl^- 이온은 통과시키지 않는 선택적 이온 투과막으로 작용함으로써 발생하는데 이를 셰일 전위(shale potential)라 부른다.

여기서 잠깐 물리검층에서 나타나는 전기화학 전위에 대해 알아보자. 먼저 물리검층(geophysical logging)이란 시추공 속에서 측정 장치(sonde)를 이용하여 시추공 주변의 물성 분포를 알아내는 기술이다. 그 중 자연전위 검층(SP logging)은 시추할 때 사용되는 이수(mud)와 지층수(formation water) 사이에서 발생하는 자연전위를 측정하는 검층법으로, 이수와 지층수 사이에 압력차가 있을 때 전해질의 흐름으로 흐름 전위가 나타나나, 여기서는 전기화학 전위에 대해서만 좀 더 구체적으로 살펴보기로 한다.

자연전위(SP) 검층에서 나타나는 액간접촉 전위는 각기 다른 염도(salinity)를 가진 두 용액의 접촉면에서 발생한다(그림 5.4의 ①). 즉, 높은 농도의 용액에서 옅은 농도의 용액으로 이온이 이동(확산)함으로써 발생한다. 만약 NaCl로 포화된 용액이 있다면 Cl^- 이온은 Na^+ 이온보다 더 빠르게 움직인다. 이는 물 분자와의 친화성(affinity) 또는 크기가 다르기 때문이다. 따라서 염도가 낮은 쪽에 음전하가 많이 축적됨으로써 생긴 이온 불균형(ionic imbalance)이 전류를 흐르게 하고 따라서 전위가 발생한다.

예를 들면 이수가 침입하여 본래의 지층수(formation water)를 밀어낸 이수침입대(invaded zone) 가장자리 즉, 이수여과수(mud filtrate)와 지층수의 접촉면에서는 이동속도가 빠른 음이온인 Cl^- 이온이 이수여과수 쪽으로 흘러가므로, 전류는 거꾸로 신선한 이수 여과수에서 좀 더 염도가 높은 지층수로 흘러간다고 볼 수 있다. 그러나 만약 이수여과수의 농도가 지층수의 농도보다 높다면 그 반대의 흐름도 가능하다.

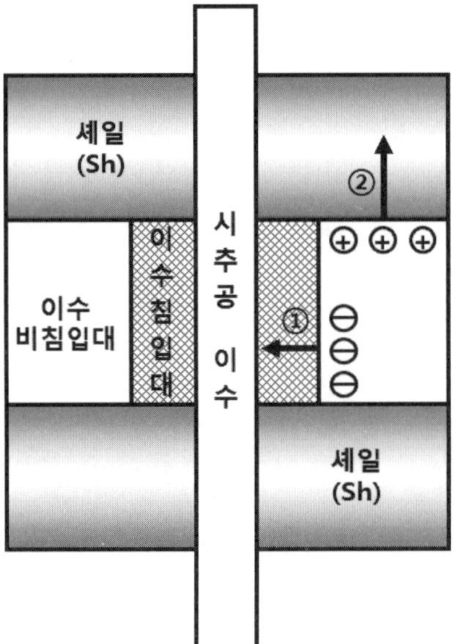

[그림 5.4] SP 검층에서의 전기화학 전위. ①: 액간접촉 전위, ②: 셰일 전위.

셰일 전위(shale potential)는 셰일-지층(shale-bed) 경계면에서 발생한다(그림 5.4의 ②). 셰일 속에 있는 점토(clay) 광물은 원자 Al, Si, O 등으로 구성되어 있다. 그리고 바깥층은 산화이온(O^{-2})이 차지하고 있어 음(-)전하를 띠는 결정구조(crystalline structure)를 갖고 있다. 따라서 Na^+ 이온은 끌어당겨 셰일을 통과할 수 있는 반면, Cl^- 이온은 밀어서 걸러내는 선택적 이온 투과막(ion selective membrane) 역할을 한다. 그 결과 양이온(Na^+)은 좀 더 농도가 높은 유체(통상 염도가 높은 지층수)에서 농도가 낮은 유체(통상 염도가 낮은 이수)로 움직인다. 따라서 양(+)의 전류가 시추공을 향하여 흐른다. 셰일 전위는 네른스트 전위라고도 하지만, 셰일이 선택적으로 이온을 투과시키는 막 역할을 함으로써 생기기 때문에 막 전위(membrane potential)라고도 할 수 있다.

따라서 검층에서 나타나는 전기화학 전위(E_{Ec})는 다음과 같이 액간접촉 전위(E_{Lj})와 셰일 전위(E_{Sh})의 합으로 볼 수 있다.

$$E_{EC} = E_{Lj} + E_{Sh}$$

5.1.3 광화 전위

(1) 명화 속의 산화 이야기

광화 전위를 설명하기에 앞서 산화와 환원에 대해 설명하려고 한다. 그것은 광화 전위의 발생 원인과 연관성이 깊기 때문이다. 그리고 산화는 그림을 퇴색시키는 역할을 하므로 산화의 맛보기로서 명화 속으로 잠깐 들어가 보기로 하자.

다음 그림 5.5는 오늘날 우리에게 가장 익숙한 작품 가운데 하나인 〈절규, The Scream〉이다. 노르웨이의 유명한 작가 에드바르 뭉크(Edvard Munch, 1863~1944)가 1893년에 그린 작품으로, 핏빛의 하늘을 배경으로 현대인이 겪을 수 있는 좌절, 불안 그리고 자기 자신의 내면적 고통을 일그러진 모습으로 울부짖고 있다. 뭉크의 〈절규〉는 여러 개의 버전이 있는데, 파스텔로 그린 것(1893년, 1895년), 템페라(tempera: 달걀노른자를 안료와 섞은 물감)가 사용된 것(1893년, 1910년), 판화로 제작된 것(1895년) 등이 있다. 그 중 판지(板紙, cardboard)에 그려진 템페라 두 점 중 하나(1893년 작-유화 버전)는 오슬로 국립미술관에 있고, 한 점(1910년 작-템페라 버전)은 오슬로 뭉크 미술관에 있다(김은진, 2020). 그런데 <절규>는 도난 사건으로도 유명하다. 1994년에는 오슬로 국립미술관에서 유화 버전의 <절규>가 도난당했으나 3개월 뒤 무사히 돌아왔다. 하지만 2004년 8월, 3명의 무장강도가 뭉크 미술관에 난입해 템페라 버전의 <절규>를 훔쳐 간 사건이 발생했을 때에는, 그로부터 2년이 지난 2006년에 작품이 회수되었고 게다가 도난 중 열악한 보존 환경 탓으로 <절규>의 일부분의 물감이 변색되었음을 발견하였다. 2년여에 걸쳐 정밀한 복원 작업을 거쳤지만, 점점 빠르게 퇴색되면서 그 이유에 대한 궁금증이 커졌다. 전문가들은 뭉크가 사용한 황색 안료인 카드뮴 옐로(cadmium yellow)의 주성분인 황화카드뮴(cadmium sulfide, CdS) 성분이 공기 중의 습도와 반응하여 산화된 것으로 보고 있다(이서윤, 2020).

[그림 5.5] 뭉크, 절규, 1893, 판지에 유화, 템페라, 파스텔로 그림, 91 × 73.5 cm, 오슬로 국립미술관, 노르웨이 (출처: Wikimedia Commons, The Scream by Edvard Munch, 1893)

또 한 점의 작품을 여기 소개한다. 렘브란트(Rembrandt van Rijn)의 <야경, The Night Watch(1642)>이다. 앞서 이 작품이 렘브란트를 몰락으로 이르게 한 작품이라고 하였지만 여기서 얘기하고자 하는 것은 그 이유에 대한 것이 아니라 '빛바랜' 얘기를 해주기 위해서다. 자세한 과정은 생략하고 원래 이 작품은 <야경> 즉 밤 순찰이 아니라 낮 순찰이었다. 그런데 우여곡절 끝에 밝음은 없어지고 '빛바랜' 모습으로 나타나 이름이 <야경>으로 되었지만 그 어둠을 벗겨내니 17세기 황금의 시대를 이끌었던 렘브란트의 빛과 어둠, 사물과 그림자를 통한 드라마틱한 연출이 드러났다. 그렇다면 왜 낮이 밤으로 변했을까? 거기에는 바니시(varnish)라는 그림을 보호하기 위해 가장 마지막으로 그림 표면에 칠하는 수지에 있었다(김은진, 2020). 바니시는 흔히 우리나라에서는 니스라고 부르는 것인데 이것이 자외선이나 열 그리고 산소와 반응하였기 때문이다. 이 과정에서 자기산화(自己酸化, auto-oxidation: 공기 중의 산소에 의해 상온에서 일어나는 산화) 반응이 일어나 수지를 구성하고 있는 화학 결합 속에 공기 중의 산소가 들어가 반응을 일으키고, 그 과정에서 결합이 끊어지고 다른 물질이 된다. 이런 이유로 두껍게 칠해진 바니시 층이 검게 변했던 것이다.

또 한편으로는 물감 속의 납 성분이 공기 속의 황과 반응하여 황화납(lead sulfide, PbS)이 되면서 검게 변했다는 주장도 있다. 아주 오래전부터 납(lead, Pb)을 주성분으로 하는 안료(顔料, pigment: 물질에 색을 나타나게 하는 색소)가 많이 사용되었는데, 대표적인 백색 안료로는 탄산납(lead carbonate, $PbCO_3$)이 있고, 녹색 안료로는 프러시안 블루(Prussian blue, $Fe_7(CN)_{18}$)와 크롬산납(lead chromate, $PbCrO_4$)의 혼합물이 사용되며, 황색과 오렌지색은 크롬산납, 황산납(lead sulfate, $PbSO_4$), 산화납(lead oxide, PbO)으로 되어 있다(배준우, 2007). 이렇게 납으로 이루어진 안료들이 오염된 공기 속의 황화수소(hydrogen sulfide, H_2S)와 반응하면 황화납이 생성된다. 이 황화납의 색깔이 검은색이므로 그림의 색이 어둡게 변한다. 이를 화학반응식으로 나타내보면 다음과 같다.

$$PbCO_3(\text{흰색}) + H_2S \rightarrow PbS(\text{검은색}) + H_2O + CO_2$$

이와 관련된 대표적인 작품이라면 고흐(Vincevt van Gogh)의 <해바라기, Sunflowers>를 들 수 있다. 고흐는 노란색 계통의 물감을 즐겨 썼고 그 중에서도 크롬산납을 주성분으로 하는 황색의 안료인 크롬 옐로(chrome yellow)를 많이 사용했다. 크롬 옐로는 값은 쌌지만 납 성분이 들어 있어 대기오염 중에 포함된 황과 만나 위의 반응식처럼 황화납이 되면서 검은색으로 변색되는데, 〈해바라기〉의 노란색 꽃잎이나 줄기가 갈색으로 변하고 있는 것이다(전창림, 2019).

이처럼 명화들이 세월의 흐름에 따라 산화되어 변색이 됨으로써 원래의 색을 잃고 말았다. 이를 원래대로 복원해야 하는 것인지 아니면 그대로 두고 세월의 흐름을 같이 느껴야 하는지는 오로지 예술가와 작품의 생명을 연장하려는 보존과학자의 손길에 맡길 수밖에 없을 것 같다.

(2) 산화와 환원

산화와 환원의 고전적 정의는 어떤 물질이 산소를 얻거나 수소를 잃으면 산화(oxidation), 그 반대로 산소를 잃거나 수소를 얻으면 환원(reduction)이라고 한다. 예를 들어 다음과 같은 화학반응식에서

$$CuO + H_2 \rightarrow Cu + H_2O$$

수소(H_2)는 산소를 얻어 물(H_2O)이 되었으므로 산화 반응, 산화구리(CuO)는 산소를 잃고 구리(Cu)가 되었으므로 환원 반응이라 할 수 있다. 또 다른 예로 다음과 같은 두 화학반응식에서

$$CH_3OH \rightarrow HCHO \quad (\text{산화})$$

$$N_2 + 3H_2 \rightarrow 2NH_3 \quad (\text{환원})$$

메탄올(methanol, CH_3OH)은 수소를 잃고 포름알데히드(formaldehyde, $HCHO$)가 되었으므로 산화되었고, 질소(N_2) 가스는 수소를 얻어 암모니아(ammonia, NH_3) 가스가 되었으므로 환원되었다고 할 수 있다.

또 다른 산화와 환원의 정의는 산화수(oxidation number)로 정하는 것인데, 산화수가 증가하면 산화, 감소하면 환원이라 할 수 있다. 여기서 산화수란 물질 중의 원자가 어느 정도 산화 또는 환원되었는가를 나타내는 수치를 말한다. 산화수의 예로서 다음의 철의 제련 과정을 살펴보자.

$$Fe_2O_3(s) + 3CO(g) \rightarrow 2Fe(s) + 3CO_2(g)$$

이 화학반응에서 반응물 CO의 C의 산화수는 +2이고, 생성물 CO_2의 C의 산화수는

+4이다. 따라서 C는 산화수가 증가하였으므로 산화되었다. 마찬가지 방법으로 Fe는 산화수가 +3에서 0으로 감소했으므로 환원되었다.

그런데 이러한 산화와 환원은 항상 같이 일어난다. 한 원소의 산화수가 증가하면 반드시 다른 원소의 산화수는 감소하기 때문이다. 예를 들면 우리의 생명을 유지하는 호흡 과정을 살펴보면 다음과 같이 쓸 수 있다.

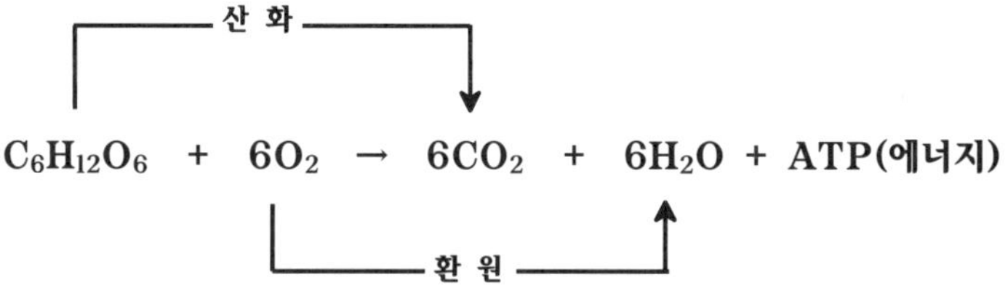

우리 몸속의 포도당($C_6H_{12}O_6$)은 호흡 과정에서 산소(O_2)를 얻어 에너지를 얻는다. 호흡 결과 얻어지는 에너지의 약 40%는 ATP(아데노신3인산, Adenosine triphosphate)에 저장되고 나머지는 열에너지로 방출된다. 이 화학반응식에서 보듯이 포도당은 산화 반응이, 산소는 환원 반응이 일어나면서 산화·환원 반응이 같이 일어남을 확인할 수 있다.

인체의 호흡에 대한 얘기가 나왔으니 이어서 우리가 함께 살아가야 할 지구의 호흡과 관련된 예를 들어 보기로 하자. 2050년까지 탄소의 실질 배출량을 'zero'로 만드는 '탄소 중립(炭素中立, carbon neutral)' 선언이 전 세계적으로 잇따르면서 이에 철강업계는 탄소배출을 획기적으로 줄일 수 있는 제철법을 2010년부터 연구해왔고 앞으로 상용화를 위해 서두르고 있다. 바로 그것이 수소 환원 제철법이다. 우리의 미래를 위해서 한 번쯤 알아두어야 할 필요가 있지 않을까 생각하여 여기 소개한다. 현재의 고로 방식 제철 공정은 다음과 같다.

$$CO + 3Fe_2CO_3 \rightarrow CO_2 + 2Fe_3O_4$$

$$4CO + Fe_3O_4 \rightarrow 4CO_2 + 3Fe \quad \text{(이산화탄소 발생)}$$

수소 환원 제철 공정은 환원제로서 일산화탄소(CO) 대신에 수소(H_2)를 사용하여 이

산화탄소를 전혀 발생시키지 않고 철을 만드는 제철법이다. 그 과정은 다음과 같다.

$$H_2 + 3Fe_2CO_3 \rightarrow H_2O + 2Fe_3O_4$$

$$4H_2 + Fe_3O_4 \rightarrow 4H_2O + 3Fe \text{ (물 발생)}$$

다시 제자리로 돌아와 산화와 환원에 대한 마지막 관점으로 들어가 보자. 그것은 산화와 환원 반응을 전기화학적으로 살펴보는 것이다. 실제로 산소는 전기음성도(電氣陰性度, electronegativity: 원자가 전자를 끌어당기는 세기)가 커서 만나는 원자의 전자를 쉽게 빼앗기 때문에 산소를 만나는(산화) 물질들은 전자를 잃는 반응이 일어나고, 반대로 수소는 전기음성도가 상대적으로 작아 만나는 원자에게 전자를 쉽게 주기 때문에 수소를 얻는(환원) 물질들은 전자를 얻는 반응이 일어난다. 이와 같이 산소나 수소 대신 전자의 이동으로써 산화·환원 반응을 설명하는 것이 전기화학적으로 산화와 환원을 이해하는 방법이라 할 수 있다. 한마디로 정리하면 전기화학 반응에서의 산화 반응은 물질로부터 전자가 방출되어 전자를 잃는 반응을 말하고, 환원 반응은 거꾸로 물질이 전자를 얻는 반응을 말한다.

예를 들어 아연(Zn)판과 황산구리($CuSO_4$) 수용액의 반응을 살펴보자. 황산구리 수용액은 푸른색을 띠는 구리 이온(Cu^{+2})과 황산 이온(SO_4^{-2})이 녹아 있다. 이 수용액에 아연판을 넣으면 아연이 구리보다 이온화 경향(ionization tendency)이 크기 때문에 아연은 전자(e^-)를 2개 방출하면서 아연 이온(Zn^{+2})으로 이온화되면서 용액 속에 녹아 들어간다. 그러면 수용액 속의 구리 이온은 아연판에서 나온 전자 2개를 받아들여 구리가 되면서 아연판에 달라붙게 되고 수용액 속의 구리 이온은 점점 줄어들게 된다. 따라서 황산구리 수용액의 푸른색은 천천히 엷어지고, 아연판에 달라붙는 구리 때문에 아연판은 점점 붉게 된다. 참고로 Cu^{+2} 은 푸른색이지만 Cu는 붉은색을 띤다. 이때 일어난 변화를 이온 반응식으로 나타내면 다음과 같다.

$$Zn + Cu^{2+} \rightarrow Zn^{2+} + Cu$$

이를 산화와 환원 반응으로 쓰면 아래와 같이 아연은 전자를 잃어 산화, 구리는 전자를 얻어 환원이 되었음을 알 수 있다.

$$Zn \rightarrow Zn^{2+} + 2e^- \quad \text{(산화)}$$
$$Cu^{2+} + 2e^- \rightarrow Cu \quad \text{(환원)}$$

지금까지 산화와 환원에 대해 알아보았는데 이와 관련하여 전기화학적 산화·환원 반응을 이용한 스마트 창(smart window)을 소개하고자 한다. 스마트 창은 전기화학적 반응으로 물질의 색을 바꾸는 전기변색(electrochromic, EC) 기술을 응용한 것으로 에너지와 관련되어 있다.

다음 그림 5.6은 기본적인 전기변색 소자의 구성을 보여주고 있다(류호준 외, 2015).

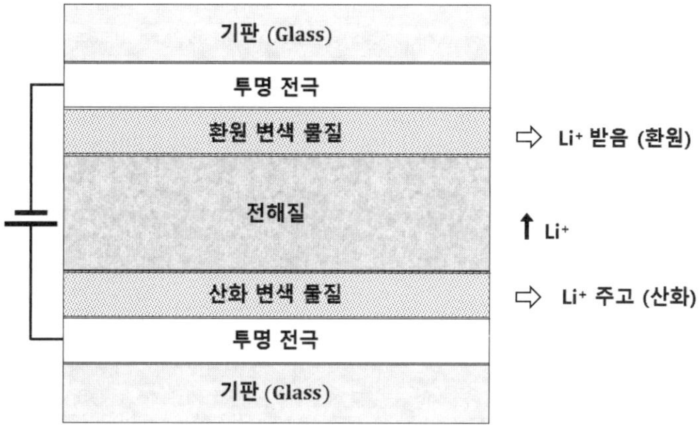

[그림 5.6] 전기변색 소자의 구성

그림과 같이 유리 기판(glass)-투명 전극-변색 물질 순으로 기본적인 화학반응 셀을 구성한 다음, 그 속에 전해질을 채워 넣어 전기변색 소자를 만든다. 전압을 걸면 양극(산화전극)에서는 리튬 이온(Li^+)을 내주고(전자 잃음) 산화되고, 음극(환원전극)에서는 리튬 이온을 받아들임(전자 얻음)으로써 환원이 된다. 두 전극에 각각 변색하는 물질을 두면 산화·환원되는 물질의 종류에 따라서 다양한 색을 낼 수 있다. 참고로 변색 물질에는 환원 변색물질(음극성 착색물질)로는 삼산화텅스텐(tungsten trioxide, WO_3), 이산화티타늄(titanium dioxide, TiO_2), 삼산화몰리브덴(molybdenum trioxide, MoO_3) 오산화바나듐(vanadium pentoxide, V_2O_5), 비올로겐(viologen) 등이 있으며, 산화 변색물질(양극성 착색물질)로는 이산화코발트(cobalt dioxide, CoO_2),

이산화이리듐(iridium dioxide, IrO_2), 일산화니켈(nickel monoxide, NiO) 등이 있다.

이러한 전기변색 기술은 자동차용 전기변색 거울(ECM), 투과도 조절이 가능한 스마트 창, 그리고 투명 디스플레이용 광셔터(light-shutter) 등에 활용되고 있는데, 그 중에서도 에너지와 연관성이 높은 건물용 스마트 창에 대해 간략하게 알아보자.

스마트 창이란 유리의 투과율을 조절하여 투과도를 마음대로 조절하는 똑똑한 유리를 말한다. 빛과 함께 살아온 인류는 빛이 들어오도록 하는 창과 함께 빛을 차단하는 차단막도 필요로 하였다. 이 상반된 기능을 하나의 창으로 동시에 해결한 것이 바로 스마트 창이다. 즉, 변색을 통하여 창의 투과도를 조절해줌으로써 빛을 받아들임과 동시에 차단하는 기능도 할 수 있게 하였다. 만약 이것을 건물에 설치한다면 여름철 직사광이 창을 통해 직접 들어옴으로써 발생하는 온도 상승(이에 따른 냉방비의 상승)을 줄일 수 있고 동시에 블라인드와 같은 차단막 기능도 할 수 있다. 이처럼 스마트 창은 편리하면서도 에너지 절감형 창이라 할 수 있다.

(3) 광화 전위

자연전위(SP) 탐사로 광물을 탐사할 때에 측정하는 자연전위를 광화 전위(mineralization potential)라 한다. 이 광화 전위는 광화대(전도체)에서 발생하는 산화·환원 전위로서, 광물 탐사에서 가장 중요한 자연전위이다. 따라서 앞에서 설명한 흐름 전위나 전기화학 전위 등의 자연전위들은 광물 탐사에서는 잡음으로 작용하기 때문에 바탕 전위(background potential)로 분류된다. 물론 지열이나 수리지질학적 조사에서는 오히려 바탕 전위가 신호가 되기도 한다. 그런데 이 광화 전위에 대한 발생 이론이 그리 간단하지 않아 정확한 이론이 정립되지 않았다. 그럼에도 불구하고 여기에서는 Sato와 Mooney(1960)의 땅전지 가설과 Nyquist와 Corry(2002)의 모델을 예로 들면서 자연전위가 어떻게 발생하는지를 가늠해보려 한다.

1) Sato와 Mooney의 땅전지 가설

그림 5.7은 Sato와 Mooney(1960)의 땅전지 가설을 조금은 과장된 듯하나 아주 간

단히 모식적으로 나타내었다. 이 가설에 의하면 황화광체가 지하수면의 위아래에 걸쳐 있으면 지하수면 위아래에서는 각기 다른 산화/환원 반응이 나타난다는 것이다. 지하수면 위에서는 환원전극의 반전지 반응(cathodic elctrochemical half-cell) 즉, 전자를 받아들이는 반응이 나타나고, 지하수면 아래에서는 산화전극의 반전지 반응(anodic electrochemical half-cell) 즉, 전자를 잃는 반응이 나타난다. 산화 반응으로 방출된 전자는 광체(전도체)를 전선으로 삼고 아래에서 위로 이동한다. 그러면 전류는 위에서 아래로 흐른다. 한편 광체 바깥의 전해질에서는 양이온이 지하수면 아래에서 위로 이동하면서 전류가 흐른다. 다시 말하면 전해질은 양이온의 이온전도체로, 광체는 전자 이동의 전자전도체로 작용하여 전류가 흐르는 하나의 전지가 만들어진다. 이것이 땅전지 가설(geo-battery hypothesis)이다. 이에 따라 지하수면 아래에서는 전자의 방출로 양전하가 축적되고, 지하수면 위에서는 양이온들이 전자를 받아들이므로 계속 줄어들게 된다. 전체적으로 보면 지하수면 아래에서는 양전하가 모이고 지하수면 위에서는 음전하가 축적되는 모습을 띠게 된다. 이로 인해 SP 탐사 결과 음(-)의 SP 이상이 나타난다는 것이다.

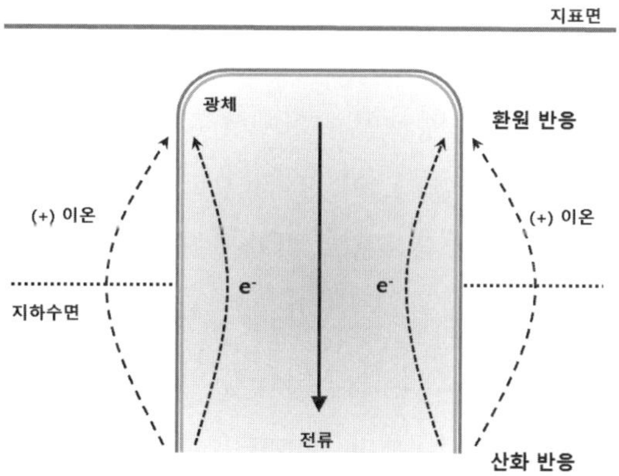

[그림 5.7] Sato와 Mooney의 땅전지 가설

그러나 이 가설은 복잡한 자연전위의 발생 현상을 정확하게 설명하지 못하거나 실제 측정과 차이나는 부분이 많아 이를 대체하는 이론들이 등장하였으며, Nyquist와 Corry(2002)의 산화환원 자연전위(SP) 모델이 그 가운데 하나이다.

2) Nyquist와 Corry의 산화환원 자연전위(SP) 모델

Sato와 Mooney(1960)의 대체 모델로서, Nyquist와 Corry(2002)는 산화환원 자연전위(SP) 모델(redox SP model)을 상정한다(그림 5.8).

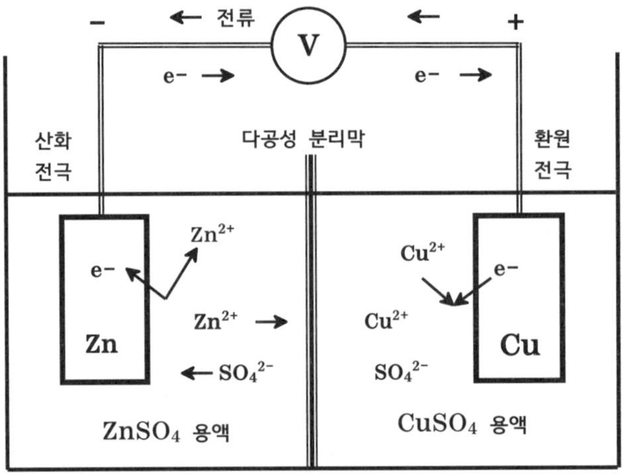

[그림 5.8] 두 개의 반전지 사이의 전위차.
산화전극 반응: $Zn \rightarrow Zn^{2+} + 2e^-$, 환원전극 반응: $Cu^{2+} + 2e^- \rightarrow Cu$

이 모델에 따르면, 산화/환원 반응이 일어나는 하나의 시스템에서 각각의 환경에 전극을 꽂으면, 산화 반응이 일어나는 산화전극(anode) 쪽에서는 전자를 잃고 양이온이 발생하고 ($Zn \rightarrow Zn^{2+} + 2e^-$), 이 양이온(cations)은 전해질을 따라 환원전극(cathode)으로 이동한다. 환원전극에서는 전자를 받아들이고 양이온과 환원 반응을 한다($Cu^{2+} + 2e^- \rightarrow Cu$). 이 두 개의 반전지(half cell) 사이의 산화환원 전위차가 전압으로 나타난다. 여기서 환원 반응과 산화 반응이 일어나는 두 전해질이 서로 섞이는 것을 막기 위해서 다공성 분리막(porous separator)을 설치하는데, 이 분리막은 미세한 공극(pore)을 갖는 얇은 막으로서 양극과 음극의 직접적 접촉을 방지하면서 공극을 통해 이온의 이동 통로를 제공한다. 이는 다니엘 전지(Daniell battery)의 염다리(salt bridge) 역할과 유사하다.

염다리는 용액 속의 이온이 이동하는 통로로, 양(+)이온과 음(-)이온의 균형을 맞추어 준다. 즉, 반쪽 반응이 일어나는 각각의 용액에서 산화 반응이 일어나는 곳과 환원 반응이 일어나는 곳이 직접 전자를 주고받지 못하도록 이온을 분리시켜 주는 작용을 하면서, 염다리를 통하여 이온이 이동하도록 하여 전기가 흐른다.

결국 Nyquist와 Corry는 산화대와 환원대 사이에 산화환원 전위차가 자연발생적으로 일어날 수 있는 환경에서 두 곳을 전선으로 연결함으로써 하나의 회로가 완성된다는 것이다.

Sato와 Mooney의 땅전지 가설이 산화환원 전위차(redox potential difference) 즉, 기울기(gradient)가 있어야 할 뿐만 아니라, 전자의 통로 역할을 하는 광체가 반드시 존재해야 하지만, Nyquist와 Corry의 산화환원 SP 모델은 산화환원 전위차 있으면 가능하다. 이러한 모델은 광물 탐사나 지하수 조사 외에도 미생물을 이용하여 유류 오염 지역을 정화하거나, 오폐수의 수질을 개선하는 생물정화(bio-remediation) 분야 등에도 적용할 수 있다. 예를 들면 원유는 탄소가 85~87%, 수소가 10~14%에 약간의 질소와 산소, 황이 섞인 형태이므로 미생물의 종류에 따라서는 훌륭한 에너지원이 될 수도 있다. 실제로 일부 미생물들은 이상적인 환경에서는 원유를 완전히 분해해 이산화탄소(CO_2)와 물(H_2O)로 변환시킨다. 현재 원유와 같은 유류를 분해하는 미생물은 의외로 많다(이은희, 2014).

이처럼 미생물들을 이용해 오염된 환경을 정화시키고 원래의 상태로 복구하는 것을 '생물학적 환경정화' 줄여서 '생물정화'라고 한다. 이 생눌정화 방법은 대부분 산화·환원 반응을 포함하고 있다. 예를 들면 유류(hydrocarbon)로 오염된 환원대 주변에 산소가 풍부하고 오염되지 않은 지하수가 있는 산화대가 있다면 이는 SP 대상체가 될 수 있다(레이놀즈 지음, 김지수 외 옮김, 2014). 일반적으로 생물정화를 위해서는 에너지원인 전자 주개(electron donor, 전자를 전달하여 자신은 산화되고 상대 물질은 환원시키는 일종의 환원제 역할), 전자 주개로부터 전달된 전자를 받아들이는 전자 받개(electron acceptor, 전자를 받아 자신은 환원되고 상대 물질은 산화시키는 일종의 산화제 역할)가 필요한데, 산소와 같은 전자 받개는 유류와 같은 환원된 오염물질을 산화시키는 데 첨가하고, 전자 주개는 산화된 오염물질을 환원시키는 데 첨가함으로써 환경정화 한다.

참고로 산화·환원 반응을 설명할 때 산화전극(anode)과 환원전극(cathode)이라는 용어가 등장한다. 이에 대해 우리가 알아두어야 할 것이 있어 여기 잠깐 소개한다. 흔히 anode를 양극, cathode를 음극이 부르는데 반드시 그런 것은 아니다. 일반적으로 어떤 실험 조건에서든 전극에서 환원 반응이 진행되면, 그 전극의 이름을 캐소드(cathode)라고 하며, 전극에서 산화 반응이 진행되면, 그 전극은 애노드(anode)라 한다.

예를 들면 볼타 전지는 묽은 황산(H_2SO_4) 용액이 든 그릇에 구리판과 아연판을 넣고 두 금속을 도선으로 연결하여 자발적(spontaneous) 산화·환원 반응으로 전기를 만드는 장치이다. 아연(Zn)이 구리(Cu)보다 이온화 경향이 크기 때문에 아연은 산화되어 전자(e^-)를 내어놓고 아연 이온(Zn^{+2})이 되어 용액 속에 녹아 들어간다. 따라서 아연판은 산화 전극(anode)이 된다. 반면 구리판에서는 용액 속의 수소 이온(H^+)이 전자를 얻어 수소 기체(H_2)로 환원된다. 따라서 구리판은 환원 전극(cathode)이 된다. 그런데 전자는 아연판에서 구리판으로 이동하므로, 아연판이 전지의 음(-)극, 구리판은 양(+)극이 된다. 이를 정리하면 다음과 같다.

① 산화전극(anode) 반쪽 반응

아연판: $Zn(s) \rightarrow Zn^{2+} + 2e^-$ • • • • • • • 음(-)극

② 환원전극(cathode) 반쪽 반응

구리판: $2H^+ + 2e^- \rightarrow H_2(g)$ • • • • • • • 양(+)극

한편 전기 분해 과정은 비자발적(nonspontaneous) 산화·환원 반응으로 전기 에너지를 공급해야 반응이 일어난다. 소금물의 전기 분해를 예로 들어 보자. 양(+)극에서는 전해액 속의 염화 이온(Cl^-)이 전자를 잃고 염소(Cl_2)로 산화되며(산화전극), 음(-)극에서는 물(H_2O)이 전자를 얻어 수소(H_2)로 환원되고(환원전극), 이때 수산화 이온(OH^-)이 생성되어 용액은 염기성이 된다. 이를 정리하면 아래와 같다.

① **산화전극**(anode) **반쪽 반응**

양(+)극: $2Cl^- \rightarrow Cl_2 + 2e^-$

② **환원전극**(cathode) **반쪽 반응**

음(-)극: $2H_2O + 2e^- \rightarrow H_2 + 2OH^-$

이 두 경우를 살펴보면 anode가 볼타 전지에서는 음극, 전기 분해에서는 양극이 되고, cathode도 볼타 전지에서는 양극, 전기 분해에서는 음극이 된다. 따라서 (+)나 (-)는 전류의 흐름 방향을 나타내는 것으로 삼고, 산화가 일어나는 곳은 산화전극(anode)으로 정하고, 환원이 일어나는 곳은 환원전극(cathode)으로 정하면 별 어려움이 없을 것이다(여인형, 2012).

(4) 비분극 전극

다음 그림 5.9는 SP나 IP 탐사 때 사용되는 비분극 전극(porous pot)의 모습이다.

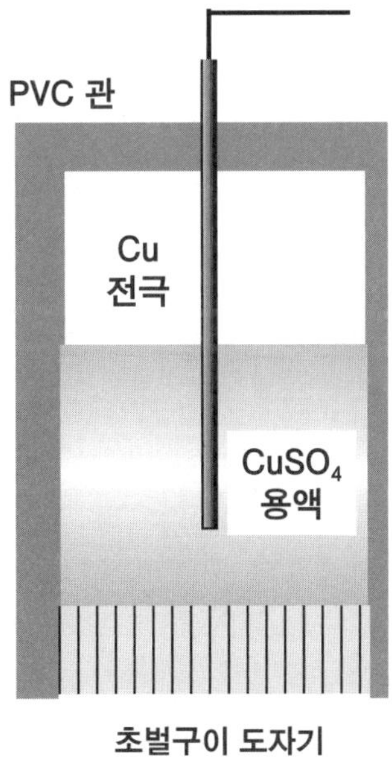

[그림 5.9] 비분극 전극의 단면도(레이놀즈 지음, 김지수 외 옮김, 2014)

■ **그림 5.9의 비분극 전극 단면도를 보고 다음 질문에 답해보자.**
(힌트: 앞에서 배웠던 자연전위나 분극의 개념 적용)

Q1. 여기서는 구리(Cu) 전극과 황산구리($CuSO_4$) 용액을 조합하여 사용했다. 구리 전극과 염화아연($ZnCl_2$) 용액을 조합하여 사용하면 안 되는 것일까? 왜?

A. 구리와 황산구리 용액은 같은 금속 성분으로 되어 있어 서로 화학반응을 일으키지 않으나, 만약 염화아연 용액을 사용한다면 아연과 구리의 이온화 경향이 달라 화학반응이 일어나므로 이로 인한 분극 전위가 발생할 수 있다. 따라서 비분극 전극에는 반드시 같은 종류의 금속-수용액으로 이루어져야 한다. 예를 들면 구리(Cu)-황산구리($CuSO_4$), 아연(Zn)-염화아연($ZnCl_2$), 은(Ag)-염화은(AgCl) 용액 등이다.

Q2. 전극의 밑바닥은 지면과 닿는 부분으로 다공성인 초벌구이 도자기를 사용했다. 그 이유는 무엇일까?

A. 땅과 접촉하는 부분은 용기에 담긴 액체가 스며 나오게 하여 땅과의 전기적 접촉을 이루게 한다. 땅과의 전기적 접촉을 위해서 액체가 흘러나와 땅과 접촉을 해야 하지만, 단 액체가 흐름 전위를 유발해서는 안 된다. 그러므로 아주 천천히 스며 나오게 다공성 초벌구이를 밑 부분에 사용한 것이다.

결론적으로 위의 두 조건을 갖춘 전극만이 비분극 전극으로서 효과를 발휘할 수 있을 것이다.

Chapter 5.2 유도 분극(IP) 탐사

5.2.1 유도 분극 효과

일반적으로 유도 분극(IP) 탐사는 지하 매질 내에서 유도 분극(IP, induced polarization)에 의해서 발생한 과전압(overvoltage)을 측정하는 것이다(그림 5.10).

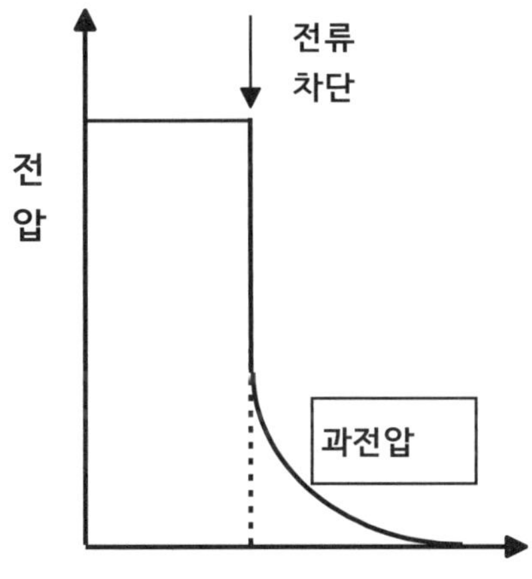

[그림 5.10] 과전압(레이놀즈 지음, 김지수 외 옮김, 2014)

유도 분극(IP)이 발생하면 이러한 과전압(過電壓) 때문에 전류를 끊더라도 전위차(전압)은 바로 0으로 떨어지지 않는다. 이러한 유도분극 반응(IP response)을 특정 시간대 사이의 전압으로 측정한 값이 유도분극 효과(IP effect)이다. 유도분극(IP) 효과는 시간 영역법에서는 충전율(chargeability, mV/V)로, 진동수 영역법에서는 PFE (Percent Frequency Effect, %) 등으로 측정한다.

5.2.2 유도 분극의 발생

유도 분극(誘導分極)은 인공 또는 자연 전기마당에 의해, 암석 미세 구조 내 공극수와 암석 표면 사이의 복잡한 전기화학적 현상으로 나타난다. 이러한 유도 분극이 발생하는 원인으로는 전극 분극(電極分極, electrode polarization)과 막 분극(膜分極, membrane polarization)이 있다.

(1) 전극 분극

전극 분극은 입자 분극(粒子分極, grain polarization)이라고도 하며 전도성을 가진 입자에 의해 나타난다.

금속 전극이 용액 중에 담기면 전극과 용액 사이에는 콘덴서와 같이 (+)와 (-)로 대전되는 전기 이중층(EDL, electrical double layer) 구조가 나타난다. 여기에 대해서는 앞의 5.1.1절 [흐름 전위]에서 언급한 바 있지만, 다시 한 번 설명하면 다음과 같다. 금속 전극의 원자가 전자를 잃어 이온화가 되면, 예를 들어, 그림 5.11과 같이 아연 전극이 전자를 잃고 아연 이온이 되는 화학 반응($Zn \rightarrow Zn^{2+} + 2e^-$)으로 아연 전극 내부는 아연 원자가 잃은 전자로 인해 음(-)전하를 띠고, 이를 전기적 중성(electroneutrality)으로 만들기 위해 전극 표면에는 양(+)이온이 흡착된다. 이 흡착층(adsorbed layer)을 슈테른 층(Stern Layer) 또는 고정층(fixed layer)이라 한다. 이 층에서는 반대 부호의 이온이 흡착되어 강하게 결합되어 있지만, 이 고정층의 바깥에서는 전극으로부터 멀어짐에 따라 음(-)전하의 영향력이 지수적으로 감소하면서 이온들이 확산되는 층이 형성되는데, 이 층을 확산층(diffuse layer)이라 부른다. 그리고 이 고정층과 확산층으로 이루어진 구조를 전기 이중층이라 한다. 전위의 총 크기는 네른스트(Nernst) 전위이고, 이 확산층에서의 전위를 제타(ζ) 전위(zeta potential)라 하는데, 흡착층이 제타 전위에 영향을 미치므로 흡착 전위(adsorption potential)라고도 한다.

땅속 암석에는 서로 연결된 공극이나 미세한 균열이 있어 그 사이로 지하수가 흐르고 그 안에 포함된 이온들도 이동한다. 이러한 지질 조건에서 이온들의 흐름 통로를 금속 입자가 막고 있을 때의 전극 분극에 대해 알아보자.

① 유도 전류를 위해 전압을 걸게 되면 지하수 안에 있던 양(+)이온과 전자(e^-)가 반대 방향으로 흐르게 되는데 전도성 입자(예: 금속 황화물)가 전류의 흐름 통로를 막고 있으면 전하가 마치 축전기처럼 축적되어 입자 내부에 분극이 일어나며 입자 양 끝에 전위차가 발생한다(그림 5.12). 이때 금속 입자는 전자 전도(electronic conduction)로서, 전해질은 이온 전도(ionic conduction)로 전류가 흐르게 된다.

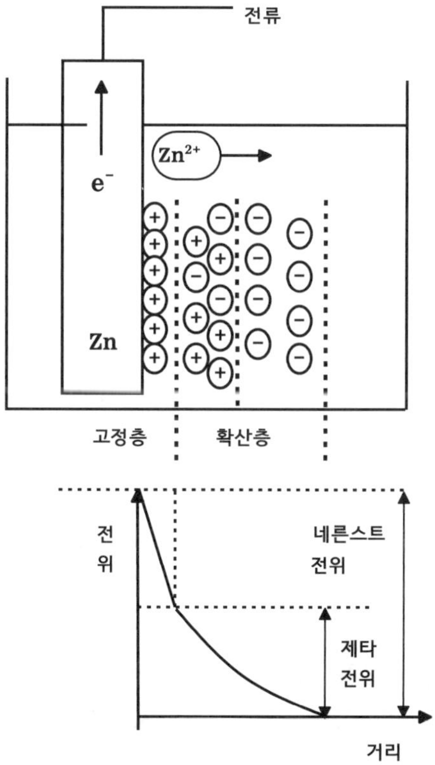

[그림 5.11] 전극 분극과 전기 이중층(레이놀즈 지음, 김지수 외 옮김, 2014)

② 걸었던 전압을 끊으면 전도성 금속 입자에 잡혀있던 이온은 다시 전해질을 통해 퍼져 가면서 과도 전류가 발생하고 짧은 시간 안에 입자 양 끝 사이의 전위차는 0이 된다. 이것이 시간 영역 측정법에서 측정되는 과전압 감쇠 특성이다(레이놀즈 지음, 김지수 외 옮김, 2014).

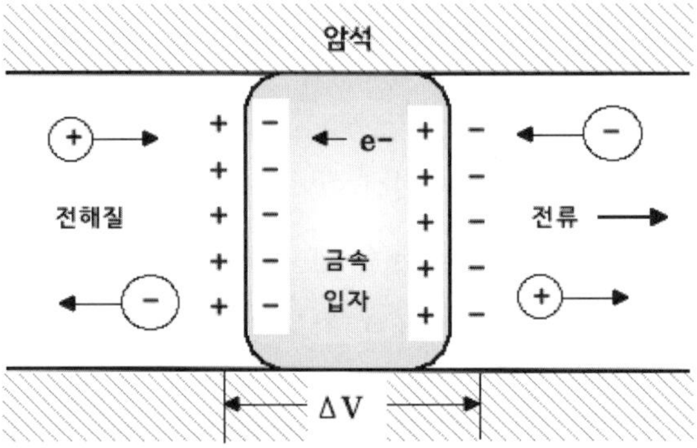

[그림 5.12] 전극 분극 현상

전극 분극은 표면에서 나타나는 현상이므로 덩어리(massive) 광체보다 상대적으로 큰 표면적을 가진 분산상(disseminated) 광체가 좋은 IP 반응을 나타내게 된다.

(2) 막 분극

막 분극은 전해질 분극(electrolytic polarization)이라고도 한다. 막 분극은 공극 통로의 수축 또는 공극 통로 안의 점토 때문에 발생한다.

1) 공극 통로의 수축에 의한 막 분극 현상

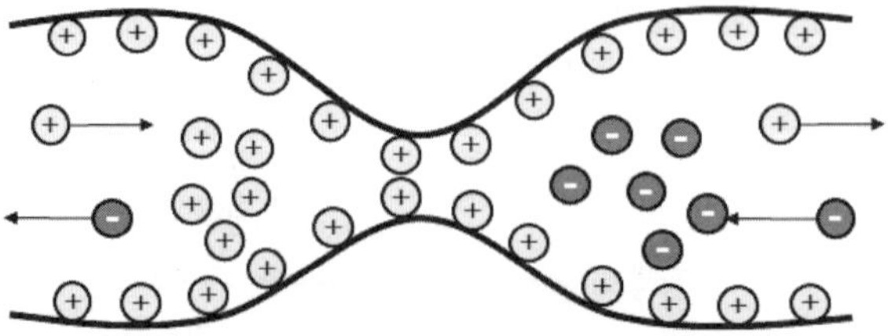

[그림 5.13] 공극 통로 수축에 의한 막 분극(레이놀즈 지음, 김지수 외 옮김, 2014)

그림 5.13에서 보듯이, 대부분의 암석 광물과 공극 유체 사이의 경계면에는 음(-)전하가 모인다. 이 음(-)전하에 이끌려 유체 속의 양(+)전하는 하나의 대전된 층을 이루면서 두꺼워지는 반면, 유체 속의 음(-)전하는 거기서 밀려 나간다. 만약 공극 통로가 그림처럼 줄어들게 된다면 이온의 흐름이 막히고 이 막힘벽을 사이에 두고 양(+)이온과 음(-)이온의 극 나뉨이 발생하게 된다. 이로 인해 전기마당(전위차)이 발생한다. 주어진 전압을 끊으면 다시 정상으로 돌아오며 IP 효과가 측정된다.

2) 점토의 선택적 투과막에 의한 막 분극 현상

점토(clay) 광물은 바깥층이 음(-)으로 대전되어 있어 (점토 결정은 주로 Si^{+4}와 Al^{+3}로 이루어져 있기 때문에 점토 결정격자 주변에 음(-)이온이 결집된다) 양(+)이온은 끌어당겨 투과시키는 반면 음(-)이온은 차단하는 선택적 이온 투과막(cation selective membrane) 역할을 한다(5.1.2절 [전기화학 전위] 참조).

음(-)으로 대전된 바깥층은 양(+)이온을 끌어당겨 공극 안에 양(+)전하 구름(positively charged cloud)을 형성한다. 전압을 걸면 양(+)전하는 자기와 같은 양(+)전하 구름 사이를 움직일 수 있지만(이동도가 큼), 음(-)전하는 차단되어 막혀 버린다(이동도가 낮음). 이러한 이동도(mobility)의 차로 인해 이온 농도의 차가 발생하고 역시 전기마당(전위차)이 발생한다. 걸었던 전압을 끊으면 다시 정상으로 되돌아가면서 IP 효과가 측정된다.

5.2.3 유도 분극의 측정

유도분극(IP) 탐사는 전기비저항 탐사와 같이 4개의 전극을 사용하며, 전류전극으로 전류를 흘려보낸 뒤 전위를 측정함으로써 두 전위전극 사이의 유도분극(IP) 효과를 측정한다. 전류전극은 전기비저항 탐사와 같이 강철전극 등으로 사용할 수 있지만, 전위전극은 자연전위 탐사 때처럼 비분극 전극(porous pot)을 사용한다. 전극 배열은 보통 쌍극자(dipole-dipole) 배열을 사용한다.

유도분극 측정은 시간영역 측정법, 진동수 영역 측정법 그리고 SIP(spectral IP) 측정법이 있으나 여기서는 가장 기본적인 시간 영역과 진동수 영역 측정법만 소개한다.

(1) 시간 영역 측정

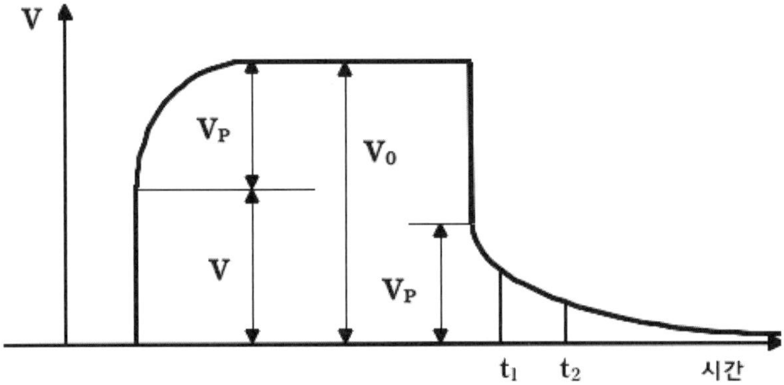

[그림 5.14] 유도 분극에 의한 감쇠 곡선.
V : 유도 분극이 없을 때의 전압, V_P : 유도 분극에 의한 전압, V_0 : 측정 전압

시간 영역(time domain)에서는 일정 시간 동안 전류를 주었다(on-time) 전기마당이 완전히 안정될 때까지 끊고(off-time) 다시 일정 시간 뒤에 이를 반복하며 매질의 유도분극 반응을 측정한다. 만약 매질에 충전성이 있으면 분극 현상으로 매질이 일시적으로 축전기처럼 전하를 저장하기 때문에 송신 전류로 발생하는 전압보다 조금 더 큰 전압이 발생하게 된다. 마찬가지로 송신 전류를 끊었을 때도 전압이 바로 0이 되지 않고 짧은 시간 경과 후 0으로 감쇠한다. 이때 매질의 분극 현상 때문에 추가로 발생한 전압을 과전압 또는 분극 전압(polarization voltage)이라고 한다(김빛나래 외, 2017).

전류를 흘려보내고 잠시 뒤에 끊으면 과전압 감쇠(overvoltage decay)가 일어난다. 그림 5.14에서 보듯이, 측정 전압(V_0)의 총 크기는 입력 전류에 의한 전압(V)과 극 나뉨 과정에 의해 일어나는 분극 전압(V_p)의 합과 같다. 전류를 끊으면 순간적으로 V만큼 전압이 떨어지고 과전압 V_p만 남아 시간에 따라 감쇠한다. 따라서 시간 영역에서

IP 효과는 충전율(充電率, chargeability, M)을 측정하는 것으로 다음과 같이 정의한다. 그리고 단위는 보통 mV/V 또는 %를 사용한다.

$$M = \frac{V_P}{V_o} \qquad (mV/V \ \text{또는} \ \%)$$

$$M = \frac{1}{V_0}\int_{t_1}^{t_2} V(t)\,dt$$

(2) 진동수 영역 측정

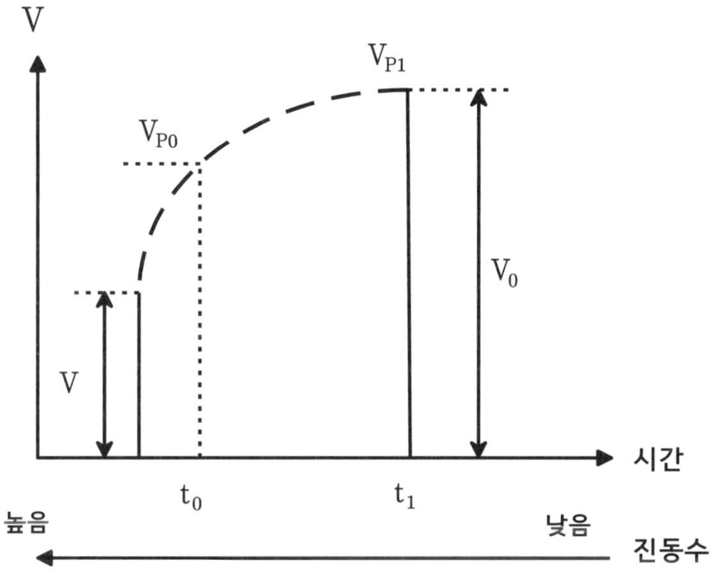

[그림 5.15] 충전 시간(진동수)과 과전압(겉보기 비저항)과의 관계.
충전 시간이 t_0에서 t_1 으로 증가하면(측정 진동수는 감소), 과전압도 V_{P0} 에서 V_{P1} 으로 증가한다.
결국 낮은 진동수에서 측정된 겉보기 비저항이 높은 진동수에서의 겉보기 비저항보다 더 크다.

진동수 영역(frequency domain)에서는 충전 시간을 다르게 한 두 진동수 송신원을 사용하여 겉보기 비저항을 측정함으로써 IP 효과를 측정한다. 충전 시간이 길면 진동수가 낮아지고, 반대로 충전 시간이 짧으면 진동수가 커진다. 따라서 그림 5.15에서 보는 바와 같이, 낮은 진동수의 송신원에서는 충전 시간이 길어, 상대적으로 충전 시간이 짧은 높은 진동수의 송신원에서 측정할 때보다 과전압이 높게 측정된다($V_{P0} < V_{P1}$). 전기비저항은 전압에 비례하므로, 겉보기 비저항도 낮은 진동수의 겉보기 비저항(ρ_{low})이 높은 진동수의 겉보기 비저항(ρ_{high})보다 크게 된다. 이를 정리하면 다음과 같다.

● **진동수 영역**(frequency domain)**에서의 측정**

낮은 진동수(충전 시간이 길다)	높은 진동수(충전 시간이 짧다)
↓	↓
높은 과전압 V_{P1} 측정	낮은 과전압 V_{P0} 측정
↓	↓
높은 저항	낮은 저항
↓	↓
큰 겉보기 비저항 (ρ_{low})	낮은 겉보기 비저항 (ρ_{high})

결국 진동수 영역의 IP 효과는 이 두 겉보기 비저항을 사용하여 다음과 같이 진동수 효과(FE, frequency effect)와 백분율 진동수 효과(PFE, percent FE)로 나타낸다.

$$FE = \frac{\rho_{low} - \rho_{high}}{\rho_{high}}$$

$$PFE = \frac{\rho_{low} - \rho_{high}}{\rho_{high}} \times 100 \ (\%)$$

여기서, ρ_{low}와 ρ_{high}는 각각 낮은 진동수와 높은 진동수에서의 겉보기 비저항이고 $\rho_{low} > \rho_{high}$이다.

PART 6

의학 영상과 지하단면 영상법

Chapter

6.1 명화 속의 숨은 그림

[그림 6.1] 밀레, 만종, 1857년~1859년, 캔버스에 유채, 55.5 x 66 cm, 오르세 미술관, 파리
(출처: Wikimedia Commons, JEAN-FRANÇOIS MILLET - El Ángelus)

이 장을 본격적으로 열기 전에 '명화 속에 숨은 그림을 찾아서' 세 작품을 여기 소개한다.

역사상 가장 유명한 작품 중 하나가 프랑스 화가, 밀레(Jean François Millet, 1814~1875)의 〈만종, The Angelus(1857~1859)〉이다(그림 6.1). 밀레는 1849년 조그마한 시골 마을 바르비종(Barbizon)에 정착한 뒤 〈이삭 줍는 사람들, The Gleaners(1857)〉 등과 같이 전원 풍경 속에 '농부들의 진솔한 생활 모습과 그들이 일하고 있는 장면'을 주로 그렸다(곰브리치 지음, 백승길, 이종숭 옮김, 2017). 이 작품은 부부가 해지는 들녘에서 저 멀리서 들리는 종소리에 맞춰 잠시 일을 멈추고 기도하는 평화로운 장면이다. 하지만 스페인의 초현실주의 화가 살바도르 달리(Salvador Dalí, 1904~1989)는 이 작품 속에 등장하는 먹을 것을 담은 바구니(그림 6.1의 점선 안)가 원래는 아기의 관이었던 것이 그 위에 덧칠해진 것이라고 주장하였다. ≪꿈의 해석, Die Traumdeutung(1900)≫으로 유명한 지그문트 프로이트(Sigmund Freud, 1856~1939)의 정신분석에 심취, 꿈이나 환상의 세계를 표현했던 달리에게는 그렇게 보였을지 모를 일이다. 시간이 흘러 〈만종〉 소유 미술관은 X-선으로 이 그림을 조사했고 달리의 말대로 덧칠한 흔적을 발견했다(김세연, 2020). 달리에게는 부부의 추수에 대한 감사의 기도가 세상을 떠난 아기를 위한 추모의 기도로 확실히 바뀌는 순간이었다.

다음으로 우리에게 너무나 잘 알려진 스페인의 입체파 화가 파블로 피카소(Pablo Picasso, 1881~1973)의 작품 중 〈기타 치는 노인, The Old Guitarist(1903~1904)〉에서도 쓸쓸히 바닥에 앉아 우울하게 기타를 치고 있는 눈먼 노인 옆에 희미한 여인의 얼굴이 실루엣처럼 나타난다(김세연, 2020). 이 역시 X-선 검사 결과 그림 아래 숨겨진 여러 번 덧칠한 페인트 흔적과 함께 발견할 수 있었다.

끝으로 고흐의 작품을 하나 소개하려고 한다. 미국의 싱어 송 라이터(singer-song writer) 돈 맥클린(Don McLean)은 어느 한 사람의 삶과 죽음을 회상하면서 그의 작품을 소재로 〈Vincent〉라는 곡을 1971년에 발표하는데, 그 가사에 담긴 '별이 빛나는 밤(The Starry Night)'을 타고 흐르는 선율이 무척 간절하다. 바로 그 사람이 네덜란드 후기 인상주의 화가 빈센트 반 고흐(Vincent van Gogh, 1853~1890)이다. 여기 그의 작품 〈들꽃과 장미가 있는 정물, Still life with meadow flowers and roses〉에 얽힌 이야기를 소개한다. 이 작품은 네덜란드 크뢸러뮐러 미술관(Kröller-Müller Museum)이 소장하고 있다가, 1998년 X-선 조사를 통하여 꽃 그림 밑에 남자 2명의 누드가 있는 것이 밝혀져 고흐의 그림이 아닌 것으로 추정되었다. 고흐의 그림에 남자 누드 그림은 거의 없었기 때문이었다. 하지만 2012년 X-선 형광분석법(XRF, X-ray fluorescence spectroscopy)으로 다시 고흐 그림을 조사했는데, 단순히 남자의 누드가 아니라 레슬링 하는 모습으로 드러나, 고흐가 동생 테오(Theo)에게 보낸 편지 내용과 일치하여 다시 고흐의 작품으로 자리매김하였다고 한다(김은진, 2020). 여기서 고흐가 동생 테오에게 보낸 편지라는 것은, 고흐는 테오에게 수많은 편지를 썼는데 그중에 1886년 1월쯤 보낸 편지에, "이번 주는 대형 나체 흉상과 두 명의 레슬러를 그렸어."라는 글이 쓰여 있었기 때문이었다.

여기서 잠깐 앞서 나온 X-선 형광분석법(XRF)에 대해 설명하면 다음과 같다. 앞의 1.2.2절 [물질의 세계]에서 설명한 원자 구조에서 보았듯이, 원자에는 원자핵을 중심으로 전자들이 전자 궤도를 돌고 있다. 바깥에서 X-선이 입사되면 그 에너지를 흡수하여 높은 궤도로 올라간다. 올라가버린 전자의 빈자리를 메꾸기 위해서 높은 궤도의 전자가 내려와 채우면서 2차 X-선(형광 X-선)을 낸다. 이 전자기파의 파장은 원소에 따라 다르기 때문에 원소를 구별하는 지문으로 사용할 수 있다. 이 경우도 겉으로 보이는 그림의 색과 형태가 아니라 그림에 분포하고 있는 구성 성분에 대한 정보를 알아냄으로써 고흐의 그림임을 입증해 낸 것이다.

지금까지 한 세 가지 얘기의 공통점은 X-선이다. 이처럼 X-선은 투과력이 좋아 물체 내부뿐만 아니라 인체의 내부도 영상으로 그려낼 수 있다. 이것이 X-선 컴퓨터 단층촬영(CT)이며 의학 영상의 기본이다. 이를 물리탐사에 적용한 것이 지하단면 영상법(geotomography)이다. 지금까지 X-선을 이용하여 그림을 조사한 이야기를 펼친 것도 의학 영상으로 가는 길로 여러분을 이끌기 위함이었다.

그럼 지금부터 의학 영상의 원리에 대해 알아보도록 하자.

Chapter 6.2 의학 영상과 지하단면 영상법

6.2.1 지하단면 영상법과 의학 영상 기술

지하단면 영상법은 영어로 'geotomography'라고 하고, 의학 분야의 컴퓨터 단층촬영(CT)은 영어로 'computed tomography'라고 한다. 'tomography'는 그리스어로 '자른다' 또는 '단면'을 나타내는 'tomos'와 '기록'을 뜻하는 'graphy'의 합성어로서 말 그대로 단면을 영상화한다는 뜻이다. 물리탐사에서 적용하고 있는 지하 영상화 기술인 지하단면 영상법은 땅속의 정보를 마치 얇게 썬 절편(slice)처럼 하나의 단면 영상으로 보여주는 기술로서, 이는 의학 분야에서 인체 내부를 들여다보는 의학 영상(medical imaging) 기술과 개념적으로 같은 원리가 적용된다. 역사적으로 볼 때, 의학 분야의 CT 영상 기술이 물리탐사 분야에 도입됨으로써 '땅'이나 '지구'를 의미하는 'geo' 탐사 방법을 'tomography' 기술에 접목하여 'geotomography'로 발전하였다고 볼 수 있다.

의학 영상 기술과 지하단면 영상법은 모두 '토모그래피(tomography)'로부터 시작한다. 토모그래피 영상은 대상체를 여러 각도로 투사하여 각 방향의 투과 에너지를 기록한다. 이때 각각의 투과 에너지는 특정 전파 경로에 대한 목적 대상체 변수(object parameter)의 적분 값으로 나타낸다. 예를 들면 X-선 CT의 경우, 신체에 직선으로 전파하는 X-선을 투사한 후 투과한 빛알(photon)의 양은, X-선관(X-ray tube)과 검출기(detector)를 연결하는 직선을 따라 X-선 감쇠계수(attenuation coefficient)를 선 적분하여 계산할 수 있다. 이 적분 값을 CT에서는 투영(projection)이라 하며,

이 투영 자료로부터 역 투영(backprojection)으로 원래의 목적 함수 또는 물성 분포를 찾아내는 과정을 영상 재구성(image reconstruction)이라 한다. 이러한 과정을 거쳐 얻어진 영상으로써 인체 진단에 활용하는 것이 CT이다.

의학 영상 분야에서는 독일의 물리학자 뢴트겐(Wilhelm Conrad Roentgen, 1845~1923)이 X-선을 발견하고서 1895년 12월에 그의 부인의 손을 찍은 것이 최초의 의학 영상이다(그림 6.2).

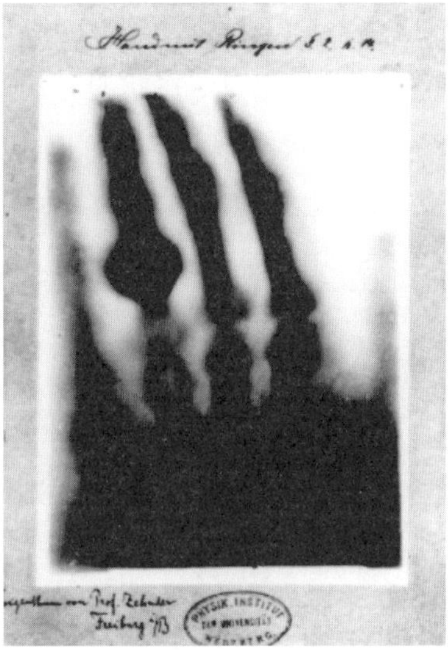

[그림 6.2] 뢴트겐이 1895년 12월 22일에 찍은 최초의 X-선 사진 (출처: Wikipedia, Wilhelm Röntgen)

의학 영상 기법에는 컴퓨터 단층촬영(CT, Computed Tomography), 자기공명 영상(MRI, Magnetic Resonance Imaging), 단일광자 방출 컴퓨터 단층촬영(SPECT, Single Photon Emission Computed Tomography), 양전자 방출 단층촬영(PET, Positron Emission Tomography) 그리고 초음파 영상(Ultrasound Imaging) 등이 있다.

CT는 X-선이 인체를 투과할 때 인체의 조직에 따라 X-선의 감쇠가 다른 점을 이용하여 영상화하는 것으로 인체를 투과한 에너지를 사용하는 투영(projection) 영상 기법이다. MRI는 핵자기공명(NMR, nuclear magnetic resonance) 현상을 이용하여 물질이나 인체 등의 내부 상태를 영상화하는 기법이다. 물질이나 인체 내의 수소 원자핵 즉 양성자는 자기모멘트(magnetic moment)를 가지고 있는데, 이것이 외부 자기마당과 상호 작용하여 공명이 될 때 특정 진동수의 전자기파를 흡수하거나 방출하는 것이 핵자기공명으로, 이러한 양상을 측정하여 영상화시킨 것이 자기공명 영상이다. SPECT나 PET는 핵의학(nuclear medicine) 분야의 영상 기법으로서, 핵의학이란 방사성 핵종의 특이한 성질을 이용하여 신체의 해부학적, 생리학적, 생화학적 상태를 진단하고 평가하는 의학 분야이다. 핵의학 영상 기술은 인체에 방사성 핵종으로 표지(label)된 화합물(방사성 추적자, radio tracer)을 통해 방사성을 인체 밖에서 측정하여 그 신호를 영상으로 변환한다. 방사성 추적자는 인체 내에서 흡수되는 정도에 따라 감마선을 방출한다. 이때 감마선을 방출하는 방사선원으로서 단일 빛알(single photon)을 내는 동위원소를 이용하느냐 또는 양전자(positron)를 내는 동위원소를 이용하느냐에 따라 SPECT와 PET로 나뉜다. 끝으로 초음파 영상은 초음파를 발사하고 인체의 조직에서 반사되어 돌아오는 에코(echo)들의 시간과 세기로부터 반사체의 위치(깊이)와 세기 정보를 수집하여 영상화하는 기법이다.

지하단면 영상법(지오토모그래피)도 CT와 마찬가지로 측정 자료와 대상체의 물리적 변수 사이의 선 적분 관계를 규명하는 지구물리학적 역해 문제(inverse problem)이다. 예를 들면 지하의 탄성파 전파속도와 감쇠율은 측정된 전파 시간과 진폭과 관련되어 있고, 고주파 전자기파의 투과 손실(transmission loss)은 지하의 전기적 성질과 연관되어 있으며, 이들은 모두 CT처럼 파선 경로에 따른 선 적분으로 표시된다. 이를 파선 토모그래피(ray tomography)라 한다. 물론 회절 토모그래피(diffraction tomography)인 경우 파선 방정식(ray equation) 대신 파동 방정식(wave equation)을 적용하므로 역 투영이 아닌 역 전파(backpropagation) 과정(그림 6.3)을 도입하며, 영상 기법 역시 CT에서 주로 사용하는 필터 역투영법이 아니라 필터 역전파법(filtered backpropagation)을 사용하는 등 다소 차이는 있으나 전체적인 영상 재구성에서는 그 맥락을 같이 한다(송영수, 현병구, 1990).

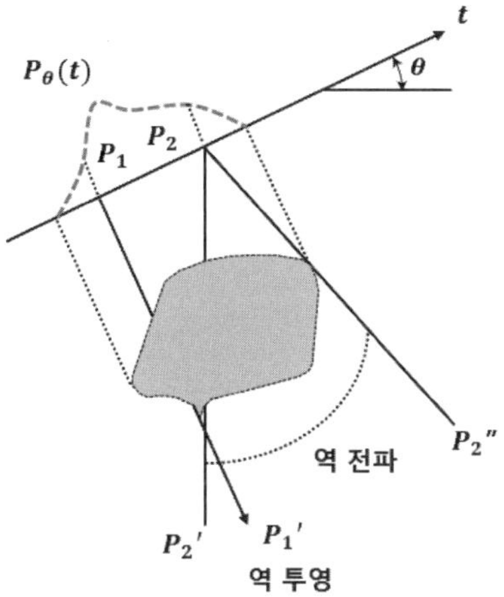

[그림 6.3] 역 투영과 역 전파 개념 비교

지금까지 보아온 것처럼 의학 영상 기술과 지하단면 영상법의 원리상의 차이점은 거의 없다. 다만 의학 영상 기술에서는 물리적인 샘(source)으로 X-선, 방사성 핵종을 이용한 빛알, 전자석을 이용한 핵자기공명(NMR), 초음파 등을 사용하는 반면, 지하단면 영상법에서는 탄성파나 전류 또는 전자기파 등을 사용하고 있다(표 6.1). 국내외적으로 이들 물리적 샘을 이용한 탄성파 토모그래피(seismic tomography), 전기비저항 토모그래피(resistivity tomography), 지표 레이더 토모그래피(GPR tomography), 전자 토모그래피(EM tomography) 등이 성공적으로 적용되고 있다.

[표 6.1] 지하단면 영상법과 의학 영상기술의 물리적인 샘 비교

영상법(Imaging Technologies)		샘(Sources)
지하단면 영상 (geotomography)	탄성파 토모그래피	탄성파
	전기비저항 토모그래피	전류
	전자 토모그래피	전자기파
	지표 레이더 토모그래피	전자기파
의학 영상 (medical imaging)	CT	X-선
	핵의학 영상(SPECT, PET)	빛알(photon)
	MRI	핵자기공명(NMR)
	초음파 영상	초음파

여기서는 지하단면 영상 원리 대신, 의학 영상 분야에서 가장 많이 사용되고 있는 X-선 CT, 자기공명 영상(MRI) 그리고 핵의학 영상(SPECT, PET) 기술의 원리를 소개함으로써 토모그래피의 기본적인 원리를 이해하는 데 도움을 주고자 한다. 초음파 영상 원리는 이미 3장에서 다루었다.

6.2.2 토모그래피와 영상 재구성

영상 재구성(image reconstruction)이란 이름 그대로 영상으로 재구성한다는 뜻이다. 예를 들면 X-선을 몸속에 투과시키면 각 부위에 따라 투과 또는 흡수되는 정도가 다르므로 그 다름을 투영 자료(projection data)로 얻는다. 이 자료를 역 투영(backprojection) 과정을 거쳐 각 부위가 가지고 있는 다름의 정도를 영상으로 다시 만드는 과정을 영상 재구성이라 할 수 있다. 이는 마치 물리탐사를 통해 얻어진 자료를 역산으로 영상을 만들어내는 것과 같다.

영상 재구성 방법에는 크게 역 행렬법(matrix inversion method), ART (algebraic reconstruction technique), SIRT (simultaneous iterative reconstruction technique) 등의 반복 재구성법, 직접 푸리에 변환법(direct Fourier transform) 그리고 필터 역투영법(filtered backprojection) 등이 있는데, 역 행렬법은 만약 4개의 화소(pixel)가 주어진다면 각각의 투영 자료에 대한 4개의 연립방정식을 풀어 각 화소의 값을 결정하는 방법으로 현재는 사용되지 않고 있다. 반복 재구성법은 측정된 투영 값으로부터 평균값으로 연속 보정해 가는 방법으로 예를 들면 다음 그림과 같다.

● 반복 재구성법

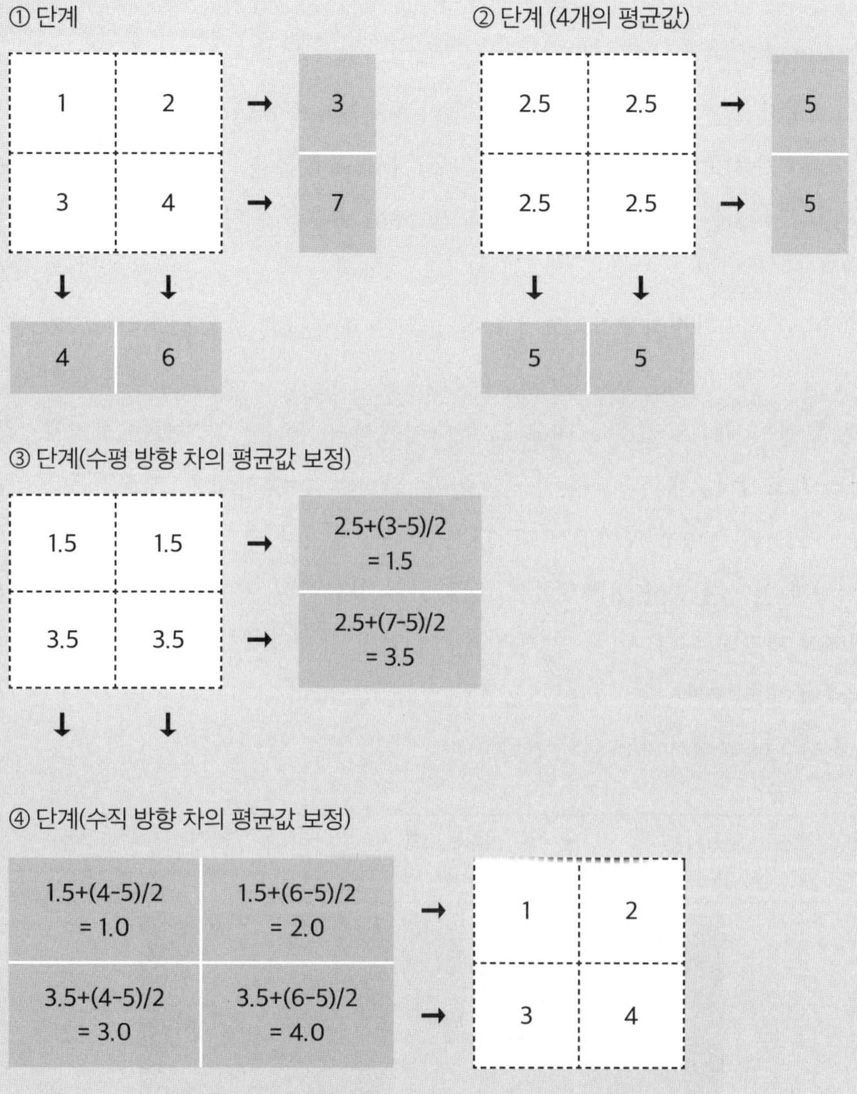
① 단계
1
2
3
4
3
7
4
6
② 단계 (4개의 평균값)
2.5
2.5
2.5
2.5
5
5
5
5
③ 단계(수평 방향 차의 평균값 보정)
1.5
1.5
3.5
3.5
2.5+(3-5)/2 = 1.5
2.5+(7-5)/2 = 3.5
④ 단계(수직 방향 차의 평균값 보정)
1.5+(4-5)/2 = 1.0
1.5+(6-5)/2 = 2.0
3.5+(4-5)/2 = 3.0
3.5+(6-5)/2 = 4.0
1
2
3
4

지금부터는 의학영상에서 가장 많이 적용되고 있는 역 투영을 통한 영상 재구성 원리에 대해 알아보도록 하자.

(1) 라돈 변환

토모그래피 영상의 수학적 기초 원리는 라돈 변환(Radon transform)으로 오스트리아 수학자 라돈(Johann Radon, 1887~1956)에서 그 이름을 따왔다. 함수 f가 어떤 대상체의 밀도(unknown density) 함수라면, 라돈 변환을 통하여 투영 자료를 얻게 된다. 예를 들어, 만약 우리가 들여다볼 수 없는 3차원 공간 속에 모양과 밀도 등이 다른 물체들이 있다고 가정하고, 그 속에 X-선을 쬐어 그 공간의 상황을 파악하고자 한다면 어떻게 할 것인가?

바깥의 한쪽에선 X-선을 보내고 그 반대편에서는 X-선을 감지하는 장치를 설치하여 여러 각도에서 X-선 사진을 얻을 것이다. 각각의 X-선 사진은 그 공간을 통과하면서 물체에 의해 흡수될 것이고, 그 정도는 물체의 밀도나 크기 등에 따라 달라질 것이다. 이렇게 얻어지는 사진 자료들이 바로 투영 자료이며, 수학적으로는 라돈 변환으로 얻어진 자료가 된다. 이 투영 자료로부터 원래 대상체의 밀도 함수 f를 구하기 위해서는 역 라돈 변환(inverse Radon transform)을 하면 구할 수 있다(그림 6.4). 이를 간략히 도표로 표시하면 다음과 같다.

대상체	→	라돈 변환	→	투영 자료(사이노그램)
사이노그램	→	역 라돈 변환	→	대상체 영상 재구성

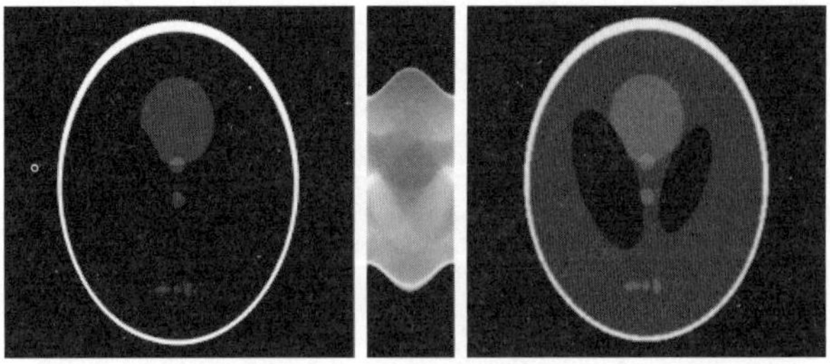

(a) (b) (c)

[그림 6.4] (a) Shepp-Logan 팬텀(phantom). Shepp과 Logan(1974)이 만든 표준 시험 영상. (b) 라돈 변환, (c) 역 라돈 변환. (출처: Wikipedia, Radon transform)

☞ 그러면 라돈 변환의 수학적 과정을 간략히 알아보자.

영상 처리(image processing)의 목적은 3D 대상체 $f(x, y, z)$의 절편(slice) $f(x, y)$를 재구성하고자 하는 것이며, 목적(대상체) 함수 $f(x, y)$를 재구성하고자 하는데 필요한 자료는 파선(ray)을 따른 적분 값의 집합으로 구성된다. 여기서 파선이란 단면을 지나는 선을 말하며, 파선을 따라 $f(x, y)$를 적분하는 것을 파선 적분(ray integral)이라 하며, 이들 파선 적분의 집합을 투영(projection)이라 한다. 그림 6.5와 같이 원점으로부터 임의의 파선까지의 거리를 t, x축과 이루는 각을 θ라 하면

$$t = x\cos\theta + y\sin\theta$$

이다. 그러면 평행 투영(parallel projection) $P_\theta(t)$은 파선 적분을 사용하여 다음과 같이 쓸 수 있다.

$$\begin{aligned} P_\theta(t) &= \int f(x,y)\,dx\,dy \\ &= \iint f(x,y)\,\delta\,(x\cos\theta + y\sin\theta - t)\,dx\,dy \end{aligned}$$

여기서, δ는 디랙 델타 함수(Dirac delta function)(3.6.5절 [탄성파 반사법 탐사 원리] 참조)이다. 만약 x축을 θ만큼 회전시킨 축을 t축, 이와 수직인 축을 s축이라 하면

$$P_\theta(t) = \int f(t,s)\,ds$$

가 된다. 이때 연속적인 θ값에 대해 얻어진 $P_\theta(t)$를 $f(x, y)$의 라돈 변환이라 한다. 이것이 곧 투영이다. 한 장의 단면도를 얻기 위해서는 여러 각도에서 투영을 얻어야 하고 이들을 각 각도에 따라 쌓아 놓은 것을 사이노그램(sinogram)이라 한다. 이렇게 얻어진 사이노그램을 역 라돈 변환을 하면 다시 원래 영상으로 재구성할 수 있게 된다.

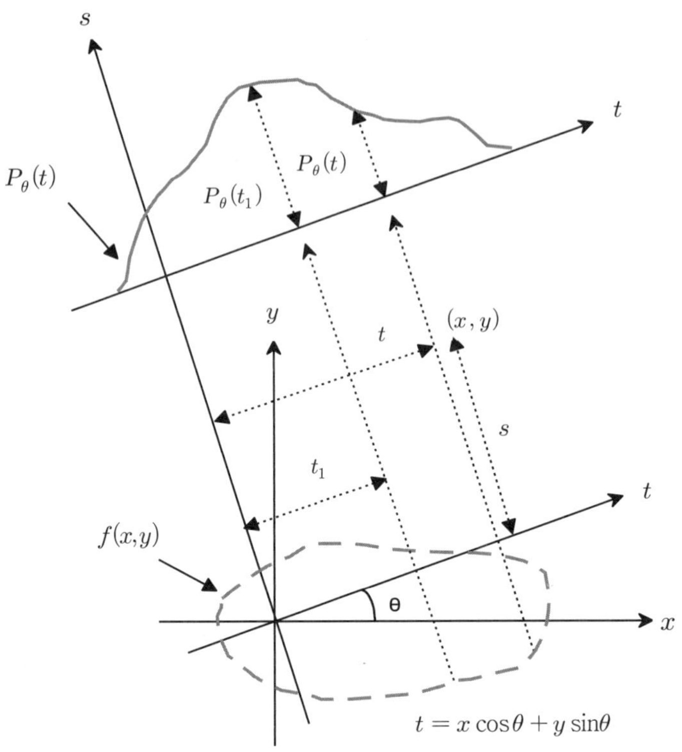

[그림 6.5] 목적 대상체 함수 $f(x,y)$와 투영 자료 $P_\theta(t)$ (Kak, 1979)

(2) 투영 정리

투영 절편 정리(projection slice theorem), 줄여서 투영 정리란 그림 6.6에서 보는 바와 같이, "각 θ 에서 얻은 투영 $P_\theta(t)$ 의 1D 푸리에 변환(FT) $S_\theta(\omega)$ 는 대상체 $f(x, y)$ 의 2D FT인 $F(k_x, k_y)$ 의 절편(slice)과 같다."라는 정리이다(Kak and Roberts, 1986). 다시 말하면 x 축과 θ 각을 이루는 방향의 투영 자료 $P_\theta(t)$ 를 1D-FT 한 $S_\theta(\omega)$는 대상체 $f(x, y)$ 를 2D-FT 한 $F(k_x, k_y)$ 의 θ 방향의 절편과 대응한다. 이때 절편은 k_x 축과 θ 각을 이룬다. 이를 그림으로 나타내면 $P_\theta(t)$ 의 FT는 그림 6.6의 BB' 직선을 따라 $F(k_x, k_y)$ 의 값을 주게 된다. 이를 극 좌표계 (ω, θ)로 다음과 같이 쓸 수 있다.

$$F(\omega,\theta) = S_\theta(\omega). \quad \text{여기서,} \ \omega = \sqrt{k_x^2 + k_y^2}$$

이 식이 투영 정리를 나타내는 식이다. 여기서, $k_x = \omega\cos\theta$와 $k_y = \omega\sin\theta$는 파수(wave number) 또는 공간 진동수(spatial frequency)라 한다.

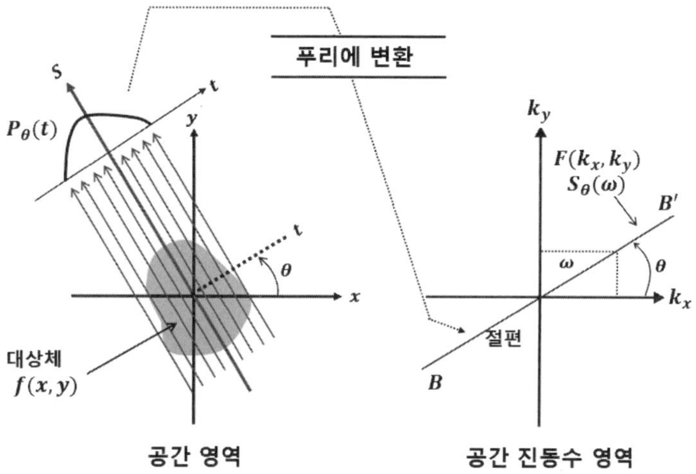

[그림 6.6] 투영 정리(Pan and Kak, 1983)

따라서 θ를 0에서 2π까지 변화시킬 때의 $S_\theta(\omega)$값을 공간 진동수 영역인 k_x - k_y 평면에 도시함으로써 $F(k_x, k_y)$값을 알 수 있으므로, 이를 2D 역 푸리에 변환하면 원래 함수 $f(x, y)$를 구할 수 있다. 이것이 토모그래피에 의한 영상 재구성의 기본 원리이다. 이론상 충분히 많은 투영을 얻어 이로부터 직접 역 푸리에 변환을 하면 목적 대상체를 영상으로 재구성할 수 있다. X-선 CT 경우 검사 대상체의 X-선 감쇠계수가, 탄성파 토모그래피인 경우는 탄성파의 속도 분포 또는 그 역수인 느리기(slowness)가 $f(x, y)$가 된다.

(3) 푸리에 변환(Fourier Transform)

여기서는 앞의 투영 정리에서 언급되었던 푸리에 변환(FT, Fourier Transform)에 대해 잠깐 설명을 하도록 한다.

푸리에 변환은 프랑스의 수학자이자 물리학자인 푸리에(Joseph Fourier. 1768~1830)가 제안한 것으로 신호를 진동수의 성분으로 분해(decomposition)하는 수학적 기법이다. 물리탐사의 자료 처리는 물론 전자 통신 분야의 신호 처리뿐만 아니라 영상 처리에서도 매우 중요한 개념으로 특정 분야에 국한되지 않고 다양한 분야에 응용되고 있어 알아 두면 상당한 도움이 될 수 있다.

아래 그림 6.7을 예로 들어 설명해보자.

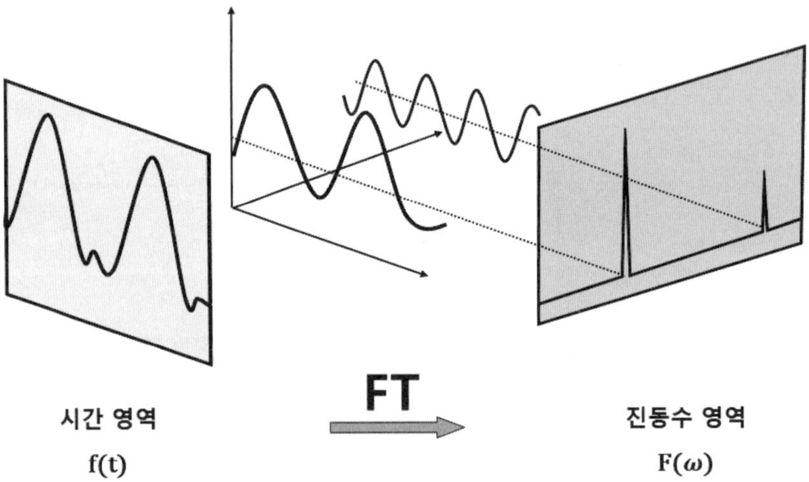

[그림 6.7] 푸리에 변환. 시간 영역 → FT → 진동수 영역
(출처: https://mriquestions.com/uploads/3/4/5/7/34572113/3311485_orig.gif)

왼쪽은 시간 영역에서의 파형이고 오른쪽은 푸리에 변환을 하여 얻은 진동수 영역의 파형이다. 현실에서 나타나는 모든 현상은 시간에 대한 함수이므로 다양한 진동수와 세기(진폭)를 가진 파형들이 섞여서 신호로 들어오고 있다. 이러한 시간에 대한 함수(신호)를 푸리에 변환하면 진동수에 관한 함수로 만들 수 있고, 이로부터 어떤 진동수들이 들어있는지 그리고 각각의 세기가 어느 정도인지를 쉽게 알 수 있다. 마치 다양한 색이 칠해져 있는 팽이를 돌렸을 때, 우리가 볼 수 있는 색은 팽이의 회전으로 모든 색이 혼합된 색을 볼 수 있을 뿐 그 속의 색을 알 수 없다(그림 6.8). 이 혼합된 색으로부터 각각의 색을 구분해 우리가 쉽게 볼 수 있도록 만드는 수학적 기법이 푸리에 변환이라 할 수 있다. 다시 말하면 푸리에 변환을 통해 복합 신호에 포함된 여러 가지 진동수(신호)들을 보다 쉽게 이해할 수 있다.

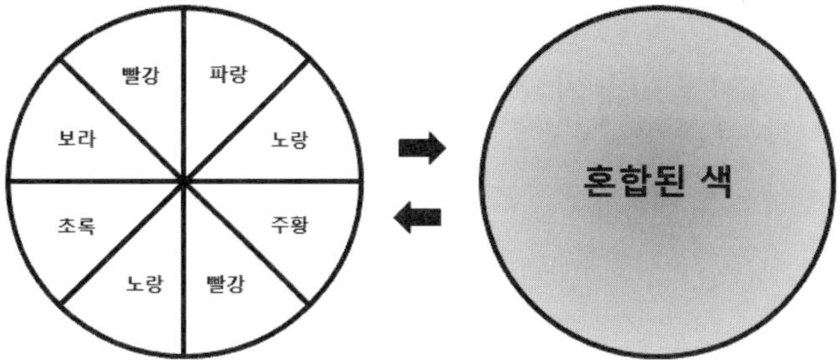

[그림 6.8] 팽이의 회전으로 혼합된 색 속에 들어있는 다양한 색 찾기

여기서 수학적 과정을 간략히 살펴보자.

'모든 주기 함수(periodic function)를 삼각함수의 합으로 나타낼 수 있을까?'라고 질문했을 때, 'yes'라고 답하면서 등장하는 수학이 푸리에 급수(Fourier series)이다. 즉, 푸리에 급수는 임의의 모든 주기 함수를 삼각함수로 구성되는 급수로 전개하는 것을 말한다. 식으로 표현하면 다음과 같다.

$$f(t) = \sum_{n=-\infty}^{\infty} C_n e^{in\omega t}$$

여기서, $C_n = \frac{1}{T}\int_{-T/2}^{T/2} f(t)\, e^{-in\omega t}\, dt\ ,\quad \omega = \frac{2\pi}{T}$

그런데 푸리에 급수는 유용하지만 함수가 반드시 주기적이어야 한다는 제약 조건이 있다. 이 문제를 해결하는 방법은 주기(T)를 무한대로 보내는 것이다. 아무리 복잡한 함수라도 주기가 매우 길다고 생각하면 주기 함수가 된다. 그러면 비주기 함수도 푸리에 급수로 변환할 수 있다. 다만 이러한 경우는 이름을 달리 지어 푸리에 급수 대신 푸리에 변환(FT, Fourier Transform)이라 한다. 푸리에 변환은 시간 영역과 진동수 영역으로 서로 변환이 가능한데, 시간 영역에서 진동수 영역으로의 변환을 FT, 그 반대로 진동수 영역에서 시간 영역으로의 변환을 역 푸리에 변환(IFT, Inverse Fourier Transform)이라 한다. 이를 식으로 표현하면 다음과 같다.

$$\mathrm{FT}[f(t)] = F(\omega) = \int_{-\infty}^{\infty} f(t)\, e^{-i\omega t}\, dt$$

$$\mathrm{IFT}[F(\omega)] = f(t) = \frac{1}{2\pi}\int_{-\infty}^{\infty} F(\omega)\, e^{i\omega t}\, d\omega$$

실제로 컴퓨터에서 자료를 처리할 때에는 이산적인 자료의 푸리에 변환(discrete FT)을 고속으로 실행하기 위해 흔히 고속 푸리에 변환(FFT, Fast Fourier Transform)을 사용한다.

(4) 역투영법

역투영법(backprojection)은 앞에서 설명한대로 파선의 각 방향에서 얻은 투영(projection)의 값을 거꾸로 화소(pixel) 면에 투영시켜 그 하나하나를 합산하는 재구성 기법이다. 수학적으로 보면 각 화소에서 합산한 투영 값에서 역 투영으로 기본값(background)을 빼 원래의 값을 얻어내는 연산법이다. 그 과정을 간단한 예를 들어 설명해보도록 하자.

먼저 투영 과정을 설명하면 다음과 같다. 그림 6.9처럼 수평 방향(0°방향)부터 첫 번째 투영 (a_1+a_2, b_1+b_2)를 얻는다. 이제 시계 방향으로 돌아가면서 45°방향으로부터는 두 번째 투영 (a_2, a_1+b_2, b_1), 90°방향의 세 번째 투영 (a_1+b_1, a_2 +b_2), 그리고 4번째 135°방향의 투영 (a_1, a_2+b_1, b_2) 자료를 얻는다.

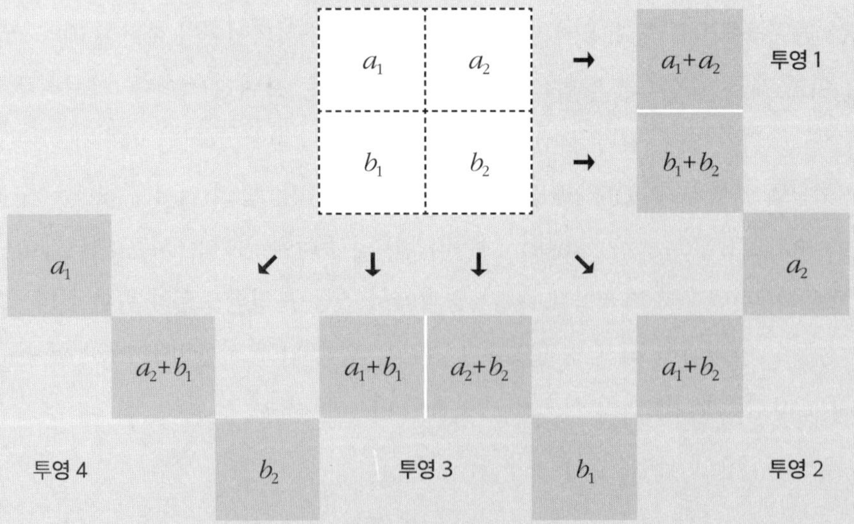

[그림 6.9] 투영 구하기

이제 앞에서 구한 투영 값으로부터 4개의 화소에 들어갈 화소 값을 찾는 역 투영 과정을 살펴보자. 그림 6.10에서 먼저 4개의 화소를 각각 A, B, C, D라 하자.

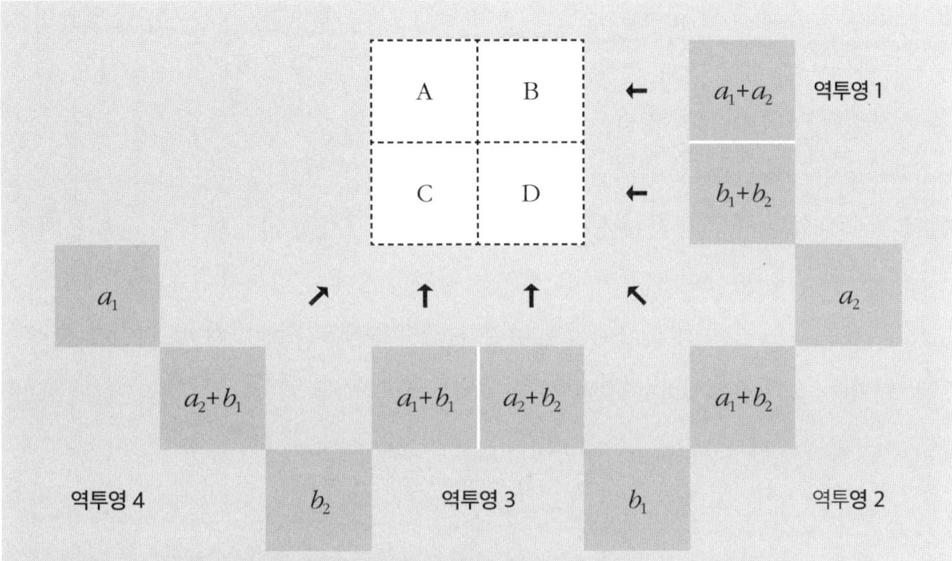

[그림 6.10] 역투영법에 의한 재구성

첫 번째 역 투영은 수평 방향의 투영 자료를 각 화소에 역 투영시키면 각 화소에는 다음과 같이 역 투영된다.

$$A = B = a_1 + a_2 \ , \ C = D = b_1 + b_2$$

그 다음부터는 앞의 투영 값을 차례대로 역 투영시켜 더해간다. 즉 45°방향, 90°방향, 135°방향의 투영을 연속적으로 역 투영시켜 최종적으로 합산한 결과는 다음과 같다.

$$A = (a_1 + a_2) + (a_1 + b_2) + (a_1 + b_1) + (a_1)$$
$$B = (a_1 + a_2) + (a_2) + (a_2 + b_2) + (a_2 + b_1)$$
$$C = (b_1 + b_2) + (b_1) + (a_1 + b_1) + (a_2 + b_1)$$
$$D = (b_1 + b_2) + (a_1 + b_2) + (a_2 + b_2) + (b_2)$$

이제 4개 화소의 투영의 합의 기본값을 $\Sigma = a_1 + a_2 + b_1 + b_2$라 하면 위 A, B, C, D를 다음과 같이 정리할 수 있다.

$$A = 3a_1 + \Sigma,\ B = 3a_2 + \Sigma,\ C = 3b_1 + \Sigma,\ D = 3b_2 + \Sigma$$

그러면 최종 단계로서 각 화소의 역 투영 값에서 Σ 를 뺀 다음 최대공약수 3으로 나누면 각 화소의 값을 구할 수 있다. 즉, $A = a_1$, $B = a_2$, $C = b_1$, $D = b_2$ 를 얻는다.

지금까지 다소 번거로운 듯하지만 그리 어렵지 않게 역 투영으로 재구성할 수 있음을 보았다. 그런데 역투영법은 필연적으로 중심에서 멀어질수록 영상의 번짐 현상(blurring)이 나타난다. 앞에서 보았듯이 투영 자료는 극좌표로 얻어지므로 원의 중심에서 멀어질수록(높은 공간 진동수) 단위화소 당 지나가는 파선의 수가 줄어들기 때문에 이러한 번짐 현상이 생기며, 그 정도는 원의 중심에서 멀어질수록 번짐이 심해진다(그림 6.11). 이는 마치 파샘에서 에너지가 구의 형태로 퍼져나갈 때 거리가 증가함에 따라 에너지가 감소하는 것과 같은 현상으로 이해할 수 있다.

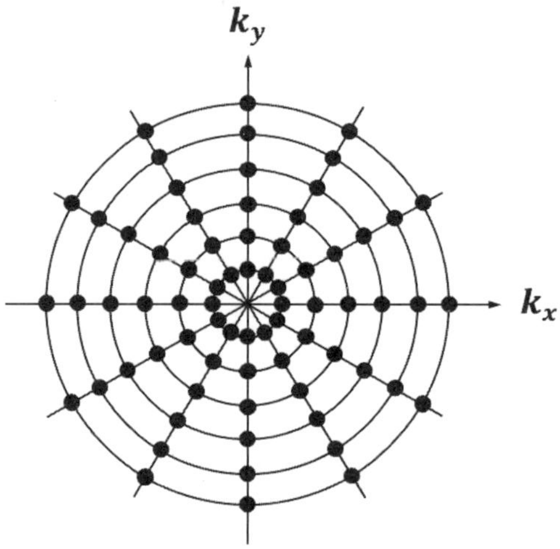

[그림 6.11] 투영 정리에 따른 푸리에 샘플링(Fourier sampling)

간단한 예를 들어 이를 알아보자. 다음 그림 6.12와 같이 9개의 화소(pixel)가 있을 때 앞에서 구한 것처럼 투영 자료로부터 역 투영하여 각 화소의 값을 재구성한다면 어떤 결과가 나타날까?

a	b	c
d	e	f
g	h	i

[그림 6.12] 번짐 현상 시험 자료

바깥 화소인 a 와 중심 화소인 e 의 역 투영 값을 구해보기로 한다. 실제 계산 과정은 생략하고 결과만 쓰면 각각 다음과 같다.

$$e = 3e + \Sigma,\ \ a = 3a + \Sigma - f - h \ \ (\text{여기서, } \Sigma = a + b + \ldots + i)$$

따라서 역 투영으로 재구성한 값은

$$e = (3e + \Sigma - \Sigma)/3 = e$$
$$a = (3a + \Sigma - f - h - \Sigma)/3 = a - (f + h)/3$$

이 된다. 이처럼 중심에 있는 e 와 달리, 중심에서 떨어져 있는 a 는 측정값과 이론값(계산값)이 차이가 남을 알 수 있고 그만큼 번짐 현상이 발생하는 것이다.

(5) 필터 역투영법

실제로 역투영법을 이용하여 재구성된 영상은 높은 진동수 성분의 약화로 자료의 번짐 현상이 발생하므로 이를 해결하기 위해서 필터 처리를 먼저 한 다음 역 투영하는 방법을 필터 역투영법(filtered-backprojection)이라 한다. 이때 사용되는 것이 고주파 통과 필터(high-pass filter)인 램프 필터(ramp filter, $|\omega|$)(그림 6.13)로서, 높은 진동수 성분은 강조하고 낮은 진동수 성분은 최소화시킴으로써 번짐 현상을 줄여준다. 필터 역투영법은 처리 속도가 빠르면서도 역투영법에 비해 훨씬 좋은 영상을 얻을 수 있어 현재 CT에서 널리 사용되고 있다,

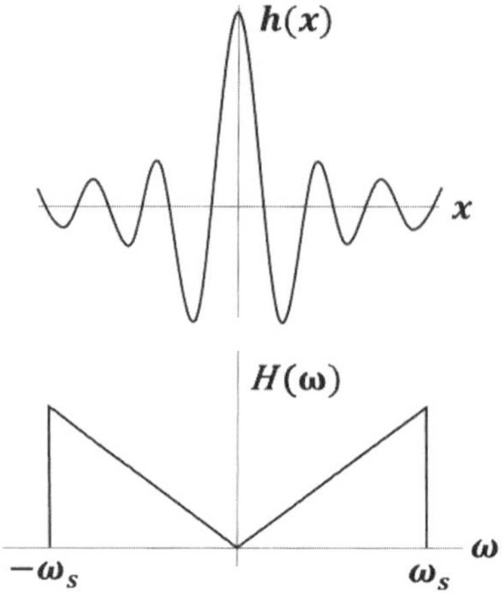

[그림 6.13] 램프 필터(ramp filter)

그림 6.14는 필터링하여 얻은 재구성 영상을 필터링하지 않은 영상과 비교하여 보여주고 있다.

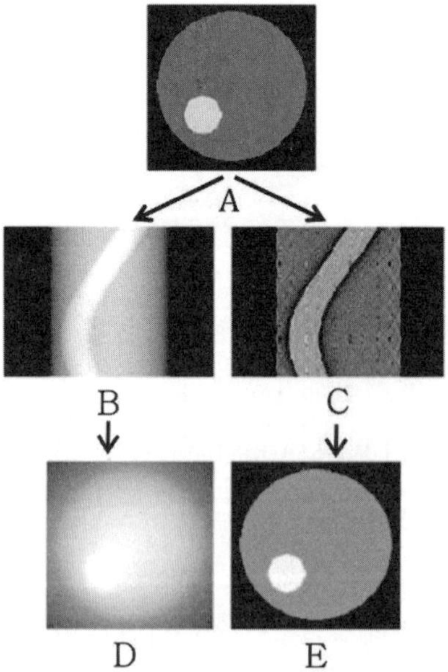

[그림 6.14] A: 목적 함수, B: 원래 사이노그램, C: 필터된 사이노그램, D: B의 재구성 영상, E: C의 재구성 영상. (김희중, 2010)

6.2.3 X-선과 CT

1979년 노벨 생리학·의학상은 X-선 CT의 이론적 기초를 구축한 미국의 물리학자 앨런 코맥(Allan Cormack, 1924~1998)과 CT의 진단 기법을 개발한 영국의 전기공학자 고드프리 하운스필드(Godfrey Hounsfield, 1919~2004)에게 돌아갔다. 의학 연구에 새로운 길을 열어 주었다는 것이 수상 이유다.

X-선 CT는 X-선관에서 발생한 X-선을 이용하여 영상을 얻는 방법이므로 먼저 X-선이 어떻게 발생하는지 알아보자.

(1) X-선

X-선은 X-선관(X-ray tube) 안의 가열된 음극(필라멘트)에서 방출되는 열전자(thermal electron)가 음극과 양극 사이에 걸린 높은 전압(30~100 kV)에 의해 가속되어 양극의 금속 표적(metal target)[예; 텅스텐(W)]에 충돌하면서 그 운동에너지가 변환되어 방출되는 전자기파이다(그림 6.15). X-선은 음극선(cathode ray)과는 달리 전자기마당의 영향을 받지 않고, 매우 강한 투과력을 가지고 있으며, 원자의 궤도 전자를 전리시킬 수 있을 만큼 충분한 에너지를 가지고 있는 전리 방사선(ionizing radiation)에 속한다. 하지만 1895년, 빌헬름 뢴트겐이 X-선을 처음 발견했을 때에는 그저 새로운 종류의 광선일 뿐, 정체를 알 수 없는 X-선이었다. X-선의 정체가 밝혀지기 전까지 뢴트겐의 뒤를 이어 1896년 베크렐(Antoine Henri Becquerel, 1852~1908)은 우라늄으로부터 베크렐선을 발견하였고, 이 선은 나중에 라듐 방사선을 발견한 마리 퀴리(Marie Curie, 1867~1934)에 의해 방사선(radioactive rays)으로 불리게 되었다. 어쨌든 뢴트겐을 시작으로 여러 가지 방사선과 방사성 원소가 발견되었고, 뿐만 아니라 음극의 성질을 띤 입자인 전자, 양극의 성질을 띤 입자인 양성자 등을 발견하면서, 물질을 이루는 작은 입자들의 세계를 새롭게 이해하기 시작하는 현대 물리학의 시대가 열리게 되었다.

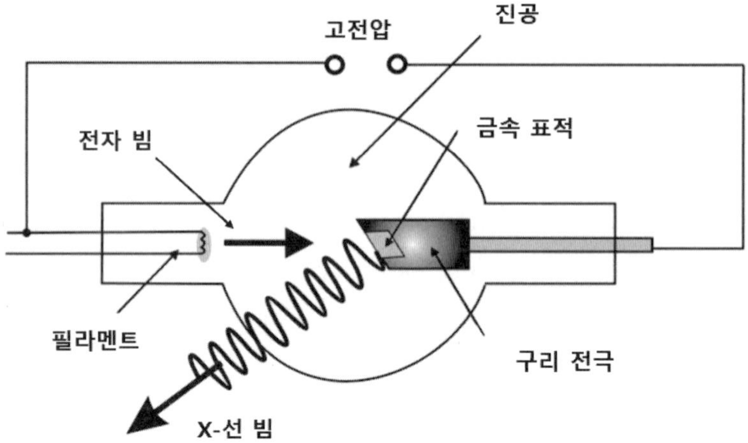

[그림 6.15] X-선관(X-ray tube)

높은 에너지의 전자가 양극의 금속 표적에 충돌할 때 발생하는 X-선에는 2가지 종류가 있다. 하나는 음(-)전하를 띤 전자가 원자핵(+전하) 가까이 통과할 때 원자핵의 쿨롱 힘에 의해 강하게 이끌려 갑자기 진로가 바뀌면서 속도가 줄어든다. 이러한 전자의 급속한 감속으로 전자가 가지고 있던 운동에너지 일부가 빛알(光子)로 바뀌면서 발생되는 전자기파인 제동 복사선(Bremsstrahlung), 즉 제동 X-선(braking X-rays)이다[그림 6.16의 (a)]. 다른 하나는 가속 전자가 표적을 때릴 때 표적 원자의 안쪽 궤도 전자를 들뜨게(excited) 하여 빈자리(hole)를 만들면, 그 빈자리를 메우려고 바깥 궤도의 전자가 이동하면서 발생하는 특성 방사선, 즉 특성 X-선(characteristic X-rays)이다[그림 6.16의 (b)]. 그리고 가속 전자의 대부분은 금속 표적과 한번 충돌로 완전히 정지하지 않고 조금씩 속도가 줄어들기 때문에, 제동 X-선은 연속적인 빛띠(continuous X-ray spectrum) 분포를 보이는 반면에, 특성 X-선은 전자의 빈자리가 생긴 안쪽 전자 궤도와 그 빈자리를 메꾸어준 바깥 전자 궤도의 전자 에너지 차이에 따라 몇 개의 불연속적인 특성 빛띠(characteristic X-ray spectrum) 분포를 나타내는 특징을 가지고 있다(그림 6.17). 아울러 특성 X선의 에너지는 원자 구조에 의해 결정되므로 원소에 따라 각각 고유한 값을 가진다.

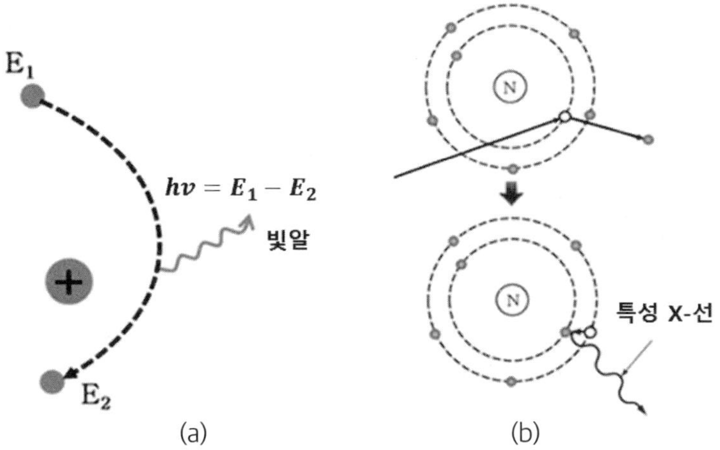

[그림 6.16] (a) 제동 X-선과 (b) 특성 X-선. (한만청, 2010)

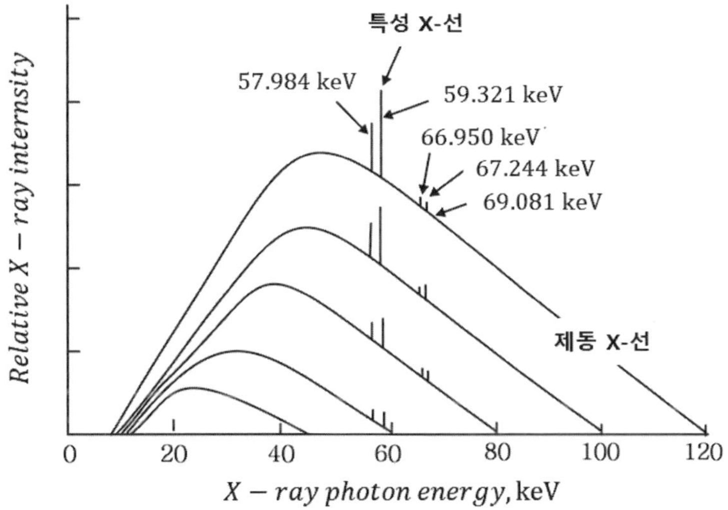

[그림 6.17] 연속 X-선 빛띠와 불연속적 특성 X-선 빛띠(프린스와 링크스 지음, 김동윤 외 옮김, 2016)

여기서 전자의 운동에너지와 X-선 빛띠(스펙트럼)의 파장에 대해 살펴보자. X-선관의 음극에서 나온 전자(e)를 일정한 전압(V)으로 가속시켜 X-선을 발생시킬 때, 전자가 얻는 운동에너지(E)는

$$E = e\,V$$

와 같다. 여기서, e는 전자의 전하량으로 $e = 1.6 \times 10^{-19}$ C이다. 이 운동에너지는 제동 복사선처럼 감속하면서 에너지를 잃거나, 특성 X-선처럼 빈자리를 메우는 과정에서 발생하는 에너지 준위의 차만큼의 에너지가 X-선 에너지로 변환된다.

$$\Delta E = E_1 - E_2 = h\nu = \frac{hc}{\lambda}$$

여기서, h는 플랑크 상수로 $h = 6.63 \times 10^{-34}$ Js, ν는 진동수, c는 빛의 속도로 $c = 3 \times 10^8$ m/s, λ는 파장이다.

만일 이 운동에너지가 금속판에 충돌할 때 모두 X-선 에너지로 변환된다면

$$E = eV = h\nu = \frac{hc}{\lambda}$$

이므로 X-선의 최단 파장($\lambda = \lambda_{\min}$)은 다음과 같이 구할 수 있다.

$$\lambda(\text{Å}) = \frac{hc}{eV} = \frac{12.396}{V(\text{kV})}$$

따라서 이와 같은 원리로 발생하는 X-선의 에너지는 가속 전압에 의해 가속된 전자의 운동에너지에 해당하며 높은 가속 전압일수록 짧은 파장의 X-선이 발생한다.

(2) CT와 선형 감쇠계수

CT는 X-선 빔을 인체에 투과시킬 때 감소되는 양을 검출하여 영상을 구성한다. 이때 통과하는 대상체(여기서는 몸속의 조직)에 따라 단위길이 당 감쇠되는 양이 다른데 이를 선형 감쇠계수(linear attenuation coefficient, μ)라고 한다. 균질한 각 조직을 통과한 X-선 빔의 세기(intensity)는 다음과 같이 구할 수 있다.

$$I_0 \Rightarrow [\mu(x)] \Rightarrow I(x) = I_0(x_0)e^{-\mu x}$$

여기서, x는 조직의 두께. $I_0 = I_0(x_0)$는 입사 X-선 빔의 세기이다. 일반적으로 X선은 각기 다른 선형 감쇠계수를 가진 여러 조직을 한꺼번에 관통하게 되므로 위 식을 다음과 같이 쓸 수 있다(그림 6.18).

$$I = I_0 \exp[-(\mu_0 + \mu_1 + \mu_2 + \mu_3 + \ldots)\Delta x]$$

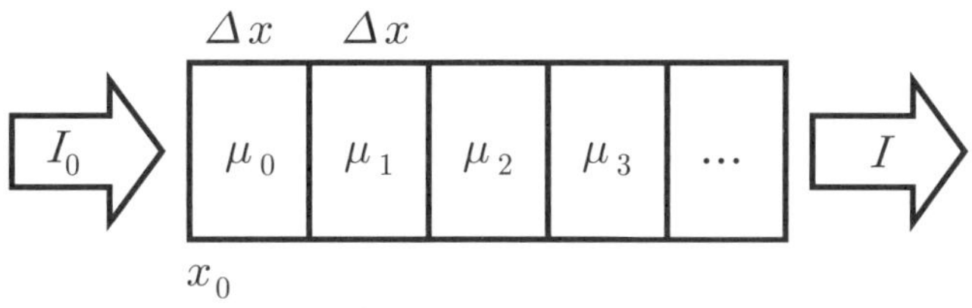

[그림 6.18] X-선 빔의 세기와 여러 조직의 선형 감쇠계수

만약 대상체가 균질하지 않다고 생각하면 선형 감쇠계수는 조직의 두께 x에 따라 변하므로 다음과 같은 적분 식으로 나타내어야 한다.

$$I(x) = I_0 \exp\left[-\int_0^x \mu(s)\, ds \right]$$

그리고 X-선 빔의 세기가 2차원적으로 감쇠된다면 선형 감쇠계수도 2차원 $\mu(x,y)$로 나타내며 이는 목적 함수와 같다. 즉,

$$f(x,y) = \mu(x,y)$$

따라서 어떤 좌표 (x,y)에서 특정 선형 감쇠계수 $\mu(x,y)$를 가진다고 하면 라돈 변환으로 다음과 같이 투영을 얻을 수 있다.

$$P_\theta(t) = \mu_0 + \mu_1 + \mu_2 + \mu_3 + \ldots$$

이를 여러 투사각에 대해 사이노그램을 얻을 수 있고, 이렇게 얻어진 사이노그램을 역 라돈 변환을 통하여 우리가 원하는 실제 영상으로 복원하게 된다(그림 6.19).

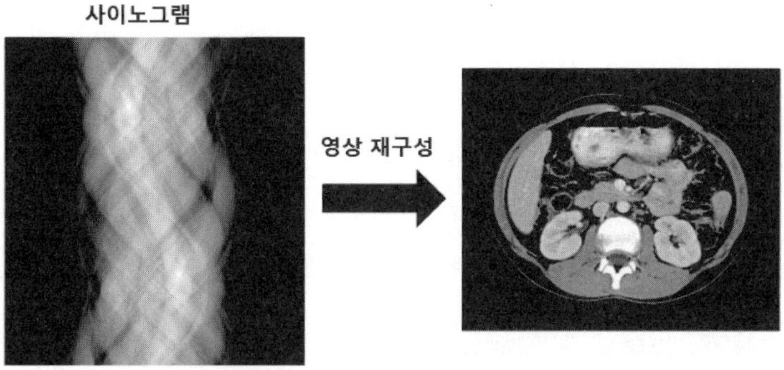

[그림 6.19] 역 라돈 변환으로 구한 영상 재구성(정경훈, 2011)

6.2.4 자기공명 영상(MRI)

(1) 개요

원자는 핵을 이루고 있는 핵알(양성자와 중성자)과 핵 주위를 돌고 있는 전자로 구성되어 있다. 그리고 인체를 구성하는 성분 중 70% 이상은 물이며, 이 물 분자(H_2O)를 구성하고 있는 수소 원자핵 속에는 중성자는 없고 양(+)전하를 띠고 있는 1개의 양성자만 존재하기 때문에 수소 원자핵을 단순히 양성자라고도 한다. 전자나 원자핵은 스핀을 가지므로 회전 운동에 따른 자기모멘트(magnetic moment)를 가지는데, 지구가 자전함으로써 지구 자기마당이 생기듯이 수소 원자핵 또한 스핀의 결과로 핵 자기마당(nuclear magnetic field)을 형성한다. 이 핵 자기마당이 곧 핵자기공명의 이론적인 배경이 된다. 이러한 핵자기공명 이론은 오늘날 영상 의학 분야에서 중요한 역할을 하고 있는 자기공명 영상법(MRI, magnetic resonance imaging)과 자기공명 분광법(MRS, magnetic resonance spectroscopy)뿐만 아니라, 석유 탐사에서 저류층의 특성을 평가할 때 사용되는 핵자기공명 검층법(NMR logging)에도 적용되고 있다.

핵자기공명(NMR, nuclear magnetic resonance), 줄여서 자기공명(MR)은 핵알이 강한 자기마당 내에 있을 때, 이차적으로 특정한 외부 자기마당을 걸어 주었을 때 에너지를 흡수하거나 방출하는 현상이다. 자기공명 영상은 바로 이 핵자기공명 신호를 만들어 영상을 구성하는 것이다. 즉 물 분자의 수소 원자핵은 양전하를 띠고 있고, 이것이 회전하여 전자기력을 갖게 되면 핵이 작은 막대자석처럼 된다. 이것이 강한 자기마당 속에 들어가면 자력의 세기가 커지면서 정렬하고(자화, magnetization), 외부 자기마당을 축으로 세차 운동(precession)을 한다. 마치 팽이가 기울어진 채로 돌 때 중력 방향을 회전축으로 도는 것과 같은 현상이다. 이 상태에서 수소 원자핵의 진동수와 같은 고주파(RF, radio frequency) 에너지를 주면 공명으로 회전이 커진다. 그 후 고주파를 끊으면 원래의 방향으로 서서히 회전하면서 다시 정렬(이완, relaxation)하게 되는데, 이때 수소 원자핵으로부터 자기공명 신호(MR signal)가 발생하며 이를 수신 코일로 포착한다. 이 신호를 영상으로 나타낸 것이다.

여기서 양성자의 세차 운동에 대해서 알아보자.

그림 6.20과 같이 인체 안의 수소 원자핵(양성자)이 자기마당 안에 있으면 원자핵은 자전하면서 외부 자기마당($\overrightarrow{B_0}$)의 방향을 축으로 하여 세차 운동을 한다. 이 세차 운동의 진동수는 다음의 라머 공식(Larmor formula)으로 나타낼 수 있다.

$$\omega_0 = \gamma B_0$$

여기서, ω_0는 세차 진동수 또는 라머 진동수(Larmor frequency)이고, B_0는 자기마당의 세기이다. 따라서 외부 자기마당의 세기가 클수록 세차 운동의 속도는 빨라지는데, 예를 들어 1.5 T(tesla)의 자기마당이 걸리면 인체 속의 수소 원자핵은 1초에 6400만 번(64 MHz)의 세차 운동을 하게 된다. 그리고 γ는 자기 회전비(gyromagnetic ratio)를 나타내는데, 이 비가 원자마다 다른 값을 갖기 때문에 특정 진동수 ω_0는 원자마다 변하게 된다.

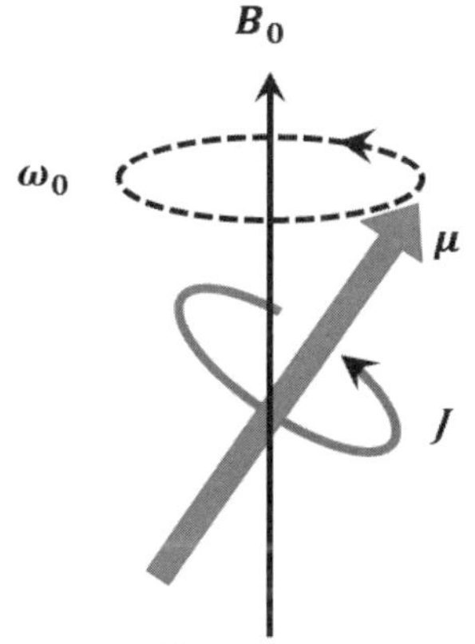

$$\omega_0 = \frac{\mu}{J} B_0 = \gamma B_0$$

[그림 6.20] 세차 운동(대한자기공명의과학회, 2008)

(2) 자기공명

양성자의 세차 진동수와 같은 고주파 펄스 에너지를 인체에 보내면 수소 원자핵은 더 높은 에너지 상태로 들뜨게(excited) 되는데 이러한 현상을 자기공명 현상이라고 한다.

자기공명 현상을 보이는 원자들로는 ^{1}H, ^{13}C, ^{23}Na, ^{31}P 등이 있는데 이 중 자기공명 영상에 주로 이용되는 것은 인체에 많이 있고 신호가 큰 수소 원자이다. 이러한 수소 원자는 자기쌍극자 모멘트(magnetic dipole moment)를 가지는데, 외부 자기마당이 없을 때에는 자기모멘트는 일정한 방향성이 없이 무질서하게 배열되어 있다. 따라서 알짜 자화(순자화, net magnetization)는 0이 된다. 즉, 전체적인 자기모멘트가 0인 상태에 있다. 그러나 인체가 스캐너에 들어가 외부 자기마당($\overrightarrow{B_0}$)을 받게 되면 수많은 양성자들은 세차 운동을 하면서 동시에 각각 외부 자기마당의 방향(축 방향)과 같은 방향($m = +1/2$, spin up 상태) 또는 반대 방향($m = -1/2$, spin down 상태)으로 배열하게 된다(그림 6.21). 여기서 스핀의 방향이 자기장의 에너지 방향과 같은 방향으로 배열되면 낮은 에너지 값을 가지고 안정하며, 반대 방향으로 놓이게 되면 높은 에너지 값을 가지고 불안정하여 들뜬 상태를 벗어나고자 한다.

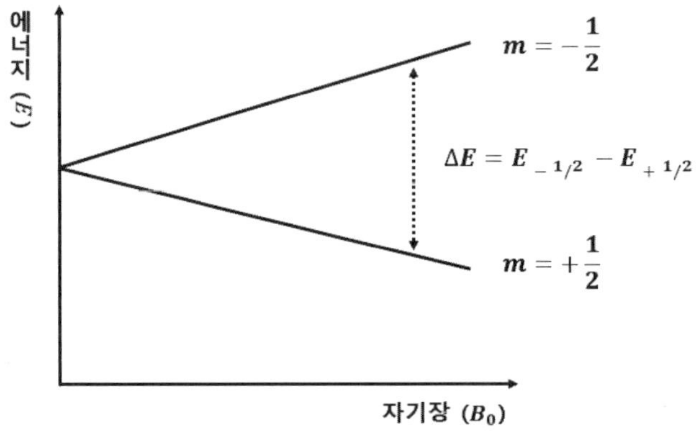

[그림 6.21] 자기마당 내에서 스핀 값이 1/2인 핵 에너지 상태 변화
(출처: 물리학백과, 핵자기공명, 한국물리학회)

이들 스핀들의 벡터 합을 구하면 전체적인 하나의 벡터 성분을 얻을 수 있는데 이것이 바로 알짜 자화(M)이다(그림 6.22). 이때 외부 자기마당과 같은 방향(+z축)으로 배열된 양성자의 수는 반대 방향(-z축)으로 배열되는 양성자의 수보다 항상 많게 되는데, 이는 열평형(thermal equilibrium) 상태에서는 에너지가 낮은 바닥 상태(+z

축)와 에너지가 높은 들뜬 상태(-z축)에 존재하는 양성자의 상대적인 숫자가 볼츠만 분포(Boltzmann distribution) 식에 따르기 때문이다. 오스트리아 물리학자 볼츠만(Ludwig Eduard Boltzmann, 1844~1906)에 따르면 에너지가 높은 상태보다 낮은 상태에서 항상 높은 확률로 입자가 분포한다고 하였다.

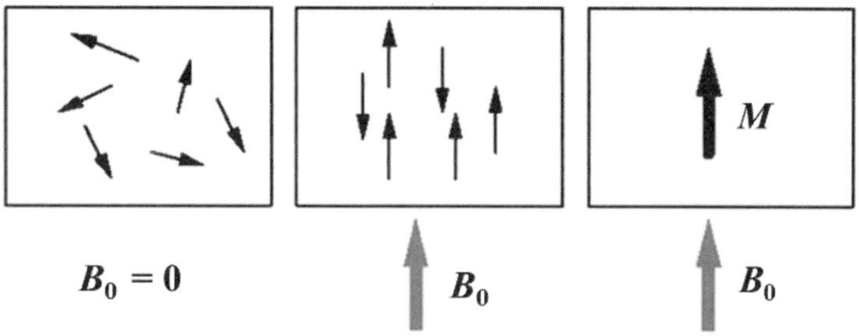

[그림 6.22] 외부 자기마당(B_0)에 의해서 형성되는 알짜 자화(M)

예를 들어 25°C 실온에서 1.5 T 자기공명 스캐너를 사용할 경우, 대부분의 양성자들은 z축을 기준으로 서로 반대 방향으로 배열되기 때문에 자기력은 서로 상쇄되어 합 벡터가 0 이 되고, 외부 자기마당과 같은 방향인 +z축으로 배열하게 되는 약 0.001%의 양성자들만이 최종적으로 남게 된다. 이때 자화된 양의 총합을 알짜 자화라고 하며 외부 자기마당 방향인 +z축을 향하고 있기 때문에 세로(종축) 자화(longitudinal magnetization, M_z)라고 한다. 이와 같이 약 0.001% 양성자들의 자기마당의 합 벡터인 M_z의 크기가 자기공명 신호의 크기를 결정하는 중요한 요소로서 작용한다.

그런데 이 세로 자화는 매우 강한 외부 자기마당과 같은 방향으로 배열되어 있기 때문에 이 상태에서는 측정하기 어렵다. 그래서 세로 자화를 90° 회전시켜 측정하는데 이는 그림 6.23과 같다. 이 그림과 같이 자기마당($\overrightarrow{B_0}$) 방향에 수직한 교류 자기마당($\overrightarrow{B_1}$), 즉 고주파 펄스(90° RF pulse)를 걸어주면 상향(spin up)으로 모여 있던 스핀들이 점점 하향(spin down) 방향으로 기울고 마침내 90° 옆으로 기울어진 가로(횡축) 자화(transverse magnetization, M_{xy})를 만들게 된다. 이러한 자기공명 현상은 마치 소리굽쇠가 자신이 가지고 있는 고유 진동수의 소리에만 소리를 내는 공명 현상과 같다.

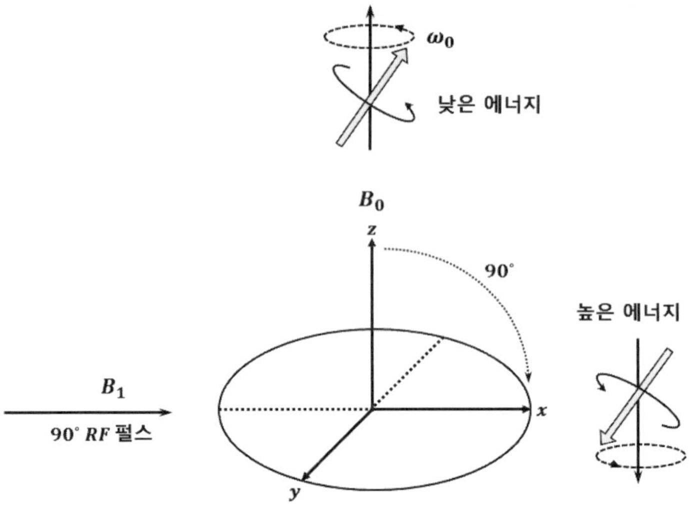

[그림 6.23] 자기공명(대한자기공명의과학회, 2008)

고주파 펄스를 끊으면, $x-y$ 평면상에서 들뜬 상태로 있던 M_{xy}는 원래의 평형 상태, 즉 에너지 준위가 낮은 외부 자기마당의 방향 즉, M_z로 되돌아가는데 이러한 현상을 이완(relaxation)이라고 한다. 여기에는 두 가지 과정이 있다. 첫째는 고주파 펄스로부터 받았던 에너지를 주변의 분자 격자(lattice)로 전달하는 과정인 T_1 이완(T_1 relaxation) 또는 스핀-격자 이완(spin-lattice relaxation) 또는 세로 이완(longitudinal relaxation)이고, 둘째는 스핀과 스핀 사이의 에너지 교환이나 전달 과정인 T_2 이완(T_2 relaxation) 또는 스핀-스핀 이완 (spin-spin relaxation) 또는 가로 이완(transverse relaxation)이다. T_1 이완과 T_2 이완은 동시에 일어나지만 각각 독립적으로 진행된다. 90° 고주파 펄스로써 형성된 가로 자화 M_{xy}는 각 스핀의 고유한 T_2 이완 속도에 따라 $x-y$ 평면상으로 흩어지면서(탈위상, dephased) 결국에는 사라지게 되고, 한편 세로 자화 M_z는 T_1 이완에 따라 원래의 평형 상태로 회복되면서 결국 M_{xy}는 M_z로 되돌아간다.

이완 과정에 걸리는 시간을 이완 시간(relaxation time)이라 하는데, 이완 시간은 양성자 주변 조직에 따라 크게 다르다. 예를 들면 뇌종양이 있는 경우 그 부근에 물이 많이 괴어 있어 정상 세포와 암세포에서 이완 시간이 다르고 이에 따라 자기공명 신호의 세기가 달라진다. 이 신호들은 자기공명 영상의 기초 자료로 이용되며, 규칙에 따라 공간 진동수 공간(k - space)에 모은 후 푸리에 변환을 통하여 자기공명 영상을 얻는다.

6.2.5 약한 힘과 핵의학 영상

(1) 핵의학 영상의 기본 원리

방사성 동위원소를 이용한 진단 및 치료 분야를 핵의학(nuclear medicine)이라 하고, 핵의학 영상법은 다양한 생리학적, 생화학적 기능을 알아볼 수 있도록 해주는 방사성 추적자(radio tracer)를 환자에게 투여한 후 이들의 분포를 영상화함으로써 생체의 생화학적 변화나 기능상의 문제를 평가하는 기능성 영상 진단법을 말한다. 방사성 핵종에서 방출된 γ선이 탈륨활성요드화나트륨[NaI(Tl)] 결정과 반응하여 생성된 빛은 광전음극(photocathode)을 통과하면서 전자로 바뀌고 이어 광전자 증배관(photomultiplier)을 거쳐 증폭되어 영상을 얻는다. 이러한 영상을 얻기 위하여 단일 광자(감마선)를 내는 동위원소를 이용하느냐 또는 양전자를 내는 동위원소를 이용하느냐에 따라 단일광자 방출 컴퓨터 단층촬영(SPECT, single photon emission computed tomography)과 양전자 방출 단층촬영(PET, positron emission tomography)으로 나눌 수 있다.

SPECT는 몸속에 테크네튬-99m(Technetium-99m, Tc-99m)과 같은 방사성 동위원소를 투여하고 거기에서 방출되는 γ선을 감마카메라(gamma camera)로 검출하여 방사성 동위원소의 분포 즉, 단일광자 방출 핵종의 체내 분포 상황을 영상화하는 핵의학 영상법이다.

PET는 양전자를 방출하는 방사성 의약품을 투여한 후 방사능 분포를 영상화하여 질병을 진단하는 핵의학 영상법이다. PET에 사용되는 중요한 양전자 방출 동위원소로서 ^{11}C, ^{13}N, ^{15}O, ^{18}F 등이 있는데, 이러한 원소들은 생체 물질의 주요 구성 성분이기 때문에 이들을 이용하여 특정 생화학적, 기능적 변화를 반영하는 추적자인 방사성 의

약품을 만들 수 있다. 한 예로, 가장 흔히 쓰이는 방사성 의약품이 불화디옥시 포도당(^{18}F-FDG, fluorodeoxyglucose)이다. 이러한 양전자를 방출하는 동위원소가 붙은 방사성 의약품을 몸속에 주입하면 방사성 의약품이 신체의 생화학적, 기능적 변화 때문에 몸속 특정 부위에 축적이 된다. 예를 들면 앞의 ^{18}F-FDG는 포도당 유사 물질이어서, 이를 주사하면 세포가 포도당을 에너지원으로 흡수한다. 특히 암세포는 정상의 조직보다 에너지를 많이 소비하기 때문에 포도당을 많이 흡수한다. 따라서 암과 같이 포도당 대사가 항진된 부위에 많이 모이게 된다. 반대로 뇌의 혈류량이 감소된 부분에서는 당연히 흡수량이 적어진다. 그 다음 PET 장비를 이용하여 몸속에서 방출되는 γ선을 검출하고, 영상 재구성 기법을 이용하여 단면 영상을 얻게 된다.

PET는 양전자 방출 핵종으로부터 방출된 양전자가 전자와 만나 동시에 없어지면서(짝없앰) 방출되는 한 쌍의 511 keV γ선을 이용하는 장치이다. 이들 장치들은 평면 영상뿐만 아니라 목적에 따라서는 해당하는 방사성 의약품을 환자에게 투여한 후 감마카메라(gamma camera)를 인체 주위로 회전시키며 여러 방향의 2차원 투영을 얻고, 이를 사이노그램 형태로 변환한 후 영상 재구성 기법을 적용하면 CT와 마찬가지로 체내 단층 영상(tomogram)이나 3차원 영상을 얻을 수 있다.

CT 또는 MRI와 가장 큰 차이는 이들이 해부학적인 정보를 제공하는 반면에 SPECT나 PET는 기능적 정보를 제공한다는 것이다. 최근엔 SPECT/PET를 CT/MRI와 결합한 시스템이 발달하고 있다(예: SPECT-CT).

(2) 핵의학 영상 속의 물리

1) 질량 결손과 결합 에너지

원자는 원자핵을 이루는 핵알과 전자로 구성되어 있다. 그런데 핵알 즉, 양성자와 중성자가 서로 결합하고 있을 때의 원자핵의 질량은 핵알이 서로 떨어져 있을 때의 양성자와 중성자의 질량의 합보다 작다. 이 차이를 질량 결손(mass defect)이라 한다. 한편 원자핵으로부터 그 구성단위인 핵알을 분리하려면 외부로부터 상당한 에너지를 가해야 하는데 이를 결합 에너지(binding energy)라 한다. 그러므로 질량 결손은 핵알들 사이의 결합 에너지가 원자마다 다르기 때문에 생긴다고 할 수 있다. 일반적으로 무거운 핵종은 더 많은 질량 결손을 보이고 그 결과 더 큰 결합 에너지를 가지지만, 핵알 1개가 가지는 평균 결합 에너지만을 생각하면 질량수가 큰 원자핵이라고 해서 반드시 큰 것은 아니다. 원자 중에서 질량수가 56인 철(Fe)의 원자핵이 가지고 있는 핵알 1개당 결합 에너지가 가장 크다. 따라서 철보다 무거운 원자핵은 무거워질수록, 철보다 가벼운 원자핵은 가벼워질수록 평균 결합 에너지가 작아지므로 자연계 원자들은 철로 향해 핵융합(nuclear fusion) 또는 핵분열(nuclear fission)이라는 핵반응(nuclear reaction)을 통해서 단위핵알 당 결합 에너지를 증가시키면서 안정화되는 과정을 거치게 된다.

2) 베타 붕괴와 짝없앰

방사성 붕괴(radiation decay)라는 것은 불안정한 원자가 안정화되기 위해 핵 속의 핵알을 재배열하는 자연스러운 과정이라고 볼 수 있다. 일종의 핵반응으로서 원자핵 스스로 에너지를 방출하여 다른 원자핵으로 변하기도 한다. 다시 말하면 원자핵 안에서 약한 상호작용(약한 힘)으로 양성자(proton)가 중성자(neutron)가 되거나, 또는 그 반대로 중성자가 양성자가 되는 핵반응이 일어나는데 이를 베타 붕괴(beta decay)라고 한다. 이 과정에서 전자(electron) 또는 양전자(positron)가 방출되는데, 전자를 베타 마이너스(β^-) 붕괴, 후자를 베타 플러스(β^+) 붕괴라 한다. 여기서는 PET 핵의학 영상에 적용되는 β^+붕괴를 중심으로 베타 붕괴에 대해 간략히 설명해보자.

일반적으로 원자핵은 중성자가 양성자가 많아 약한 상호작용에 의하여 중성자(n)가 양성자(p)로 변환되면서 안정되는데 이를 β^-붕괴라 한다. 이때 전자(e^-)와 반중성미자($\bar{\nu}$)가 방출된다.

$$n \rightarrow p + e^- + \bar{\nu}$$

그런데 양성자보다 중성자 비율이 낮은(양성자 수 > 중성자 수) 핵종은 불안정하여 안정된 상태로 변하기 위해서 전자 포획(electron capture) 또는 β^+붕괴 과정을 거쳐 양성자가 중성자로 변환하면서 핵종이 안정화되는데 그 과정은 다음과 같다.

$$p \rightarrow n + e^{+} + \nu$$

여기서 볼 수 있듯이 양성자가 중성자로 바뀌면서 양전자(e^{+})와 중성미자(neutrino, ν)를 방출한다. PET에 사용되는 핵종인 ^{11}C, ^{13}N, ^{15}O, ^{18}F 등이 바로 양전자를 방출하는 핵종들이다. 예를 들면, 탄소의 안정 동위원소로 자연계에 가장 많이 분포하는 것이 $^{12}_{6}C$ 와 $^{13}_{6}C$ 이다. 여기 질량수 11의 탄소 $^{11}_{6}C$는 자연계에는 존재하지 않아, 사이클로트론(cyclotron)을 이용해 인공적으로 만들 수 있는 동위원소이지만 불안정하다. 그래서 $^{11}_{6}C$은 β^{+}붕괴를 통하여 양전자(e^{+})를 방출하고, 안정된 원소인 붕소($^{11}_{5}B$)로 변한다. 이를 화학식으로 나타내면 아래와 같다.

$$^{11}_{6}C \rightarrow {}^{11}_{5}B + e^{+} + \nu$$

이때 방출된 양전자(e^{+})가 몸속의 전자(e^{-})와 충돌하면 양전자는 전자를 만나 짝없앰(쌍소멸, pair annihilation)이 일어나고, 에너지 보존 법칙에 따라 511 keV의 에너지를 갖는 한 쌍의 빛알 즉, γ선을 방출한다(그림 6.24). 511 keV의 에너지는 $E = mc^2$으로부터 구할 수 있는 전자 또는 양전자의 정지 질량(rest mass) 에너지이다. 그리고 운동량 보존 법칙에 의해 2개의 빛알은 서로 180° 방향으로 방출된다. 이 한 쌍의 γ선을 검출하여 영상으로 보여주는 장치가 PET이다.

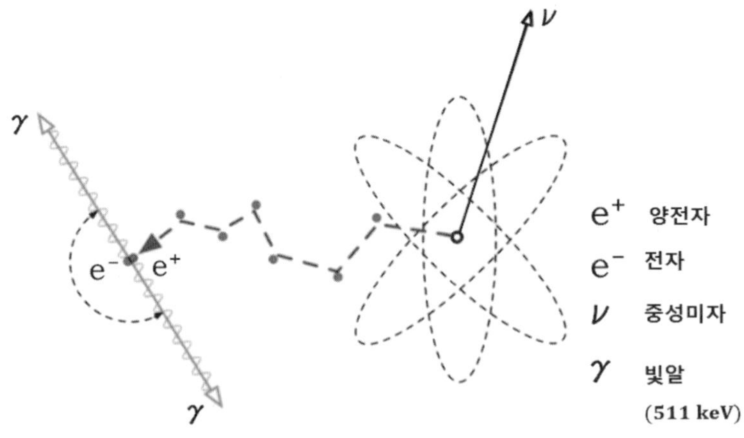

[그림 6.24] β^{+} 붕괴로 생긴 양전자와 전자의 짝없앰

(출처: https://nate9389.tistory.com/2062)

3) 핵이성체 전이

원자번호와 질량수는 같으나 에너지 준위가 다른 방사성 핵종(핵이성체, nuclear isomer)은 원자번호와 질량수가 같은 더 안정적인 핵종으로 붕괴될 수 있다. 이때 에너지 준위가 높은 준안정 상태(metastable state)에서 보다 낮은 에너지 상태로 전이하면서 여분의 에너지는 γ선의 형태로 방출되는 것이 일반적 현상이다. 이를 핵이성체 전이(isomeric transition)라 한다. SPECT에 자주 사용되는 동위원소 Tc-99m의 핵이성체 전이 예를 살펴보자.

$$^{99m}_{43}\mathrm{Tc} \rightarrow {}^{99}_{43}\mathrm{Tc} + \gamma$$

여기서, γ는 $^{99m}_{43}\mathrm{Tc}$이 $^{99}_{43}\mathrm{Tc}$로 붕괴될 때 방출되는 γ선 빛알을 나타내고, $^{99m}_{43}\mathrm{Tc}$에서 'm'은 준안정 상태를 뜻한다.

6.2.6 지하단면 영상법

(1) 서론

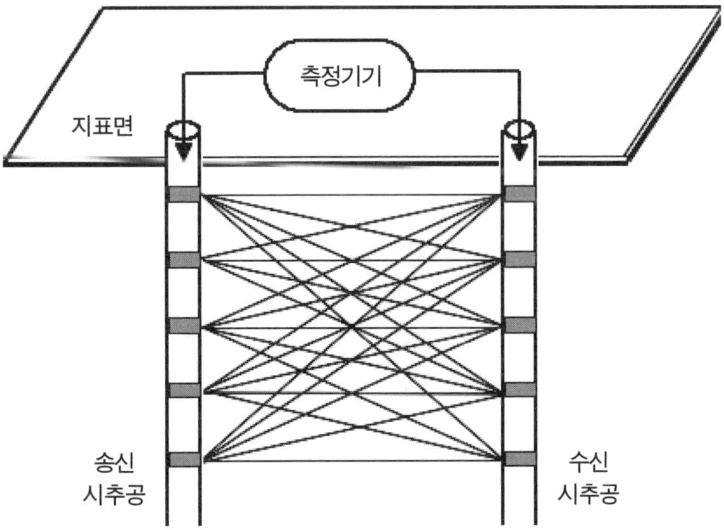

[그림 6.25] 지하단면 영상법

지하단면 영상법(地下斷面影像法, 지오토모그래피, geotomography)은 시추공(borehole)을 이용하여 지하 단면의 물성값을 영상화하는 시추공 물리탐사 기술이다(그림 6.25).

의학 영상의 CT에서 출발한 토모그래피 기술이 물리탐사에 적용된 것은, 1920년대에 Gulf 해안에서 암염돔(salt dome) 위치를 찾기 위한 부채꼴 발파법(fan-shooting)이 토모그래피적 탐사 방법이었고, Bois 등(1972)이 시추공 사이(crosshole) 탄성파 탐사로 지층의 속도 분포를 영상화하였으나, 실질적인 지하단면 영상법은 Dines와 Lytle(1979)이 시추공 전자 탐사에 이를 적용한 것이 처음이다. 이론적으로 지표탐사에 활용되는 모든 탐사법들에 대해 토모그래피 기술을 적용할 수 있으나, 그 중에서 가장 많이 적용되고 있는 것은, 탄성파를 이용해 탄성파의 속도 구조를 해석하는 탄성파 토모그래피(seismic tomography), 전류를 흘려보내 얻은 전기비저항 분포로부터 지하의 전기적 물성 구조를 알아내는 전기비저항 토모그래피(resistivity tomography) 등을 들 수 있다. 그 외에도 지표 레이더(ground penetrating radar, GPR)를 이용하는 GPR 토모그래피나 전자기파를 이용하는 전자 토모그래피(EM tomography)를 그 예로 들 수 있다.

현재 지하단면 영상법은 의학 영상처럼 360° 전 방향에 대해 자료를 얻을 수 없는 등 CT에 비해 여러 가지 어려운 점이 있지만 자료 처리나 해석 기술의 발달로 정밀 조사에 활발히 적용되고 있다.

여기서는 전기비저항 토모그래피 원리를 살펴봄으로써 지하단면 영상법의 일면을 들여다볼까 한다.

(2) 전기비저항 토모그래피

전기비저항 단면 영상법(전기비저항 토모그래피, resistivity tomography)은 앞의 그림 6.25와 같이 송신 시추공에서 대상체 주변에 전류를 흘려보내고, 수신 시추공이나 지표에서 전위를 측정하여 지층의 전기비저항 분포를 알아내는 탐사법이라 할 수 있다. 현장 여건에 따라 시추공을 하나 또는 두 개를 사용할 수 있는데, 두 개의 시추공을 사용할 때에는, 한 시추공에 전류 전극을 배열하고 맞은편 시추공에는 전위 전극을 배열하여 탐사한다. 이러한 탐사법을 시추공 사이 탐사(crosshole survey) 또는 시추공 대 시추공 탐사(hole-to-hole survey)라 한다. 그리고 한 개의 시추공을 사용할 때에는 한 시추공 속에 전류 전극과 전위 전극을 동시에 배치하고 지표 전기비저항 탐사처럼 한 측선을 따라 탐사(in-line)하는 홀 시추공 탐사(single hole survey)와 시추공에서 전류를 흘려보내고 지표면에서 전위를 측정하는 지표 대 시추공 탐사(hole-to-surface)가 있다.

사용되는 전극 배열에는 그림 6.26과 같이 홀극 배열(pole-pole aray), 홀극-쌍극자 배열(pole-dipole array), 변형된 홀극-쌍극자 배열(modified pole-dipole array), 쌍극자 배열(dipole-dipole array), 양극자 배열(bipole-bipole array) 등이 있다(한국지구물리·물리탐사학회, 2011).

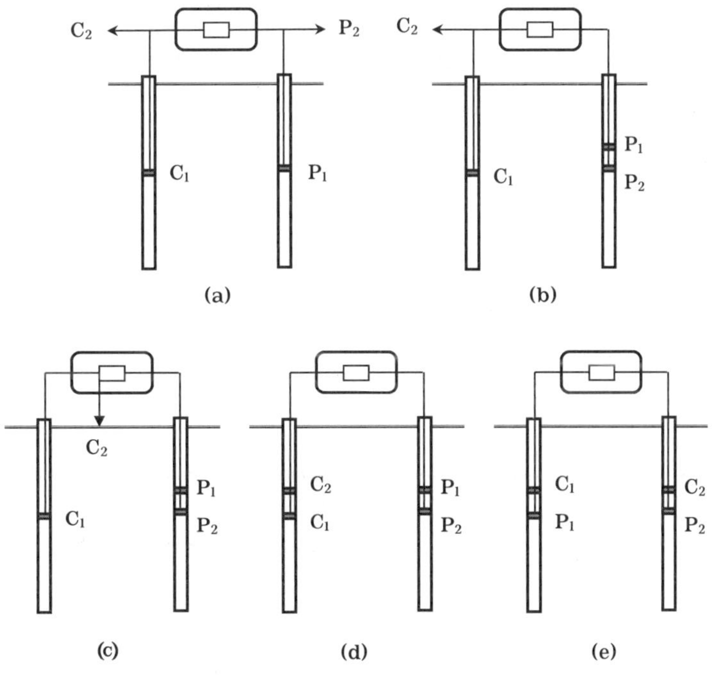

[그림 6.26] 전기비저항 단면 영상법의 전극 배열법. (a) 홀극 배열 (b) 홀극-쌍극자 배열 (c) 변형된 홀극-쌍극자 배열 (d) 쌍극자 배열 (e) 양극자 배열

전기비저항 토모그래피에서는 지표 탐사와 달리 몇 가지 예기치 못하는 현상이 나타날 수 있다. 예를 들면, 시추공 사이 탐사에서 홀극 배열로 측정하는 경우, 낮은 전기비저항 이상대임에도 불구하고 높은 전기비저항 이상으로 나타나는 현상이 나타나 이를 보정하기 위해 반드시 홀 시추공의 한 측선 측정(in-line) 방식을 요구하기도 한다. 또한 시추공 사이 탐사에서는 전극 배열의 조합에 따라 측정 전위가 매우 작아 자료를 얻기 어려운 곳(blind zone)이 존재하기도 한다.

한편, 전류 샘과 전위 전극이 같은 시추공에 위치하는 홀 시추공 탐사를 할 때, 시추공 속의 물(孔內水)과 주변 매질의 전기비저항 차이가 매우 크면, 대부분의 전류가 시추공 속의 물을 따라 흐르는 전류 집중(current channeling) 효과가 나타나고, 이 때문에 측정 전위차가 급격히 증가하게 되는 시추공 효과가 크게 발생하는 경우가 있다. 이와 같은 시추공 효과가 강하게 나타날 것으로 예상될 때에는, 시추공 속의 물의 전기비저항을 측정해 자료 처리할 때 고려하는 것이 바람직하며, 또는 시추공 효과가 약한 양극자 배열(bipole-bipole array) 등을 사용하기도 한다.

이제 끝으로 시추공 속에서 전류를 흘려보냈을 때의 겉보기 비저항 값이 지표와 어떻게 달라지는지를 살펴보고 지하단면 영상법 설명을 마치도록 하자(그림 6.27).

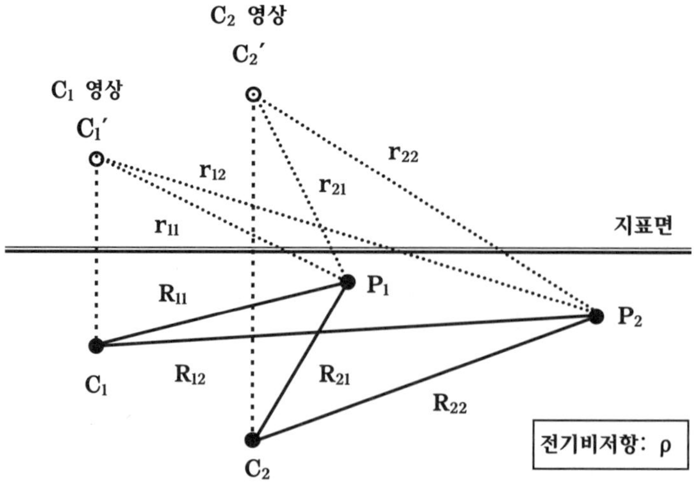

[그림 6.27] 겉보기 비저항의 계산 방법

그림과 같이 일반적인 시추공 전극 배열에서 전류의 날샘(source) $C_1(+I)$과 들샘(sink) $C_2(-I)$가 있을 때, 임의의 점 P에서의 전위(potential) V_P는 두 개의 전류전극(C_1 과 C_2)과 그들의 영상 전류전극(C_1' 과 C_2') 등 4개의 전류전극으로부터 측정한 각각의 전위의 합과 같다(한국지구물리·물리탐사학회, 2011).

즉, 점 P에서의 전위 V_P는 다음과 같은 식으로 표현할 수 있다.

$$V_P = V_{PC_1} + V_{PC_1'} + V_{PC_2} + V_{PC_2'}$$

그러면 두 전위전극 P_1과 P_2에서의 전위는 각각 다음과 같이 구할 수 있다.

$$V_{P_1} = \frac{\rho I}{4\pi}\left(\frac{1}{R_{11}} + \frac{1}{r_{11}} - \frac{1}{R_{21}} - \frac{1}{r_{21}}\right)$$

$$V_{P_2} = \frac{\rho I}{4\pi}\left(\frac{1}{R_{12}} + \frac{1}{r_{12}} - \frac{1}{R_{22}} - \frac{1}{r_{22}}\right)$$

여기서, R_{ij}는 전류전극 C_i와 전위전극 P_j사이의 거리를 나타내고, r_{ij}는 전류전극 C_i의 영상점(image)인 C_i'와 전위전극 P_j사이의 거리를 각각 나타낸다.

따라서 전위차(potential difference) ΔV는 다음과 같이 구할 수 있다.

$$\begin{aligned}\Delta V &= V_{P_1} - V_{P_2} \\ &= \frac{\rho I}{4\pi}\left[\left(\frac{1}{R_{11}} + \frac{1}{r_{11}} - \frac{1}{R_{21}} - \frac{1}{r_{21}}\right) - \left(\frac{1}{R_{12}} + \frac{1}{r_{12}} - \frac{1}{R_{22}} - \frac{1}{r_{22}}\right)\right]\end{aligned}$$

이를 다시 매질의 전기비저항 ρ에 대해 쓰면 다음과 같이 정리할 수 있다.

$$\rho_a = 4\pi G \frac{\Delta V}{I}$$

여기서 거리계수 G는 다음과 같다.

$$G = \left[\left(\frac{1}{R_{11}} - \frac{1}{R_{21}} - \frac{1}{R_{12}} + \frac{1}{R_{22}}\right) + \left(\frac{1}{r_{11}} - \frac{1}{r_{21}} - \frac{1}{r_{12}} + \frac{1}{r_{22}}\right)\right]^{-1}$$

참고문헌

갈릴레오 갈릴레이 지음, 이무현 옮김, 2016, 새로운 두 과학, 사이언스북스, pp.104-105, p.285.

곰브리치 지음, 백승길, 이종숭 옮김, 2017, 서양미술사, 예경, p.420, p.508, pp.512-514.

곽영직, 2010, 전자기학의 시작-윌리엄 길버트의 업적, 물리산책.
https://terms.naver.com/entry.naver?docId=3570550&cid=58941&categoryId=58960 2021.07.30. 접속

김빛나래, 남명진, 장한누리, 장한길로, 손정술, 김희준, 2017, 유도분극 탐사의 원리 및 활용, 지구물리와 물리탐사, 20(2), pp.100-113.

김빛나래, 조아현, 조성오, 남명진, 편석준, Koich Hayashi, 2019년, 표면파 탐사: 능동 탐사법을 중심으로, 지구물리와 물리탐사, 22(4), pp.210-224.

김상욱, 2017, (11) 서로 모순되는 것이 공존하는 세계…양자역학이 밝혀낸 '상보성' 우리는 자연의 이치를 알 수 없는 건가, 전문가의 세계-김상욱의 물리공부, 경향비즈.
http://m.biz.khan.co.kr/view.html?art_id=201708102101005#c2b 2021.08.04. 접속

김세연, 2020, 세계적으로 유명한 '명화' 속에 숨겨진 소름끼치는 반전 5, 인사이트.
https://www.insight.co.kr/news/259419 2020.07.30. 접속

김용균, 2012, 쌍생성과 쌍소멸, 카오스과학 since2006.
https://blog.naver.com/kalenorae/30144645776 2021.12.10. 접속

김은진, 2020, 예술가의 손끝에서 과학자의 손길로, 생각의 힘, pp.29-31, pp.143-144, p.222.

김재영, 2011, 양자역학, 물리산책.
https://terms.naver.com/entry.naver?docId=3571786&cid=58941&categoryId=58960 2021.08.01. 접속

김찬주, 2009, 장의 의미, 물리산책.
https://terms.naver.com/entry.nhn?docId=3567916&cid=58941&categoryId=58960 2021.7.30. 접속

김희중, 2010, 단일광자방출전산화 단층촬영장치의 물리와 응용.
http://blog.naver.com/tca05/60110362666 2021.07.30. 접속

나무위키, 2021, 베르됭 전투.
https://namu.wiki/w/%EB%B2%A0%EB%A5%B4%EB%90%AD%20%EC%A0%84%ED%88%AC?form=MY01SV&OCID=MY01SV 2021.08.05. 접속

남도현, 2016, 1916년 베르됭 전투 [3], 전쟁사.
https://terms.naver.com/entry.naver?docId=3580544&cid=59016&categoryId=59023 2021.08.05. 접속

대한자기공명의과학회(KSMRM), 2008, 자기공명영상학, 일조각, pp.23-35, pp.24-37.

대한초음파의학회(KSUM), 2021, 초음파 검사 소개.
https://www.ultrasound.or.kr/education/info.php 2021.07.30. 접속

레이놀즈(Reynolds J.M.) 지음, 김지수, 송영수, 윤왕중, 조인기, 김학수, 남명진 옮김, 2014, 최신 물리탐사의 활용(제2판), 시그마프레스, pp.21-24, pp.190-193, p.248, p.311, p.374, pp.396-397.

류호준, 조성목, 아칠성, 김태엽, 전상훈, 김주연, 송주희, 김용해, 2015, 전기변색 기술의 동향 및 시장전망, 전자통신동향분석, 30(6), pp.12-20.

물리학백과, 무중력 [Zero gravity, Gravity-free], 한국물리학회.
https://terms.naver.com/entry.nhn?docId=3537017&cid=60217& 2021.07.30. 접속

물리학백과, 핵자기공명, 한국물리학회.
https://terms.naver.com/entry.naver?docId=5741629&cid=60217&categoryId=60217 2021.07.30. 접속

박경미, 2013, 피타고라스의 순정률, 박경미의 수학콘서트 플러스.
https://terms.naver.com/entry.naver?docId=3534105&cid=60209&categoryId=60209 2021.08.05. 접속

박민아, 2019, 거인의 어깨에 올라선 거인-뉴턴 & 데카르트, 김영사, p.19.

박준우, 2009, 전기와 자기의 발견과 전자기학의 발전, 과학기술 발전의 발자취.
https://terms.naver.com/entry.naver?docId=2074180&cid=42365&categoryId=42365 2021.07.30. 접속

참고문헌

배준우, 2007, 오래된 명화 왜 변색될까, 서울신문.
http://www.seoul.co.kr/news/newsView.php?id=20070409023003 2021.07.30. 접속

백운기, 박수문, 2013, 전기화학(개정3판), 청문각, p.24.

송서영, 남명진, 2018, 흐름 전위에 기초한 자연전위 탐사법의 원리 및 활용, 지구물리와 물리탐사. 21(4), pp.231-243.

송영수, 현병구, 1990, 회절 지오토모그래피를 이용한 영상 구성에 관한 연구, 한국자원공학회지, 27(4), pp.209-221.

신상진, 정병진, 2013, 초음파 영상의 원리 및 이해, 대한정형외과학회지, 48(5), pp.325-333.

아이작 뉴턴 지음, 이무현 역, 2018, 프린키피아 제1권 물체들의 움직임, ㈜교우, p.3-4, p.17.

야마모토 요시타카 지음, 이영기 옮김, 2016, 과학의 탄생, 동아시아, p.698.

여인형, 2012, 화학산책, 캐소드와 애노드.
https://terms.naver.com/entry.nhn?docId=3575459&cid=58949&categoryId=58983 2021.07.30. 접속

오승모, 2020, 전기화학 제3판, 자유아카데미, pp.78-79.

이광표, 2020, 애끓는 소리, 에밀레종의 향기, 신동아 09월호.
https://shindonga.donga.com/3/all/13/2170104/1 2021.07.30 접속

이서윤, 2020, 색 바래가는 뭉크의 '절규'…"그림 앞에서 '이것'하지 마세요", SBS 뉴스.
https://news.sbs.co.kr/news/endPage.do?news_id=N1005801035&plink=COPYPASTE&cooper=SBSNEWSEND 2021.07.30. 접속

이은희, 2014, 박테리아가 유출된 기름을 분해한다? KISTI의 과학향기 칼럼.
https://terms.naver.com/entry.naver?docId=3409085&cid=60335&categoryId=60335 2021.07.30. 접속

이종필, 2009, 유리컵 속의 히든 카드, 물리산책.
https://terms.naver.com/entry.naver?docId=3566861&cid=58941&categoryId=58960

2021. 7. 30. 접속

전창림, 2019, 미술관에 간 화학자, 어바웃북, p. 298.

정경훈, 2011, CT 사진의 원리, 수학산책.
https://terms.naver.com/entry.naver?docId=3572221&%20&cid=58944&categoryId=58970 2021. 07. 30. 접속

조대호, 2019, 아리스토텔레스-에게해에서 만난 인류의 스승, arte, p. 94.

최무영, 2008, [최무영의 과학이야기] 〈18〉 기본입자와 쿼크이론 〈하〉, 프레시안.
https://www.pressian.com/pages/articles/55180 2021. 08. 05. 접속

칼 세이건 지음, 홍 승수 옮김, 2020, 코스모스, 사이언스북스, p. 36.

프린스와 링크스(Prince, J.L. and Links, J.M.) 지음, 김동윤, 조규성, 이봉수, 서종범, 이정한 옮김, 2016, 의학영상 : 신호 및 시스템, 시그마프레스, pp. 121-387.

한국지구물리·물리탐사학회(KSEG), 2011, 물리탐사 길라잡이, 한림원, p. 112, p. 114, p. 268, p. 424, pp. 628-631.

한국표준과학연구원, https://blog.naver.com/krisspr/222162468840 2021. 07. 18. 접속

한만청, 2010, 영상의학(radiology), 일조각, pp. 17-32.

황인술, 2011, 아리스토텔레스-중용, 독서신문.
http://www.readersnews.com/news/articleView.html?idxno=28132 2021. 07. 18. 접속

Bois, P., La Porte, M., Lavergne, M., and Thomas, G., 1972, Well-to-well seismic measurement, Geophysics, 37(3), pp. 471-480.

Dines, K. A., and Lytle, R. J., 1979, Computerized geophysical tomography, Proc. IEEE, 67(7), pp. 1065-1073.

Ed Wightman W., Frank Jalinoos, Philip Sirles, and Kanaan Hanna, 2003, Application of Geophysical Methods to Highway Related Problems, Blackhawk GeoSciences, p. 293.

https://mriquestions.com/uploads/3/4/5/7/34572113/3311485_orig.gif 2021.12.10. 접속

https://nate9389.tistory.com/2062 2021.12.10. 접속

Hyperphysics, Inverse Square Law, General.
http://hyperphysics.phy-astr.gsu.edu/hbase/Forces/isq.html 2021.08.07 접속

Kak, A.C., 1979, Computerized tomography with X-ray, emission and ultrasound sources, Proceedings of The IEEE, 67(9), pp.1245-1272.

Kak, A.C., and Roberts, B.A., 1986, Reconstruction from projections: Applications in computerized tomography, in Handbook of Pattern Recognition and Image Processing, pp.649-693.

Pan, S.X., and Kak, A.C., 1983, A computational study of reconstruction algorithms for diffraction tomography: Interpolation vs. filtered backpropagation, IEEE Transactions on Acoustics, Speech and Signal Processing, ASSP-31, pp.1262-1275.

Shepp, L.A., and Logan, B.F., 1974, The Fourier reconstruction of a head section, IEEE Transactions on Nuclear Science, NS-21, pp.21-43.

Wikimedia Commons, File:Cone-response-en.png
https://commons.wikimedia.org/wiki/File:Cone-response-en.png 2021.08.07 접속

Wikimedia Commons, File:First medical X-ray by Wilhelm Röntgen of his wife Anna Bertha Ludwig's hand - 18951222.gif
https://commons.wikimedia.org/wiki/File:First_medical_X-ray_by_Wilhelm_R%C3%B6ntgen_of_his_wife_Anna_Bertha_Ludwig%27s_hand_-_18951222.gif 2021.08.07. 접속

Wikimedia Commons, File:JEAN-FRANÇOIS MILLET - El Ángelus (Museo de Orsay, 1857-1859. Óleo sobre lienzo, 55.5 x 66 cm).jpg
https://commons.wikimedia.org/wiki/File:JEAN-FRAN%C3%87OIS_MILLET_-_El_%C3%81ngelus_(Museo_de_Orsay,_1857-1859._%C3%93leo_sobre_lienzo,_55.5_x_66_cm).jpg 2021.08.07. 접속

Wikimedia Comms, File:Lascaux painting.jpg

hiips://commons. wikimedia. org/wiki/File:Lascaux_painting.jpg 2021. 08. 05 접속

Wikimedia Commons, File:Laser.svg
https://commons.wikimedia.org/wiki/File:Laser.svg 2021.08.07 접속
Wikipedia, Laser, https://en.wikipedia.org/wiki/Laser

Wikimedia Commons, File:Raffael 058.jpg
https://commons.wikimedia.org/wiki/File:Raffael_058.jpg 2021.08.05. 접속

Wikimedia Commons, File:Stimulated Emission.svg
https://commons.wikimedia.org/wiki/File:Laser.svg 2021.12.10. 접속

Wikimedia Commons, File:The Scream by Edvard Munch, 1893 - Nasjonalgalleriet.png
https://commons.wikimedia.org/wiki/File:The_Scream_bㅍy_Edvard_Munch,_1893_-_Nasjonalgalleriet.png 2021.08.07. 접속

Wikimedia Commons, File:WATERHOUSE - Ulises y las Sirenas (National Gallery of Victoria, Melbourne, 1891. Óleo sobre lienzo, 100.6 x 202 cm).jpg
https://commons.wikimedia.org/wiki/File:WATERHOUSE_-_Ulises_y_las_Sirenas_(National_Gallery_of_Victoria,_Melbourne,_1891._%C3%93leo_sobre_lienzo,_100.6_x_202_cm).jpg
2021.08.05. 접속

Wikipedia, Georges Seurat
https://en.wikipedia.org/wiki/Georges_Seurat 2021.08.07. 접속

Wikipedia, Radon transform
https://en.wikipedia.org/wiki/Radon_transform 2021.08.07. 접속

Wikipedia, The Anatomy Lesson of Dr. Nicolaes Tulp
https://en.wikipedia.org/wiki/The_Anatomy_Lesson_of_Dr._Nicolaes_Tulp 2021.08.07. 접속

Wikipedia, Wilhelm Röntgen,
https://en.wikipedia.org/wiki/Wilhelm_R%C3%B6ntgen 2021.08.07. 접속

음미하는 물리탐사 원리

지은이 송영수
펴낸이 김동원
펴낸곳 전북대학교출판문화원

초판 1쇄 인쇄 2022. 2. 20.
초판 1쇄 발행 2022. 2. 25.

전북대학교출판문화원 전라북도 전주시 완산구 어진길 32 (풍남동2가)
전화 (063) 219-5319~5322
FAX (063) 219-5323
출판등록 2012년 8월 20일 제465-2012-000021호

값 17,600원

ISBN 979-11-6372-121-5 93420